7일 만에 끝내는
중학 국어

스피드 공부법 SERIES 3

개념으로 공부하는 문학·문법 완전정복

개념과 원리로
이해되고 암기되는
중학 국어

최성원 지음

7일 만에 끝내는 중학 국어

Korean
Seven Days

문예춘추사

머리말

"문학 개념과 문법 개념을 한 번에 정리하자."

국어는 학생이나 학부모에게 다소 홀대받는 과목이다. 초등학교 때부터 영수에는 투자를 많이 하지만 상대적으로 국어에는 관심이 부족하다. 주요과목이라는 타이틀이 민망할 정도다. 학생들에게 물어보면 다른 과제나 다른 과목을 공부하느라고 국어에 시간을 내기가 쉽지 않다고 말한다. 충분히 이해는 되지만 그렇게 초등학교나 중학교를 보내고 고등학교에 올라가면 고생길이 열린다. 중학교 때야 학교 시험 전에 바짝 열심히 하면 어느 정도 점수를 받을 수 있지만, 고등학교 국어, 특히 수능국어를 준비할 때는 능력의 부족함을 절실하게 느끼게 된다. 고등학교에 가서 고생하지 않기 위해, 또 좋은 대학에 진학하기 위해서는 중학교 때 국어 공부를 소홀히 하면 안 된다.

국어 성적이 안 좋은 학생들은 공통점이 있다. 바로 기초가 부족하다는 것이다. 중학생부터 고등학생까지 가르치다 보면 기초가 부족한 학생들이 의외로 많다. 심지어 재수생조차 국어의 기본 개념을 모르는 경우가 있다. 예전에 명문대학에 진학한 제자를 가르칠 때 도치법을 모른다고 해서 깜짝 놀란 적이 있다. 기초가 튼튼하지 않다는 말은 좋은 점수를 받기가 쉽지 않다는 말이다. 시험 볼 때 기초적인 개념을 몰라

틀린다면 얼마나 억울할까? 시험보고 나서야 그 개념을 공부하면 늦다. 미리미리 공부하여 개념을 완벽하게 정리해야 한다.

국어의 기초를 잡기 위해서는 국어 전반의 내용을 처음부터 끝까지 공부를 해야 한다. 공부를 하다가 모르는 개념이 나올 때 찾아보며 공부하는 것도 좋지만, 그것보다는 문학 개념과 문법 개념을 한 번에 정리하는 것이 좋다. 「7일 만에 끝내는 중학국어」는 국어를 처음 공부하는 학생들이 쉽게 이해할 수 있도록 만든 책이다. 이 책을 쓸 때 원칙이 있었다. 우선 쉬운 말로 설명하는 것이다. 앉은 자리에서 하루 분량은 쉽게 읽을 수 있도록 썼다. 그리고 최대한 재미있게 공부하도록 썼다. 기왕이면 재미있게 공부하면 더 잘될 것 같아서이다.

마지막으로 국어 기초에 필요한 모든 것을 반영하려고 했다. 이 책을 완벽하게 소화하면 국어 공부에 자신감을 갖게 될 것이다. 처음에는 그냥 술술 여행하듯 읽기를 권한다. 그 후 두세 번 더 읽으면서 모르는 것을 더 자세하게 공부하고 나면 국어라는 과목이 아주 편하게 느껴질 것이다. 「7일 만에 끝내는 중학국어」는 중학 국어의 친구가 될 뿐 아니라 명문대 입학의 안내자의 역할을 하게 될 것이다.

최성원

목 차

시(1)

화자, 운율, 시상전개, 심상 제대로 알기

1. '시적 화자'는 뭐하는 사람일까? • 12
2. 음악에 있는 리듬이 시에도 있을까? • 25
3. 시인의 생각을 어떻게 펼쳐 나갈까?-시상전개방식 • 36
4. 감각을 마음으로 느낀다는 말이 뭐지? • 50

시(2)

시의 표현법 제대로 알기

1. 왜 대상을 다른 대상에 빗대어 표현할까? -비유법 • 64
2. 내 뜻을 더 강하게 드러내는 방법은? -강조법 • 73
3. 독자의 관심을 끌기 위해 어떻게 변화를 줄까? -변화법 • 83
4. 또 다른 표현법은 없을까? • 92

3일

소설(1)

소설의 '주·구·문', '인·사·배' 제대로 알기

1. 너희가 소설을 아느냐? • 102
2. 도대체 소설에는 어떤 인물이 나올까? • 108
3. 소설에 갈등이 없다면 무슨 재미로 읽나? • 126
4. 소설에 배경이 없을 수 있을까? • 137
5. 소설의 소재는 어떤 역할을 할까? • 147
6. '이야기'와 '구성'은 어떻게 다른가? • 153

4일

소설(2)

소설의 시점 제대로 알기

1. 시점을 파악하는 일은 정말 중요할까? • 162
2. 소설의 네 가지 시점을 정확하게 알고 있니? • 174
3. 한 편의 소설에 시점이 혼합될 수 있나요? • 187
4. 소설의 작가들도 말투가 전부 다른가요? • 194
5. 소설을 감상하는 방법이 따로 있나요? • 198

5일

수필, 희곡, 시나리오

수필, 희곡, 시나리오 차이점 제대로 알기

1. 수필은 정말 누구나 쓸 수 있을까? • 208
2. 희곡과 대본은 같은 말인가요? • 225
3. 시나리오는 희곡과 어떻게 다른가요? • 237

6일

문법(1)

음운, 단어, 음운 변동

1. 음운과 형태소는 기본! • 248
2. 단어를 꽉 잡자고! • 256
3. 품사, 품사! • 264
4. 음운이 변동한다고? • 278

7일

문법(2)

문장 성분, 문장의 짜임, 문장 표현 제대로 알기

1. 문장 성분 • 292

2. 문장의 짜임 • 305

3. 문장 표현 • 316

개념풀이 정답 및 해설 • 342

화자, 운율, 시상전개, 심상 제대로 알기

안녕하세요. 저희는 강오동과 유제석입니다.
여러분의 첫날 공부 안내를 맡게 되었어요.
대단히 반갑고 영광입니다.
첫날인 오늘은 시에 대해서 알아볼 건데요.
시의 화자와 운율, 시상전개방식과 심상에 대해
공부하겠습니다.
저희랑 같이 재미있게 공부해 봐요.
자, 그럼 재미있는 시의 세계로 들어가겠습니다.
출발! 부웅~

1 '시적 화자'는 뭐하는 사람일까?

강오동이는 아빠랑 등산을 갔어요. 오랜만에 산을 오르는 오동이는 금방 지쳤어요. "아빠, 좀 천천히 가요."라고 말하자, 아빠는 빙그레 웃으며 그러자고 했어요. 힘들게 정상에 오른 오동이의 앞에는 기가 막힌 경치가 펼쳐져 있었어요. 높은 곳에서 내려다보는 푸른 하늘, 푸른 산, 흰 구름 등 풍경이 아주 좋았어요. 그 경치를 본 오동이가 "아, 푸른 하늘 위에 솜사탕이 떠다니는구나!"라고 얘기했어요. 그 말을 들은 아빠가 "야, 우리 오동이가 시를 다 지을 줄 아네!"하며 좋아하셨어요. 아빠에게 칭찬을 들은 오동이는 어깨가 으쓱했어요.

자, 이때 오동이가 한 말은 하나의 '시'라고 볼 수 있어요. 오동이는 글을 통해 자신이 느낀 것을 간결하게 표현한 것이지요. 구름을 솜사탕으로 비유하는 표현법을 사용한 겁니다. 어때요, 오동이가 놀랍지 않나요? 그런데 이 시의 화자는 누구일까요? 오동이가 시를 썼으니까 오동이가 화자일까요? 잘 모르겠죠? 오늘은 이 '화자'에 대해서 알아봅시다.

1. 시인을 대리하여 시 속에서 말하는 사람
– 시적 화자

'시적 화자'란 시 속에서 '이야기를 하는 사람'이에요. 그렇다면 시인과 화자는 일치할까요? 정답은 '아니오'입니다. 수필에서는 작가와 '말하는 이'가 같지만, 시에서는 '시인'과 '화자'가 다릅니다. 10대인 여러분이 어린이의 입장에서 시를 쓰면, 시인은 당연히 여러분이지만 화자는 '어린이'가 됩니다. 또 여러분이 강아지 입장에서 시를 썼다고 가정하면, 시인은 역시 여러분이 되지만 화자는 '강아지'가 됩니다. 예를 들어 볼게요. "주인님 주인님/나를 '해피'라고 부르는 주인님/주인님은 나를 귀찮게 하며/해피해 하지만/이 '해피'는 전혀 해피하지 않아요." 어떤가요? 오동이가 재미삼아 지어본 겁니다. 이 시의 시인은 '강오동'이지만, 화자는 '해피'라는 강아지입니다. 이해되셨지요. 결론은 '시인과 화자는 일치하지 않는다'입니다.

또 시적 화자의 위치에 대해서도 알 필요가 있는데요. 오동이가 등산 가서 지은 시에는 '나'가 등장하지 않지요. 그런 경우에는 시적 화자가 시 밖에 위치하고 있는 겁니다. 그러나 만약에 "아, 푸른 하늘 위에 솜사탕이 떠다니는구나! 나의 거대한 솜사탕!"처럼 내용을 추가할 경우에는 '나'가 시 속에 있기 때문에, 시적 화자는 시 속에 위치하게 됩니다. 정리하자면 '나(또는 우리)'가 시 속에 등장하면 시적 화자가 시 속에 위치하고, 등장하지 않으면 시적 화자는 시 밖에 위치하는 겁니다. 아셨지요.

2. 주로 무엇에 대해 시를 쓸까? – 시적 대상

시는 주로 무엇에 대해 쓸까요? 그 종류는 매우 다양합니다. 배가 고파서 밥이 그리워서 쓰면 '밥'이 대상이 되고, 애인이 그리워서 쓰면 '애인'이 대상이 됩니다. 그리고 자기 자신의 부끄러운 부분에 대해 쓰면 '자신'이 대상이 되고, 남의 잘못에 대해 쓰면 '남'이 대상이 됩니다. 또 사회의 못마땅한 부분을 쓰면 '사회'가 대상이 되고, 자연이 아름다워서 쓰면 '자연'이 대상이 되지요. 대상의 사전적 뜻은 '어떤 일의 상대 또는 목표나 목적이 되는 것'입니다. 이 뜻을 시에 적용해서 시적 대상의 뜻에 대해 알 수 있겠지요. 시적 대상이란 '시의 화자가 말하고자 하는 사물, 인물, 상황, 배경 등'을 말합니다. 앞에서 말한 것처럼 시적 대상은 종류가 대단히 많습니다. 우리가 살고 있는 세계의 거의 모든 것이 시의 대상이 되니까요. 일상에서 바라보는 것, 자연 현상, 어떤 인물, 그리고 인간의 감정이나 철학적인 부분들까지 시에서 다룹니다. 몇 편의 시를 통해 알아볼게요. 이 외에도 대상은 매우 다양하다는 것, 잊지 마세요.

1. 열무 삼십 단을 이고/시장에 간 우리 엄마(기형도, '엄마 걱정')
2. 강원도 평창군 미탄면 청옥산 기슭/덜렁 집 한 채 짓고 살러 들어간 제자를 찾아갔다(정희성, '민지의 꽃')
3. 눈이 내린다/봄이라서/봄빛처럼 포근한 눈(오규원, '포근한 봄')
4. 바람이 부는 날의 풀잎들은/왜 저리 몸을 흔들까요.(박성룡, '풀잎')
5. 높은 가지를 흔드는 매미 소리에 묻혀/내 울음 아직은 노래 아니다.(나희덕, '귀뚜라미')

6. 나 서른다섯 될 때까지/애기똥풀 모르고 살았지요(안도현, '애기똥풀')

7. 바위틈새 같은 데에/나뭇구멍 같은 데에//행복은 아기자기/숨겨져 있을 거야(허영자, '행복')

8. 죽는 날까지 하늘을 우러러/한 점 부끄럼이 없기를(윤동주, '서시')

1번은 시장에 간 '엄마'에 대해 노래한 것이고, 2번은 제자를 찾아간 경험을 바탕으로 노래한 것입니다. 이처럼 일상적인 삶이 시적 대상으로 많이 쓰입니다. 3, 4번은 각각 '봄눈'과 '풀'이라는 자연에 대해 노래하고 있네요. 5번의 귀뚜라미나 6번의 애기똥풀이라는 식물은 무심코 지나치기 쉬운 소재이지만 시인들은 시의 소재로 잘 잡아냅니다. 시인들의 소재 발굴 능력은 정말 탁월합니다. 그리고 7번의 행복과 8번의 부끄러움처럼 우리의 감각으로 느낄 수 없는 추상적인 것들도 시의 대상이 되기도 합니다. 이처럼 시의 대상은 무궁무진하답니다.

3. 분위기 파악 좀 합시다! – 시적 상황

제석이는 친구들 사이에서 인기가 좋아요. 제석이에게는 분위기 파악을 잘 하는 능력이 있어요. 그래서 제석이는 친구들과 있을 때 분위기를 늘 즐겁고 유쾌하게 이끌어줘요. 친구들은 제석이와 함께 있으면 늘 즐겁다고 해요. 여러분도 분위기 파악 잘 하시죠? 일상생활에서도 그렇지만 시를 읽을 때에도 시의 상황을 파악하는 일이 중요합니다. 시의 분위기 즉, 상황 파악을 못하면 시가 어려워져요. 시적 화자나 시적 대상이 처해 있는 형편, 분위기 등을 시적 상황이라고 해요. 우리 삶의 모든 사건이나 상태가 시적 상황이 될 수 있습니다. 여러 가지 상황들을 몇 가지로 구분해 보면, 개인적인 상황, 사회적인 상황, 국가적인 상황, 세계적인 상황, 자연적인 상황 등이 있습니다.

개인적 상황 : 만남, 이별, 기다림, 사랑, 출생과 죽음, 한계 등

사회적 상황 : 빈부 격차, 인간성 상실, 근대화, 도시 집중 등

국가적 상황 : 망국, 독재, 국가의 위기 등

세계적 상황 : 전쟁, 지구 온난화 위기 등

자연적 상황 : 노을, 폭우, 폭포, 눈, 저녁, 새벽, 아침, 가을 등

4. 시에는 어떤 감정들이 있을까? – 화자의 정서

오동이가 학교에서 열심히 수업을 듣고 있는데 갑자기 교실 문이 열리면서 교감 선생님이 선생님에게 무슨 얘기를 했어요. 그 얘기를 들은 선생님은 다른 친구를 밖으로 불렀어요. 잠시 후 그 친구는 눈물이 그렁그렁한 채로 가방을 챙겨 나갔어요. 나중에 알고 보니, 그 친구의 할머니가 돌아가셨대요. 그 소식을 들은 오동이는 수업도 귀에 안 들어오고 계속 친구 생각만 했어요. 친구가 느낄 슬픔을 생각하니 오동이도 괜히 슬퍼졌어요. 이렇게 사람은 살아가면서 여러 가지 상황에 처하게 되고 그때마다 여러 가지 감정들이 생겨나요. 이처럼 사람의 마음에 생기는 감정들을 정서라고 해요. 그러면 시에 나오는 화자의 감정들을 '화자의 정서'라고 하겠지요. 화자의 정서는 굉장히 다양합니다. 여기에서는 크게 긍정과 부정으로 나눠 보겠습니다.

긍정적 정서 : 기쁨, 낙관, 희망, 환희, 소망, 사랑, 즐거움, 편안함, 만

족 등

부정적 정서 : 외로움, 슬픔, 안타까움, 절망, 한(恨), 체념, 노여움, 비관 등

5. 화자의 태도는 종류가 많아 – 화자의 태도

"야, 너 태도가 왜 그래?", "그 사람은 참 태도가 반듯해.", "당신은 참 나를 존중해주는군요."

모두 우리 일상에서 들을 수 있는 말이지요. 삐딱한 태도, 공손한 태도, 건방진 태도, 부드러운 태도, 딱딱한 태도, 친절한 태도 등이 우리 일상에서 접할 수 있는 태도들입니다. 태도의 사전적 뜻은 두 가지가 있습니다. '1. 몸의 동작이나 몸을 거두는 모양새'와 '2. 어떤 사물이나 상황 따위를 대하는 자세'입니다. 일상에서는 주로 1번의 뜻이 많이 사용되는데, 시에서는 2번의 뜻이 더 많이 사용됩니다. 반드시 그런 것은 아니니 오해하면 안 됩니다. 시에 나타나는 여러 태도들에 대해 알아볼게요.

5-1) 예찬적 태도

구름 빛이 좋다 하나 검기를 자주 한다

바람 소리 맑다 하나 그칠 적이 많도다

좋고도 그칠 적이 없기는 물뿐인가 하노라(윤선도의 시조, '오우가')

'물뿐인가 하노라'는 뭔지 모르지만 물을 높게 평가하고 있어요. 이 시조에서는 '물'을 예찬하고 있습니다. 구름은 빛이 좋긴 하지만 자주 검어지고, 바람 소리는 맑지만 그칠 적이 많습니다. 이들은 좋은 점도

있지만 안 좋은 점도 있는 것이지요. 하지만 '물'은 좋은 점만 있다는 겁니다. 좋기도 하고 그치지도 않아서 좋다는 것입니다. 이처럼 이 시는 물의 속성을 높이고 있어요. 예찬할 만한 대상에 또 뭐가 있을까요? 여러분이 좋아하는 가수를 높일 수도 있겠지요. 부모님, 선생님, 위대한 인물, 자연물 등도 예찬의 대상이 됩니다.

5-2) 자연 친화적 태도

십 년을 계획하여 초가 삼간을 지어 내니
나 한 칸, 달 한 칸, 맑은 바람 한 칸 맡겨 두고
강과 산은 들여놓을 곳이 없으니 (병풍처럼) 둘러두고 보리라.(송순의 시조)

이 시조의 화자는 십 년 동안 계획하여 초가집을 지었어요. 굉장히 소박합니다. 방이 세 칸인데요, 한 칸은 화자가, 한 칸은 달이, 나머지 한 칸은 맑은 바람에게 맡겨 둔대요. 순식간에 방이 꽉 찼네요. 강과 산은 어쩌지요? 화자는 빈 방이 없으니 초가집 주위에 둘러두고 본다고 합니다. 실제로 달과 바람이 방을 차지하지는 않지요. 화자를 빼놓고는 전부 자연물이나 자연현상입니다. 결국 화자는 자연 속에서 자연을 누리며 살겠다는 것입니다. 이러한 삶의 태도를 자연친화적 태도라고 합니다. 우리 옛시에서는 소재로 종종 사용됩니다. 현대시에서는 자연친화적 태도가 그리 많은 편은 아닙니다.

5-3) 의지적 태도

이 몸이 죽어 죽어 일백 번 고쳐 죽어

백골(白骨)이 진토(塵土)되어 넋이야 있건 없건

임 향한 일편단심(一片丹心)이야 가실 줄이 있으랴.(정몽주의 시조, '단심가')

의지란 '어떠한 일을 이루고자 하는 마음'을 말해요. 이 시조를 읽노라면, 화자의 의지가 팍팍 느껴집니다. 백 번을 다시 죽어서 유골이 먼지가 되더라도 임 향한 마음을 바꾸지는 않는다는 내용입니다. 대단한 의지가 느껴집니다. 고려 말 신하 정몽주가 이방원의 '이런들 어떠하리 저런들 어떠하리'라는 시조에 대한 답시 형식으로 쓴 것입니다(이방원, 정몽주 다들 아시지요). 이처럼 화자의 의지가 강조된 태도를 의지적 태도라고 합니다. 일제 치하나 독재 치하에서 화자의 신념을 강조하기 위한 시에서 많이 볼 수 있습니다. 그리고 개인적인 의지를 나타낼 때도 사용되기도 합니다. 만약에 유제석이 '나는 오늘부터 하루 한 시간씩 꼭 책을 읽으리라. 비록 저녁밥 먹을 시간을 아껴서라도'라고 했다면 제석이의 대단한 의지가 느껴지는 거지요.

5-4) 달관적 태도

나 하늘로 돌아가리라/아름다운 이 세상 소풍 끝내는 날,/가서, 아름다웠더라고 말하리라…….(천상병, '귀천(歸天)')

우리 학생들에게 '달관'이라는 말은 조금 어려울 거라고 생각해요. '○○의 달인'은 익숙해도 '달관'은 좀 어렵지요. 달관의 사전적 뜻은 '사소한 사물이나 일에 얽매이지 않고 세속을 벗어난 활달한 식견이나 인생관의 이름'입니다. 더 어렵나요? 이 시의 '나'가 말하는 '이 세상 소풍 끝내는 날'은 죽음을 의미합니다. 그런데도 이 시의 '나'는 이 세상을 잠시 다녀오는 '소풍'이라고 말하는 것이지요. 그러면 '나'의 본래 집은 '하늘'이 되겠네요. '나'는 죽음에 대해 크게 연연해하지는 않는다는 것이지요. 대부분의 사람들은 죽음을 두려워하거나 공포심을 갖고 있는데, 이 시의 '나'는 그런 태도를 보이지 않고 있어요. 이러한 태도를 달관적 태도라고 할 수 있어요. 그렇다고 우리 학생들, 시험 점수에 대해 '달관'의 태도를 보이시면 안 됩니다. 아셨지요.

5-5) 반성적 태도

나는 무엇인지 그리워/이 많은 별빛이 내린 언덕 위에/내 이름자를 써 보고,/흙으로 덮어 버리었습니다.(윤동주, '별 헤는 밤')

반성이란 자신의 말이나 행동에 대하여 잘못이나 부족함이 없는지 돌이켜 보는 것입니다. 이 시의 화자인 '나'는 별빛이 쏟아지는 어느 언덕에서 자기 이름자를 써 보고는 이내 흙으로 덮어 버립니다. 혹시 별들이 자기 이름을 볼까 봐 그랬을지도 모르겠네요. 왜 자기 이름을 써 보고 덮었을까요? 그것은 자신의 이름을 스스로 부끄러워했기 때문에 그렇게 한 것입니다. 윤동주 시인은 일제 강점기 때 지식인이었습니다. 식민 지배 하에서 지식인으로서의 제 역할을 다 하지 못 한 것에 대해 시인은 늘 괴로워했습니다. 시인의 이런 마음이 시인의 여러 시에 드러나 있지요. 이처럼 자신의 말과 행동에 대해 늘 돌이켜 보는 태도를 반성적 태도라고 해요.

"오동아, 제석아, 너희들 공부 안 하고 맨날 게임만 하는데 반성 좀 해!"

5-6) 자조적 태도

왜 나는 조그만 일에만 분개하는가./저 왕궁(王宮) 대신에 왕궁의 음탕 대신에/오십 원짜리 갈비가 기름 덩어리만 나왔다고 분개하고/옹졸하게 분개하고 설렁탕집 돼지 같은 주인년한테 욕을 하고/옹졸하게 욕을 하고(김수영, '어느 날 고궁(古宮)을 나오면서')

자조란 자기를 비웃는 것입니다. 이것은 반성적 태도와는 조금 다릅니다. 반성적 태도는 자신의 삶에 대해 반성하는 것이지만, 자조적 태도는 자신을 비웃는 것입니다. 예를 들어 공부를 안 하던 학생이 공부를 좀 하고 시험을 봤는데 점수가 예전처럼 나왔을 때, '니가 별 수 있겠어.'하고 자신을 비웃는 경우에 자조적 태도라고 할 수 있어요. 이 시의 화자도 '왕궁의 음탕'과 같은 지배층의 잘못에 대해 분개하지 못하고 식당 주인에게만 욕을 하는 자신의 모습에 대해 옹졸하다면서 스스로를 비웃고 있습니다. 이러한 태도를 자조적 태도라고 합니다. 자조적 태도는 대단히 솔직한 거지만 기왕이면 스스로를 사랑하는 것이 좋겠지요.

5-7) 비판적 태도

이제 너는 차를 몰고 달려가는구나./철따라 달라지는 가로수를 보지 못하고/길가의 과일 장수나 생선 장수를 보지 못하고/아픈 애기를 업고 뛰어가는 여인을 보지 못하고/교통순경과 신호등을 살피면서/앞만 보고 달려가는구나(김광규, '젊은 손수 운전자에게')

이 시는 '너'의 행동에 대해 비판하고 있어요. 자동차를 갖기 전의

'너'는 걸어 다녔겠지요. 걸으면서 계절에 따라 변하는 가로수를 보고, 과일 장수, 생선 장수, 힘든 여인 등 서민들의 모습도 보고 그랬어요. 그런데 '너'에게 자동차가 생겼어요. 차가 생기니까 '너'가 변합니다. 걸어 다니면서 보았던 것들을 볼 마음의 여유가 안 생기고, 오직 속도만 생각합니다. 혹시 교통경찰('순경'은 이전에 사용한 말)에게 걸리지나 않나 하고 그것만 살피게 되는 거지요. 결국 이 시는 자동차를 타고 다니면서 주변을 살피지 못하고 오직 속도에만 치중하는 현대인의 모습을 비판하고 있는 것입니다. 이처럼 어떤 대상을 비판하는 태도를 비판적 태도라고 해요.

5-8) 체념적 태도

흐르는 것이 물뿐이랴./우리가 저와 같아서/강변에 나가 삽을 씻으며/거기 슬픔도 퍼다 버린다./일이 끝나 저물어/스스로 깊어 가는 강을 보며/쭈그려 앉아 담배나 피우고/나는 돌아갈 뿐이다.(정희성, '저문 강에 삽을 씻고')

'삽'과 '일'을 힌트로 이 시에 나오는 '우리'의 직업을 알아맞혀 보세요. 뭘까요? 네, 맞아요. 노동자입니다. 그런데 이 시의 노동자는 어떤 모습인가요? 일이 끝나고 날이 저물었는데 회식을 하거나 영화를 보지 않고 담배나 피우고 돌아갈 뿐이라고 해요. 다른 것을 할 엄두가 안 나는 겁니다. 왜냐면 경제적으로 힘들기 때문이에요. 이 시의 '우리'는 노동자로 열심히 살았을 겁니다. 그럼에도 불구하고 힘든 삶이 지속되자 지친 것이지요. 그래서 다른 뭔가를 해보려고 하지 않고 체념하게 되지요. 체념은 '희망을 버리고 아주 단념'하는 것이에요. 이러한 태도를 체념적 태도라고 해요.

5-9) 관조적 태도

나의 마음속에 처음으로/눈 내리는 풍경/세상은 지금 묵념의 가장자리(고은, '눈길')

관조적 태도는 꽤 어렵습니다. 가끔씩 나오는 표현이지만 확실하게 공부하지 않으면 늘 헷갈리는 개념이에요. 우선 '관조'의 사전적 정의는 '고요한 마음으로 사물이나 현상을 관찰하거나 비추어 봄'입니다. 여기서는 '고요한 마음'이 핵심이지요. 고요한 마음이란 감정이 드러나지 않은 상태를 말합니다. 슬픔, 기쁨, 놀라움 등 이러한 감정이 두드러지게 나타나면 관조적 태도라고 보기 어렵습니다. 위 시에서도 화자는 '눈길'을 보면서도 감정을 두드러지게 나타내 보이지 않고 있습니다. '눈길'을 그윽하게(감정을 드러내지 않고) 바라보고 있지요. 자, 정리하자면, 관조적 태도는 어떤 감정을 두드러지게 드러내지 않는다는 것, 꼭 기억하세요.

※ 다음 시 구절에 해당하는 태도를 쓰시오.

1. 지금 눈 내리고/매화 향기 홀로 아득하니/내 여기 가난한 노래의 씨를 뿌려라(이육사, '광야')

2. 남으로 창을 내겠소./밭이 한참갈이/괭이로 파고/호미론 김을 매지요.//구름이 꼬인다 갈 리 있소./새 노래는 공으로 들으랴오.(김상용, '남으로 창을 내겠소')

3. 생각하면/삶이란/나를 산산히 으깨는 일//눈 내려 세상이 미끄러운 어느 이른 아침에/나 아닌 그 누가 마음 놓고 걸어갈/그 길을 만들 줄도 몰랐었네, 나는(안도현, '연탄 한 장')

2 음악에 있는 리듬이 시에도 있을까?

음악 좋아하시죠. 저 강오동도 음악을 좋아합니다. 음악을 듣다 보면 스트레스도 풀리고 기분도 좋아집니다. 음악을 즐겨 듣거나 부르는 이유 중의 하나는 리듬이 있기 때문이에요. 리듬의 바탕은 반복입니다. 일정한 박이 반복되면 흥겨워요. '쿵짝짝, 쿵짝짝' 또는 '쿵짜자작, 쿵짜자작' 이렇게요. 혹은 '쿵짝짝 쿵짜자작, 쿵짝짝 쿵짜자작' 이렇게 반복될 수도 있겠네요. 이처럼 뭔가가 반복이 되면, 우리는 거기서 리듬을 느낄 수 있어요. 그러면 이와 같은 리듬을 시에서도 느낄 수 있을까요? 음악과 마찬가지로 시에서도 리듬이 있어요. 그것을 '운율'(발음:우:뉼)이라고 해요. 운율은 '운(韻)'과 '율(律)'이 합쳐진 말입니다. '운'은 특정 위치에 동일한 음운(자음과 모음)이 반복되는 것이고, '율'은 동일한 소리 덩어리가 일정하게 반복되는 것입니다. 자, 그러면 운율은 어떤 방법들로 형성되는지 알아볼게요.

1. 운율을 형성하는 것들은? – 운율 형성 요소

운율 형성, 어렵지 않아요. 우선 '뭔가'를 반복하면 운율이 형성됩니다. 그 '뭔가'가 뭘까요? 아주 작은 것부터 큰 것까지이지요. 작은 것은 자음과 모음이에요. 자음과 모음을 합해서 '음운'이라고 하지요. 그리고 큰 것은 같은 문장이나 비슷한 문장 구조를 반복합니다. 자, 이제 작은 것부터 큰 것까지 뭐가 있나 말해 볼게요. 자음이나 모음, 단어, 시구, 문장. 어때요. 점점 커지죠? 사례를 보면서 공부해 봅시다.

1–1) 음운이나 음절의 반복 : 음운이나 음절이 규칙적으로 반복되는 것

1. 서러운 사과를 사람들만 좋아라 먹습니다(김용택, '짧은 이야기')
2. 포근한 봄 졸음이 떠돌아라(이장희, '봄은 고양이로다')
3. 아이야 우리 식탁엔 은쟁반에/하이얀 모시 수건을 마련해 두렴(이육사, '청포도')
4. 갈래 갈래 갈린 길/길이라도(김소월, '길')
5. 아버지가 왔다/아니 십구 문 반의 신발이 왔다.(박목월, '가정')

음운이란 '말의 뜻을 구별하여 주는 소리의 가장 작은 단위'를 말하고, 음절은 '하나의 종합된 음의 느낌을 주는 말소리의 단위'를 말합니다. 쉽게 말하면 음운은 자음과 모음이고, 음절은 말소리의 단위입니다.(그래도 음운, 음절이 어려우면 문법 파트를 공부해 보세요.) 1번은 'ㅅ' 자음이 연속적으로 반복됨으로써 운율이 형성되어 있어요. 2번 경우에는 뭐가 반복되었을까요? 잘 보시면 'ㅗ' 모음이 4번 반복되었네요. 3번에서는 각 행이 '아'와 '하'로 시작되는데요, 'ㅏ'모음이 반복되며 운율을 형성하고 있네요. 4번에서는 'ㄱ', 'ㄹ', 'ㅏ' 등의 음운이 반복되면서 운율을 형성하고 있습니다. 그리고 5번에서는 각 행의 첫 음절을 '아' 음절로 시작하면서 운율을 형성하고 있어요. 이처럼 음운과 음절을 반복함으로써 운율을 형성할 수 있습니다.

1-2) 단어 및 시구의 반복 : 특정 단어나 시구가 반복되는 것

1. 내 그대를 생각함은 항상 그대가 앉아 있는 배경에서 해가 지고 바람이 부는 일처럼 사소한 일일 것이나 언젠가 그대가 한없이 괴로움 속을 헤매일 때에 오랫동안 전해 오던 그 사소함으로 그대를 불러 보리라(황동규, '즐거운 편지')
2. 더디게 더디게 마침내 올 것이 온다(이성부, '봄')
3. 너도 나도 공이 되어/떨어져도 튀는 공이 되어(정현종, '떨어져도 튀는 공처럼')
4. 배추밭 이랑을 노오란 배추꽃 이랑을(이용악, '꽃가루 속에')

시에서는 화자의 마음을 강조하기 위해서, 또 운율을 형성하기 위해 단어나 시구를 반복합니다. 1번 화자는 '그대'에 대한 생각으로 가득 차 있네요. 그래서 '그대'라는 단어를 반복하고 있어요. 이처럼 특정 단어를 반복하면 운율이 형성되고 화자의 의도를 강조하는 효과가 발생합니다. 2번에서는 같은 단어인 '더디게'를 연속해서 반복함으로써 강조와 운율의 효과를 거두고 있어요. 그리고 3, 4번에서는 시구를 반복하고 있어요. 3번은 '공이 되어'라는 동일 시구를 반복하고 있고, 4번은 '배추○ 이랑을' 시구를 약간 변형하여 반복하고 있습니다. 이처럼 단어나 시구의 반복을 통해 운율을 형성할 수 있어요.

1-3) 문장 구조의 반복 : 같은 문장이나 유사한 문장 구조가 반복되는 것

1. 나무를 길러 본 사람만이 안다/…(중략)…/나무를 길러 본 사람만이 안다/…(신경림, '나무1-지리산에서')

2. 나는 이제 너에게도 슬픔을 주겠다/…(중략)…/나는 이제 너에게도 기다림을 주겠다(정호승, '슬픔이 기쁨에게')

3. 눈은 살아 있다/떨어진 눈은 살아 있다/마당 위에 떨어진 눈은 살아 있다(김수영, '눈')

4. 해야 솟아라, 해야 솟아라, 말갛게 씻은 얼굴 고운 해야 솟아라(박두진, '해')

시에서는 동일 문장이나 유사한 문장 구조를 반복하는 경우가 적지 않게 있습니다. 그런데 반복의 형태가 조금씩 다르니 위의 4가지 사례를 주의 깊게 보기 바랍니다. 먼저 1번에서는 동일 문장을 반복하여 운율을 형성하고 있어요. 2번에서는 같은 문장이지만 단어만 바꾸면서 반복을 했군요. 그리고 3번에서는 '눈은 살아 있다'를 기본으로 계속 단어를 늘려가면서 점층적으로 반복하고 있어요. 4번의 반복 형태를 'aaba 구조의 반복'이라고 해요. 왜 그런지는 아시겠죠. '해야 솟아라'를 'a'로, '말갛게 씻은 얼굴 고운'을 'b'로 놓으면 아실 겁니다. 이처럼 동일한 문장이나 유사한 문장 구조를 반복함으로써 운율을 형성할 수 있어요.

1-4) 음성 상징어의 사용 : 음성 상징어(의성어, 의태어)를 반복하는 것

1. **하롱하롱** 꽃잎이 지는 어느 날(이형기, '낙화')

2. 북청 물장수를 부르면/그는 **삐걱삐걱** 소리를 치며(김동환, '북청 물장수')

음성 상징어는 소리, 모양, 동작 등을 말로 흉내 내는 것입니다. 이중 귀로 들을 수 있는 것을 말로 흉내 내는 말을 '의성어'라 하고, 눈으로 볼 수 있는 것을 말로 흉내 내는 말을 '의태어'라고 해요. 총소리를 '탕, 탕'하고 흉내 내면 '의성어'가 되고, 아기가 걷는 모습을 '아장아장'하고 흉내 내면 '의태어'가 됩니다. 1번의 '하롱하롱'은 작고 가벼운 물체가 떨어지면서 잇따라 흔들리는 모양을 말합니다. 의태어인 거죠. 2번의 '삐걱삐걱'은 물건들이 닿아서 나는 소리로서, 의성어입니다. 의성어나 의태어 같은 음성 상징어의 사용은 비록 반복이 되지는 않더라도 그 자체로서 운율을 형성하는 효과가 있습니다.

왜 음성 상징어 자체가 운율을 형성하는지 알아봅시다. 음성 상징어는 대부분 '첩어(반복복합어)'로 구성됩니다. 위의 '하롱하롱'은 '하롱'이 반복된 것입니다. '와글와글, 첨벙첨벙, 삐약삐약' 등의 의성어와 '덩실덩실, 뭉게뭉게, 으쓱으쓱' 등의 의태어의 사례를 확인하세요.

※ 다음 각 문제에 해당하는 운율 형성 요소를 보기에서 골라 번호를 쓰시오.(중복 가능성이 있지만 가장 두드러진 것을 고르세요.)

보기

① 음운의 반복 ② 음절의 반복 ③ 단어나 시구의 반복
④ 문장 구조의 반복 ⑤ 음성 상징어의 사용

1. 아랫목에 모인/아홉 마리의 강아지야(박목월, '가정')

2. 두 점을 치는 소리 방범대원의 호각 소리/메밀묵 사려 소리에 눈을 뜨면/멀리 육중한 기계 굴러가는 소리(신경림, '가난한 사랑 노래–이웃의 한 젊은이를 위하여')

3. 저렇게 많은 중에서/별 하나가 나를 내려다본다/이렇게 많은 사람 중에서/그 별 하나를 쳐다본다(김광섭, '저녁에')

4. 연분홍 송이송이 바람에 지니(김억, '연분홍 송이송이')

5. 서러운 서른 살 나의 이마에(김종길, '성탄제')

2. 외형률과 내재율

제석이가 오동이에게 물어 봅니다.

"오동아, 외형률은 뭐고 내재율은 뭐야?"

"응, 운율이 겉으로 드러나면 외형률이고, 그렇지 않으면 내재율이야."

"아이 참, 운율이 겉으로 드러난다는 것은 뭐야?"

"음… 운율이 겉으로 드러난다는 말은… 예를 들어, 글자 수를 일정하게 맞추거나 일정한 위치에 일정한 음을 반복하는 것을 말해. 아, 또 있다. 일정한 호흡으로 끊어 읽게 만드는 것도 있어."

"아, 이제 좀 알겠네. 그럼 내재율은 뭐지?"

"내재율은 말 그대로 운율이 시 속에 존재하는 거야. 시의 겉으로는 드러나지 않고 은근하게 느껴지는 것을 말하지."

"내재율은 외형률보다 좀 어렵구나. 어쨌든 외형률의 방식이 아니면 내재율인 거구나. 그치?"

"응 맞아. 잘 하는데."

이렇게 오동이와 제석이의 대화처럼 운율이 시의 표면에 드러나면 외형률이고, 시의 표면에 드러나지 않으면 내재율입니다.

자, 이제 외형률의 요소에 대해 알아봅시다. 외형률을 이루는 요소에는 음수율, 음보율, 음위율 등이 있습니다.

2-1) 글자 수만 일정하게 반복해도 운율이 느껴져요 – 음수율

1. 봄바람 하늘하늘 넘노는 길에/연분홍 살구꽃이 눈을 틉니다(김억, '연분홍

송이송이')

2. 이런들 어떠하리 저런들 어떠하리(이방원, '하여가')

3. 형님 온다 형님 온다/보고저즌 형님 온다(작자 미상, '시집살이노래')

4. 흰 달빛/자하문//달 안개/물 소리//대웅전/큰 보살(박목월, '불국사')

5. 얼굴 하나야/손바닥 둘로/푹 가리지만/보고 싶은 마음/호수만 하니/눈 감을밖에(정지용, '호수')

음수율은 글자(음절)의 수를 일정하게 반복하여 이루는 운율입니다. 우리나라 시조는 세 글자와 네 글자 또는 네 글자와 네 글자를 반복하여 운율을 형성합니다. 각각 3 · 4조, 4 · 4조라고 부릅니다. 1번에서는 7음절과 5음절이 반복되고 있습니다. '봄바람 하늘하늘'이 7글자, '넘노는 길에'가 5글자입니다. 이렇게 계속 반복되는 것을 7 · 5조라고 해요. 2번은 세 글자와 네 글자가 반복되죠. 이것은 3 · 4조가 되고요. 3번은 뭘까요? 그렇지요. 4 · 4조겠지요. 우리나라 시는 주로 고전 시가에서는 3 · 4조나 4 · 4조가 많고요(3 · 3 · 2조도 있음), 현대시에서는 김소월이나 김억의 시에서 7 · 5조의 시가 있는데, 우리나라 시 전체적으로는 그리 많지 않습니다. 4번과 5번은 많지 않은 경우인데 소개할게요. 4번은 한 행을 세 글자로 반복했고, 5번은 다섯 글자로 반복했네요. 여러분도 글자를 맞춰 시 한 수씩 지어 보세요! 청소년 시조 백일장이 있으니 도전하세요!

2-2) 끊어 읽는 것은, 음보! – 음보율

1. 엄마야 누나야 강변 살자(김소월, '엄마야 누나야')

2. 강나루 건너서/밀밭 길을//구름에 달 가듯이/가는 나그네(박목월, '나그네')

3. 구름 빛이 좋다 하나 검기를 자주 한다(윤선도, '오우가')

음보율이란 일정한 음보가 규칙적으로 반복되면서 생기는 운율을 말해요. 음보율을 제대로 알기 위해서는 음보가 무엇인지 잘 알아야 하겠지요. 음보는 쉽게 말해 '끊어 읽는 단위'라고 보면 됩니다. 한 행이나 한 연을 몇 번으로 끊어 읽느냐에 따라 보통 3음보와 4음보로 구분합니다. 1번 같은 경우에는 한 행을 '엄마야', '누나야', '강변 살자' 이렇게 3번 끊어 읽습니다. 그러면 3음보가 되겠지요. 2번은 한 연을 '강나루', '건너서', '밀밭 길을' 이렇게 3번 끊어 읽고요, 역시 3음보가 됩니다. 이처럼 한 행이나 한 연을 3번 끊어 읽으면 3음보가 됩니다. 주로 고려 가요와 김소월의 시에서 많이 사용됩니다. 3번의 경우에는 4번 끊어 읽습니다. 한번 읽어 보세요. '구름 빛이', '좋다 하나', '검기를', '자주 한다' 이렇게 4번 끊어 읽으니 4음보가 됩니다. 주로 시조나 조선 시대 가사 작품에서 많이 사용됩니다. 3음보, 4음보 참 쉽습니다.

2-3) 일정한 음을 일정한 위치에 배치하라 – 음위율

1. 꽃가루와 같이 부드러운 고양이의 털에

고운 봄의 향기가 어리우도다

금방울과 같이 호동그란 고양이의 눈에

미친 봄의 불길이 흐르도다

고요히 다물은 고양이의 입술에

포근한 봄 졸음이 떠돌아라

날카롭게 쭉 뻗은 고양이의 수염에

푸른 봄의 생기가 뛰놀아라(이장희, '봄은 고양이로다')

2. 아기가 잠드는 걸/보고 가려고

아빠는 머리맡에/앉아 계시고//

아빠가 가시는 걸/보고 자려고/

아기는 말똥말똥/잠을 안 자고(윤석중, '먼 길')

음위율은 같거나 비슷한 **음**을 일정한 **위**치에 배치하면서 얻는 운**율**을 말합니다. 앞 문장의 굵은 글씨를 모으면 음위율이 됩니다. 그러면 같거나 비슷한 음을 어디에 배치할까요? 처음, 중간, 끝에 배치합니다. 처음에 배치하면 '두운', 중간에 배치하면 '요운', 끝에 배치하면 '각운'이라고 해요. '두', '요', '각'. 각각 '머리', '허리', '다리'라는 뜻입니다. 참고로 각각의 부위가 아프면 두통, 요통, 각통이라고 하지요. 1번은 각 행의 끝이 '에', '다', '라'가 반복되니까, 각운이 사용되었네요. 2번은 2, 4, 6, 8행의 끝이 '고'자로 끝나니까 각운이 사용되었고 1, 3, 5, 7행의 처음이 '아'자로 시작되니까 두운이 사용되었네요. 음위율은 '음의 위치'입니다. 잊지 마세요.

※ 다음 구절에 사용된 운율을 보기에서 골라 쓰시오.

짚방석 내지 마라 낙엽엔들 못 앉으랴

보기
음수율, 음보율, 음위율

3 시인의 생각을 어떻게 펼쳐 나갈까? -시상전개방식

다음은 오동이와 제석이의 대화입니다.

오동 : 제석아, 시상전개가 뭐야?

제석 : 너 날 테스트하는 거니?

오동 : 무슨 말씀? 몰라서 묻는 거야.

제석 : 그래? 그럼, 알려주지. 먼저 시상에 대해 이해해야 해. 시상이란 시인의 머릿속에 떠오른 생각이야. 시상, 알겠지?

오동 : 응, 그러면 전개방식은 뭐야?

제석 : 전개방식은 펼쳐 나가는 걸 말해. 그러면 시상전개방식이 뭔지 알겠지?

오동 : 시인의 생각을 펼쳐나가는 방식?

제석 : 그렇지. 잘 이해했네.

오동 : 제석아, 사실은 네가 알고 있는지 테스트해본 거야. (도망가며) 하하하.

제석 : 뭐? (쫓아가며) 야! 너 이리 안 와!

오동이와 제석이의 대화를 통해 시상전개방식에 대해 알아보았어요. 시 '시(詩)', 생각 '상(想)'. 시상이란 시를 지을 때 시인에게 떠오르는 생각을 말합니다. 이러한 시인의 생각은 일정한 규칙이나 질서에 따라 표현되는데, 이러한 규칙이나 질서를 시상전개방식이라고 해요. 다양한 시상전개방식에 대해 알아봅시다.

1. 자연스럽게 또는 거꾸로 시간을 돌려!
– 시간의 흐름

1. 봄에는 연녹색 물결 북쪽으로/북쪽으로 퍼져 올라간다(중략)

   여름이면 뻐꾸기 노랫소리/개구리 우는 소리/어디서나 똑같다

   가을에는 황금빛 물결 남쪽으로/남쪽으로 퍼져 내려온다(중략)

   겨울이면 시원한 동치미 맛/얼큰한 해장국 맛/어디서나 똑같다(김광규, '동서남북')

2. 여승은 합장하고 절을 했다./가지취의 내음새가 났다./쓸쓸한 낯이 옛날같이 늙었다./나는 불경처럼 서러워졌다.//평안도의 어느 산 깊은 금점판/나는 파리한 여인에게서 옥수수를 샀다./여인은 나어린 딸아이를 때리며 가을밤같이 차게 울었다.//섶벌같이 나아간 지아비 기다려 십 년이 갔다./지아비는 돌아오지 않고/어린 딸은 도라지꽃이 좋아 돌무덤으로 갔다.//산꿩도 섧게 울은 슬픈 날이 있었다./산절의 마당귀에 여인의 머리오리가 눈물방울과 같이 떨어진 날이 있었다.(백석, '여승')

시간의 흐름에는 크게 두 가지 방식이 있습니다. 자연적인 시간의 흐름이 있고, 자연적이지 않은 시간의 흐름이 있어요. 앞을 순행적 구성, 뒤를 역순행적 구성이라고 합니다. 자연적인 시간의 흐름의 예로는 '기상-등교-하교-취침', '낮-밤-새벽', '아침-점심-저녁', '과거-현재-미래' 그리고 '봄-여름-가을-겨울' 등이 있고요, 자연적이지 않은 시간의 흐름에는 '현재-과거 회상', '점심-전날 일 기억' 등이 있겠지요. 1번의 경우에는 봄, 여름, 가을, 겨울로 자연적인 시간의 흐름대로 전개가 되고 있습니다. 2번은 '여승'을 만난 '나'가 여승에 대한 과거를

떠올리고 서러워하고 있습니다. 먼저 여승을 만난 현재를 다루고, 그 다음에 여승이 되기까지의 한 여인의 과거를 다루고 있네요. 따라서 자연적이지 않은 시간의 흐름, 즉 역순행적 구성 방식을 보이고 있습니다.

2. 공간이나 시선의 이동에 따라 쓰자

- 공간(시선)의 이동

1. 징이 울린다 막이 내렸다.

오동나무에 전등이 매어 달린 가설 무대

구경꾼이 돌아가고 난 텅 빈 운동장

우리는 분이 얼룩진 얼굴로

학교 앞 소줏집에 몰려 술을 마신다.

답답하고 고달프게 사는 것이 원통하다.

꽹과리를 앞장 세워 장거리로 나서면

따라붙어 악을 쓰는 건 조무래기들뿐(후략)(신경림, '농무')

2. 머언 산 청운사/낡은 기와 집,//산은 자하산/봄 눈 녹으면,//느릅나무/속잎 피어나는 열두 구비를//청노루/맑은 눈에//도는/구름.(박목월, '청노루')

1번은 시 속의 '우리'가 이동하는 공간이 바뀌면서 시상이 전개되고 있습니다. '우리'는 '운동장'에 설치된 '가설무대'에서 공연을 하다가 무대의 막이 내리자 '소줏집'으로 가서 술을 마시다가 다시 '장거리'로 나섭니다. 장소가 바뀌면서 인물들의 감정도 표현되고 그러네요. 이 시는 이렇게 공간의 이동에 따라 시가 흘러가고 있네요. 2번 시에서는 화자의 시선이 이동합니다. 화자는 움직이지 않으면서 시선만 이동을 하는 것이지요. 처음에는 '먼 산'을 바라보다가 그 다음에 '기와집'을 보고, 그 후에는 느릅나무와 청노루, 그리고 심지어는 청노루 눈까지 '줌렌즈'로 확 당겨서 바라보네요. 정리할게요. 공간의 이동은 화자도 같이 움직이는 거고요, 시선의 이동은 화자는 가만히 있으면서 시선만 이동하는 거랍니다. 물론 공간의 이동과 시선의 이동이 동시에 이뤄질 수도 있습니다.

3. 먼저 경치를 쓰고 나중에 느낌을 쓰자
– 선경후정

훨훨 나는 저 꾀꼬리

암수 서로 정답구나

외로울사 이 내 몸은

뉘와 함께 돌아갈꼬(유리왕, '황조가')

선경후정은요, 선후 관계를 따지는 겁니다. 먼저 경치에 대한 묘사를 하고 뒤에 그에 따른 정서를 나타내는 전개 방식입니다. 고구려 2대 왕이자 동명성왕의 아들인 유리왕이 지은 '황조가'의 1, 2행은 경치에 대해 언급합니다. 꾀꼬리 한 쌍의 다정한 모습을 묘사합니다. 3, 4행은 자신의 외로움(정서)에 대해 언급하지요. 탄식까지 하네요. '누구와 함께 돌아갈 것인가'라고요. 이처럼 먼저 경치에 대해 언급하고 나중에 정서에 대해 언급한 전개 방식을 선경후정 방식이라고 합니다. 예를 들면 배가 고픈데 옆 친구들의 폭풍 흡입 장면을 봤을 때 여러분도 시 한 수 지을 수 있어요. '냠냠 먹는 저 녀석들/무지 맛나 보이는구나/배고프다

주린 창자/무엇으로 채울 것인가'. 이렇게요.

4. 앞과 뒤를 비슷하게 써 볼까? – 수미상관

1. **엄마야 누나야 강변 살자**

뜰에는 반짝이는 금모래빛

뒷문 밖에는 갈잎의 노래

엄마야 누나야 강변 살자(김소월, '엄마야 누나야')

2. **모란이 피기까지는**

나는 아직 나의 봄을 기다리고 있을 테요.

모란이 뚝뚝 떨어져 버린 날,

나는 비로소 봄을 여읜 설움에 잠길 테요.

오월 어느 날, 그 하루 무덥던 날,

떨어져 누운 꽃잎마저 시들어 버리고는

천지에 모란은 자취도 없어지고,

뻗쳐오르던 내 보람 서운케 무너졌느니,

모란이 지고 말면 그뿐, 내 한 해는 다 가고 말아,

삼백예순 날 하냥 섭섭해 우옵내다.

모란이 피기까지는

나는 아직 기다리고 있을 테요, 찬란한 슬픔의 봄을.(김영랑, '모란이 피기까지는')

수미상관에서 '수'는 머리, '미'는 꼬리입니다. 그러면 시에서 수미상관식 구조는 시의 처음과 끝부분이 서로 관련이 있다는 것이지요. 어떻게 관련이 있냐고요? 시의 처음과 끝에 같거나 비슷한 시구를 배치하면 됩니다. 이러한 수미상관식 구조는 화자가 말하고자 하는 것을 강조하고 또 형태적으로 안정감을 갖게 하는 효과가 있어요. 1번의 경우에는 시의 처음과 끝이 똑같은 형태이고요, 2번의 경우에는 처음과 끝이 완전히 같지는 않고 약간 변형을 주면서 마무리를 한 경우입니다. 현대시에서는 2번의 경우가 더 많습니다. 완전하게 똑같이 반복되는 경우는 그리 많지 않아요.

5. 대비하면 강조의 효과도 생겨 – 대비

1. 강원도 평창군 미탄면 청옥산 기슭
덜렁 집 한 채 짓고 살러 들어간 제자를 찾아갔다
거기서 만들고 거기서 키웠다는
다섯 살배기 딸 민지
민지가 아침 일찍 눈 비비고 일어나
저보다 큰 물뿌리개를 나한테 들리고
질경이 나싱개 토끼풀 억새……
이런 풀들에게 물을 주며
잘 잤니, 인사를 하는 것이었다
그게 뭔데 거기다 물을 주니?
꽃이야, 하고 민지가 대답했다
그건 잡초야, 라고 말하려던 내 입이 다물어졌다
내 말은 때가 묻어
천지와 귀신을 감동시키지 못하는데

꽃이야, 하는 그 애의 말 한마디가

풀잎의 풋풋한 잠을 흔들어 깨우는 것이었다(정희성, '민지의 꽃')

2. 어두운 방 안엔

빠알간 숯불이 피고,

외로이 늙으신 할머니가

애처로이 잦아드는 어린 목숨을 지키고 계시었다.

이윽고 눈 속을

아버지가 약(藥)을 가지고 돌아오시었다.

아 아버지가 눈을 헤치고 따 오신

그 붉은 산수유 열매

나는 한 마리 어린 짐승

젊은 아버지의 서느런 옷자락에

열(熱)로 상기한 볼을 말없이 부비는 것이었다.

이따금 뒷문을 눈이 치고 있었다.

그날 밤이 어쩌면 성탄제(聖誕祭)의 밤이었을지도 모른다.

어느새 나도

그때의 아버지만큼 나이를 먹었다.

옛것이라곤 거의 찾아볼 길 없는

성탄제 가까운 도시에는

이제 반가운 그 옛날의 것이 내리는데,

서러운 서른 살 나의 이마에

불현듯 아버지의 서느런 옷자락을 느끼는 것은.

눈 속에 따 오신 산수유 붉은 알알이

아직도 내 혈액 속에 녹아 흐르는 까닭일까(김종길, '성탄제')

대비란 두 대상의 차이를 밝히기 위하여 서로를 비교하는 것을 말해요. 시에서는 대비, 대조, 대립이 비슷한 의미로 사용될 때가 많아요. 시에는 여러 형태의 대비가 사용됩니다. 긍정과 부정의 대비, 색채의 대비, 과거와 현재의 대비, 감각의 대비 등이 사용되지요. 왜 대비를 사용하냐구요? 우선 강조하기 위해서 그렇습니다. 대형차를 구입한 사람이 차를 자랑하기 위해서는 뭐가 있어야 될까요? 경차나 소형차 타는 사람들이 있어야 부각이 되겠죠. 또 시적 긴장감을 갖기 위해 그렇습니다. 영화에 좋은 사람들만 나오면 긴장감이 떨어지는 이치와 같아요. 영화나 드라마를 보면 착한 사람을 강조하기 위해서 누가 나오나요? 나쁜 사람이 나오지요. 이것은 긍정과 부정의 대비입니다. 또 무술 영화를 보면 아버지의 원수를 갚기 위해 열심히 수련을 쌓은 결과 높은 무공의 소유자가 되는 경우가 있지요. 여기에서는 수련 전후의 무공의 대비가 나오게 되지요. 1번에서는 순수한 민지와 속세의 때가 묻은 화자의 모습이 대비되면서 시상이 흘러갑니다. 2번에는 여러 형태의 대비가 나옵니다. 먼저 캄캄한 방과 붉은 숯불의 색채 대비가 있고요, 서느런 옷자락과 열이 난 얼굴의 감각(촉각)의 대비가 있어요. 그리고 과거와 현재의 대비가 사용되었네요. 이처럼 대비는 시에서 종종 사용되니까 잘 알아두세요.

6. 기승전결은 한시에서 자주 쓰였지 – 기승전결

한 송이의 국화꽃을 피우기 위해

봄부터 소쩍새는

그렇게 울었나 보다.

한 송이의 국화꽃을 피우기 위해
천둥은 먹구름 속에서
또 그렇게 울었나 보다.

그립고 아쉬움에 가슴 조이던
머언 먼 젊음의 뒤안길에서
인제는 돌아와 거울 앞에 선
내 누님같이 생긴 꽃이여.

노오란 네 꽃잎이 피려고
간밤엔 무서리가 저리 내리고
내게는 잠도 오지 않았나 보다.(서정주, '국화 옆에서')

기승전결은 고전시가인 한시에서 사용되던 방법입니다. 조금 어려운 전개 방식이에요. '기'는 시를 시작하는 부분(쉽죠), '승'은 그것을 이어받아 전개하는 부분('기'와 비슷해요), '전'은 뜻을 한 번 돌리어 전환하는 부분(분위기가 바뀌어요), '결'은 중심 생각이나 정서를 제시하는 부분입니다. '국화 옆에서'란 시를 통해 알아볼게요. 1연은 국화꽃이 피기까지의 과정(기), 2연도 1연과 비슷하게 국화꽃이 피기까지의 과정(승), 그리고 3연은 국화꽃의 원숙한 모습(전), 마지막 4연은 여러 시련을 거쳐 도달한 삶의 경지(결)에 대해 말하고 있어요. 조금 어렵죠? 현대시에서는 자주 쓰이지는 않지만 그래도 알아두어야 해요.

7. 이 방법은 점점 정서가 고조되는 것 같아
– 점층적 전개

눈은 살아 있다.

떨어진 눈은 살아 있다.

마당 위에 떨어진 눈은 살아 있다.

기침을 하자.

젊은 시인(詩人)이여 기침을 하자.

눈 위에 대고 기침을 하자.

눈더러 보라고 마음 놓고, 마음 놓고

기침을 하자.

눈은 살아 있다.

죽음을 잊어버린 영혼과 육체를 위하여

눈은 새벽이 지나도록 살아 있다.

기침을 하자.

젊은 시인이여 기침을 하자.

눈을 바라보며

밤새도록 고인 가슴의 가래라도

마음껏 뱉자.(김수영, '눈')

점층이란 말의 뜻은 '글에서 점차 단어들을 겹쳐 가면서 화자의 뜻을 넓혀 중심 주제로 이끌어 가는 것'입니다. 김수영의 '눈'이라는 시를 보면, 크게 '눈은 살아 있다'와 '기침을 하자'라는 두 개의 문장이 점층적으로 반복되고 있음을 알 수 있어요. 1연을 볼게요. '눈은 살아 있다'라는 문장에 단어들을 점차 겹쳐 가면서 '눈'이 살아 있다는 것을 강하게 알리고 있어요. 이것은 3연에서도 변형되어 반복되고 있어요. 또 '기침을 하자'라는 문장을 점층적으로 반복하면서 독자들에게 어떤 행동을 강력하게 촉구하고 있습니다. 이러한 점층적 전개 방식은 화자의 의지나 정서 등을 점점 고조시키거나 어떤 상황을 강조할 때 사용하는 방법입니다. 예를 들어 볼까요. '**아이스크림이 없다**/냉장고에 **아이스크림이 없다**/시원한 것을 상상하고 열었지만 냉장고에 **아이스크림이 없다**'. 어때요. 절망감이 엄청 강조되었지요.

8. 유사한 문장을 반복하는 것도 시상전개방식이거든 – 문장 구조의 반복

내가 당신을 사랑하는 것은 까닭이 없는 것이 아닙니다.

다른 사람들은 나의 홍안(紅顔)만을 사랑하지마는 당신은 나의 백발도 사랑하는 까닭입니다.

내가 당신을 기루어하는 것은 까닭이 없는 것이 아닙니다.

다른 사람들은 나의 미소만을 사랑하지마는 당신은 나의 눈물도 사랑하는 까닭입니다.

내가 당신을 기다리는 것은 까닭이 없는 것이 아닙니다.

다른 사람들은 나의 건강만을 사랑하지마는 당신은 나의 죽음도 사랑하는 까닭입니다.(한용운, '사랑하는 까닭')

유사한 문장 구조를 반복하는 이유는 형태(형식)적으로 안정감을 주고 변형을 통해 여러 가지 내용들을 독자에게 전달하면서 화자의 뜻을 강조하기 위해서입니다. 이 시에서도 다음과 같은 문장의 구조가 세 번 반복되고 있습니다. '내가 당신을 ( )는 것은 까닭이 없는 것이 아닙니다. 다른 사람들은 나의 ( )만을 사랑하지마는 당신은 나의 ( )도 사랑하는 까닭입니다.' 이러한 반복을 통해서 화자는 '당신을 기다린다'는 것과 '당신은 나의 모든 것을 사랑한다'는 내용을 강조하고 있습니다. 세 번 반복하면서 '( )'의 내용을 바꾼 이유는 당신은 나의 모든 것을 사랑한다는 것을 강조하기 위해서입니다.

9. 아! 대상을 열거하면서 생각을 써 나갈 수도 있구나 – 대상의 열거

명절날 나는 엄매 아배 따라 우리집 개는 나를 따라 진할머니 진할아버지 있는 큰집으로 가면

얼굴에 별자국이 솜솜 난 말수와 같이 눈도 껌벅거리는 하루에 베 한 필을 짠다는 벌 하나 건넛집엔 복숭아나무가 많은 신리(新里) 고무 고무의 딸 이녀(李女) 작은 이녀(李女)

열여섯에 사십(四十)이 넘은 홀아비의 후처가 된 포족족하니 성이 잘 나는 살빛이 매감탕 같은 입술과 젖꼭지는 더 까만 예수쟁이 마을 가까이 사는 토산(土

山) 고무 고무의 딸 승녀(承女) 아들 승(承)동이

육십 리(六十里)라고 해서 파랗게 뵈이는 산(山)을 넘어 있다는 해변에서 과부가 된 코끝이 빨간 언제나 힌 옷이 정하던 말끝에 설게 눈물을 짤 때가 많은 큰골 고무 고무의 딸 홍녀(洪女) 아들 홍(洪)동이 작은 홍(洪)동이

배나무 접을 잘하는 주정을 하면 토방돌을 뽑는 오리치를 잘 놓는 먼 섬에 반디젓 담그러 가기를 좋아하는 삼촌 삼촌 엄매 사춘 누이 사춘 동생들이 그득히 들 할머니 할아버지가 있는 안간에들 모여서 방 안에서는 새 옷의 내음새가 나고

또 인절미 송구떡 콩가루차떡의 내음새도 나고 끼때의 두부와 콩나물과 볶은 잔디와 고사리와 도야지 비계는 모두 선득선득하니 찬 것들이다(후략)(백석, '여우난 곬족')

열거란 여러 가지를 죽 늘어놓는 걸 말합니다. 열거를 하면 강조의 효과가 있습니다. 오랫동안 사막 여행을 하고 있는 사람에게 먹고 싶은 게 뭐냐고 물어보면 여러 가지를 말하겠지요. 여러분 같으면 아마 햄버거, 피자, 치킨, 떡볶이, 갈비, 찌개, 라면 등등 쉴새없이 말할 겁니다. 바로 이때, 음식들을 나열하는 것은 여러분이 먹고 싶어하는 욕구를 강조하는 것입니다. 이 시 '여우난 곬족'에서도 명절날 친척들의 삶의 모습과 여러 명절 음식과 놀이 등을 열거하고 있습니다. 여러 고모와 삼촌 등을 소개하고 음식들에 대해서도 나열하고 있지요. 이런 열거를 통해 명절의 정겹고 흥겨운 분위기를 노래하고 있습니다. 우리 학생들이 좋아하는 말들을 나열해 볼까요. 수업 끝!, 쉬자, 일찍 끝내줄까?, 놀자, 금요일 오후, 한 판 하자, 먹자 등등이시죠?

※ 다음 시에 사용된 시상전개방식을 쓰시오.

잿더미가 소복한 울타리에/개나리가 망울졌다.(구상, '초토의 시1')

4 감각을 마음으로 느낀다는 말이 뭐지?

사람이 느낄 수 있는 감각에는 총 다섯 가지가 있어요. 그것은 바로 시각, 청각, 후각, 미각, 촉각입니다. 이러한 감각들을 통해 우리는 일상생활에서 여러 대상들을 파악하게 됩니다.

식사할 때 먹는 김치찌개를 예로 들어볼게요. 먼저 김치, 돼지고기, 양파, 고춧가루, 고추, 두부 등이 들어간 김치찌개를 눈(시각)으로 확인할 수 있어요. 그리고 '보글보글' 끓는 소리, '와, 맛있겠다'라는 친구의 목소리, 침 넘어가는 소리 등을 귀(청각)로 느낄 수 있어요. 또 찌개의 맛있는 냄새를 코(후각)로 느낄 수 있고요, 새콤하고 매콤한 국물맛과 돼지고기의 식감을 혀(미각)로 느낄 수 있어요. 마지막으로 김치찌개의 그릇에서 올라오는 수증기의 뜨거움을 얼굴의 피부(촉각)를 통해 알 수 있어요.

시인이 시를 통해 표현한 여러 감각적 표현들을 읽은 독자도 시인이 느낀 감각을 비슷하게 느낄 수 있는 것은 여러 심상들 덕분입니다. 여기서는 심상에 대해 알아보도록 해요.

1. 심상의 뜻

강오동은 주말에 가족들과 산으로 소풍을 갔어요. 오동이는 그냥 친구들과 게임을 하고 싶었는데 아빠가 가자고 해서 억지로 따라갔어요. 그런데 막상 산에 가 보니 그렇게 좋을 수가 없었어요. 적당하게 땀도 나고, 계곡에 발도 담그고, 준비해 간 도시락과 간식도 먹고. 오동이는 산에 오길 잘했다고 생각했어요. 다음 날 친구 제석이를 만난 오동이는 소풍 다녀 온 느낌을 이렇게 말했어요.

정말 좋았어. 자연이 그렇게 아름다운지 몰랐어. 게임하고는 또 다른 거 같아. 음, 먼저 공기가 아주 맑았어. 그리고 산의 푸른색이 내 눈을 씻어 주는 것 같았어. 산길을 걸을 때 어디서 향기가 났는데, 그것은 아카시아 향이래. 또 이름은 모르는데 새 소리가 경쾌하게 들렸고, 물 흐르는 소리는 시원하게 느껴졌어. 엄마랑 아빠가 준비한 도시락과 간식은 정말 꿀맛이었어. 부모님이 가자고 하셔서 다녀왔는데 다음에 또 가고 싶더라.

이 말을 들은 제석이는 과연 오동이의 느낌을 알 수 있을까요? 맞아요. 감각을 통해 느낄 수 있어요. 오동이와 제석이는 눈, 귀, 코, 입, 피부 등의 감각을 통해서 산에 대한 느낌을 서로 나눌 수 있어요. 제석이는 산에 갔다오지 않았지만 오동이의 말을 듣고 마치 산에 갔다온 듯한 느낌을 갖게 되는 것입니다. '산의 푸름'은 시각으로 느끼고, '아카시아 향'은 후각으로 느끼고, '새 소리'는 청각으로 느끼고, 음식의 '꿀맛'은 입으로 느끼게 되지요. 그럼 '물소리가 시원하다'는 무엇일까요? 그것은 공감각이라는 것인데요. 조금 어려우니 나중에 설명할게요.

자, 이제 오늘 공부해야 할 '심상'의 뜻에 대해 알아봅시다. '심상'의 한자는 '心象' 또는 '心像'입니다. 마음 '심', 모양 '상'이에요. 소리 내어 읽으면서 외워 보세요. '심상'은 '마음에 그려진 모양' 정도가 될 수 있는데, 이것만으로는 이해하기 어려워요. 왜냐하면 '모양'은 시각으로 느낄 수 있는 거라 그래요. 그래서 그냥 심상은 '시를 읽을 때 마음속에 떠오르는 모양, 빛깔, 소리, 냄새, 맛, 촉감 등의 감각적인 느낌'이라고 정리합시다.

심상 : 시를 읽을 때 마음속에 떠오르는 모양, 빛깔, 소리, 냄새, 맛, 촉감 등의 감각적인 느낌

우리는 '마음속 느낌'과 '실제 느낌'을 구분해야 해요. 앞에서 강오동이가 산에서 느꼈던 것은 오동이의 '실제 느낌'이고, 제석이가 오동이의 말을 듣고 느낀 것은 '마음속 느낌'이지요. 소풍 가서 실제 느낀

'새 소리'를 제석이는 마음으로 느낍니다. 다른 예를 들어 볼게요. '소금이 짜다'라는 말을 들으면, 소금의 짠맛을 마음으로 느낍니다. '얼음이 차갑다'라는 말을 들으면, 얼음의 차가움을 마음으로 느낍니다. 아셨죠. 결국 '심상'은 '감각을 마음으로 느끼는 것'입니다.

2. 심상의 종류

앞에서 심상의 뜻을 '감각을 마음으로 느끼는 것'이라고 했어요. 그럼 감각은 무엇인가요? 감각의 사전적 뜻은 '눈, 코, 귀, 혀, 살갗을 통하여 바깥의 어떤 자극을 알아차림'이에요. 어렵지 않죠? 눈을 통한 감각은 시각, 코를 통한 감각은 후각, 귀를 통한 감각은 청각, 혀를 통한 감각은 미각, 살갗을 통한 감각은 촉각입니다. 그래서 심상의 종류는 감각의 종류에 따라 나누어집니다.

2-1) 시각적 심상 - 눈에 보이는 듯한 심상

눈을 통해 느낄 수 있는 대상은 무엇이 있을까요? 쉽게 말해 눈으로 볼 수 있는 것은 무엇이 있을까요? 뭐, 물을 필요가 없겠지요. 산과 바다, 동식물들, 사람들, 건물들, 사람들의 일상, 제품들, 책들, TV 화면, 스마트폰 화면 등 무지무지하게 많아요. 이 중에 시에 주로 사용되는 대상은 무엇이 있을까요? 그것 역시 대상을 한정짓기 힘들 정도로 다양하지요. 그렇지만 인물의 외모나 태도, 어떤 대상의 움직임, 자연의 모습, 대상들의 색깔, 밝고 어두움 등으로 정리해 볼 수 있어요. 예를 들어 설명할게요.

1. 무가 순 돋아 파릇하고(정지용, '인동차')

2. 크고 맑기만 한 그 소년의 눈동자(신동엽, '종로 5가')

3. 눈은 수천수만의 날개를 달고/하늘에서 내려와 샤갈의 마을의/지붕과 굴뚝을 덮는다(김춘수, '샤갈의 마을에 내리는 눈')

1번은 파란색의 심상을 사용하여 '무'의 생명력을 드러내고 있어요. 파란색은 대체로 시에서 긍정적인 의미로 사용되고 있어요. (그렇다고 붉은색이 부정적인 의미로만 사용되는 것은 아니에요.) 2번은 인물의 외모에 대해 표현하고 있네요. 소년의 순수하고 맑은 이미지를 강조하고 있어요. 3번은 눈이 내리는 장면을 표현하고 있네요. '수천수만의 날개'라는 표현을 통해 많은 눈이 내린다는 것을 표현하고 있네요.

2-2) 청각적 심상 - 귀에 들리는 듯한 심상

우리는 세상을 살면서 수많은 소리들을 들으며 살고 있어요. 아침 알람 소리, 엄마의 잠깨우는 소리, 변기 물 내려가는 소리, 잔소리, 학교 종소리, 친구들 떠드는 소리, 선생님 목소리, 웃음과 울음소리 등 일상에서 나는 소리가 있고요. 새 소리, 벌레 우는 소리, 바람 소리, 폭포 소리, 파도 소리, 천둥소리 등 자연에서 나는 소리도 들으며 살지요. 또한 건축물 짓는 소리, 총 소리, 확성기 소리, 사이렌 소리 등도 있지요. 이들 소리들은 언제라도 시의 대상이 될 수 있어요. 어떤 시인이 논둑을 걷다 개구리 울음 소리를 듣고 시를 지을 수도 있고, 갓난아기 울음소리를 듣고 시를 지을 수도 있어요. 우리 시에는 어떤 청각적 심상이 사용되는지 한번 알아봅시다. 다음의 예시는 많은 소리들 중 일부분입니다.

1. 확성기마다 울려 나오는 힘찬 노래와(김광규, '상행')

2. 삽살개 짖는 소리(이용악, '우라지오 가까운 항구에서')

3. 느리고 맑은 외양간의 쇠방울 소리(정한모, '새벽')

1번에서는 확성기(스피커)를 통해 울려 나오는 노래 소리를 느낄 수 있고, 2번에서는 삽살개 짖는 소리를, 3번에서는 쇠방울 소리를 느낄 수 있습니다.

2-3) 후각적 심상 - 코로 냄새를 맡는 듯한 심상

여러분은 어떤 냄새를 좋아하세요? 몇 가지 좋아하는 냄새를 말해 볼까요? 음, 선생님은 우선 맛있는 음식 냄새를 좋아해요. 워낙 맛있는 걸 좋아하거든요. 그리고 커피 향기, 차 향기, 꽃 향기, 좋은 스킨이나 샴푸 냄새, 풀내음, 숲에서 나는 냄새 등을 좋아합니다. 이런 것들은 여러분도 좋아하리라 생각해요. 아, 아기 냄새도 좋아합니다. 아주 사랑스럽지요. 일상에서 탈출하여 맡는 바다 냄새도 좋겠네요. 우리 시에서 후각적 심상이 자주 쓰이지는 않지만, 어떤 사례들이 있는지 한번 알아볼게요.

1. 꽃 피는 사월이면 진달래 향기/밀 익는 오월이면 보리 내음새(김동환, '산 너머 남촌에는')

2. 또 인절미 송구떡 콩가루 차떡의 내음새도 나고(백석, '여우난 곬족')

3. 어마씨 그리운 솜씨에 향그러운 꽃지짐(김상옥, '사향')

1번은 진달래 향기와 보리 냄새를 통해 산 너머 남촌을 긍정적으로 서술하고 있습니다. 그리고 2번의 음식 냄새들을 통해서는 어린 시절에 대한 추억을 노래하고, 3번의 꽃지짐 냄새를 통해서는 어머니와 고향에 대한 그리움을 표현하고 있습니다.

2-4) 미각적 심상 - 혀로 맛을 보는 듯한 심상

미각은 '맛 미(味)'와 '깨달을 각(覺)'자를 사용해요. 맛을 깨닫는다는 것이지요. 사람의 혀로 느낄 수 있는 맛은 전부 다섯 가지가 있다고 해요. 신맛, 쓴맛, 매운맛, 단맛, 짠맛 등입니다. 이것을 '오미'라고 합니다. 이 중에 '단맛'만 긍정적인 상황에서 사용되고, 나머지 맛들은 부정적인 상황에서 사용되는 경우가 많아요. 인생이 고달프면 '쓴맛'을 느끼겠지요. 그리고 어떤 목표나 대상에 겁 모르고 도전했다가 느끼는 '매운맛'도 있겠고요. 시에는 미각적 심상이 많이 사용되지는 않아요. 그래도 어떤 사례들이 있는지 알아봅시다.

1. 어린 시절에 불던 풀피리 소리 아니 나고/메마른 입술에 쓰디쓰다.(정지용, '고향')
2. 겨울이면 시원한 동치미 맛/얼큰한 해장국 맛/어디서나 똑같다.(김광규, '동서남북')

1번에서는 변해버린 고향을 본 느낌을 쓴 맛을 통해 표현하고 있고, 2번에서는 우리나라의 맛이 어디나 다 똑같다는 것을 통해 맛의 동질감을 나타내고 있습니다.

2-5) 촉각적 심상 - 피부로 느끼는 듯한 심상

촉각의 사전적 뜻은 '물건이 피부에 닿아서 느껴지는 감각'입니다. 압각(壓覺)과 통각(痛覺)으로 나눌 수 있는데, 압각은 '피부나 그 밖의 신체 일부가 눌렸을 때 생기는 감각'이고요, 통각은 '고통스러운 감정이 따르는 감각'입니다. 우리가 자주 느끼는 촉각에는 시원함, 따뜻함, 차가움, 더움, 서늘함, 눌려서 아픔, 찔려서 아픔, 부드러움, 딱딱함, 물컹거림 등이 있어요. 이 중에 온도를 느끼는 촉각이 시에는 비교적 많이 사용되고 있어요. 사례를 보며 공부해 볼까요.

1. 젊은 아버지의 서느런 옷자락에(김종길, '성탄제')

2. 불도 없이 차가운 방에 앉아(김광규, '희미한 옛사랑의 그림자')

1번은 아버지에 대한 추억을 촉각을 통해 나타내고 있고, 2번에서는 과거에 대한 기억을 차가운 촉각을 통해 표현하고 있습니다.

2-6) 공감각적 심상 - 여러 감각으로 동시에 느끼는 듯한 심상

'꽃향기가 보인다.' 향기가 보이다니, 이상한 표현이지요. 이 표현에서 대상은 '꽃향기'입니다. '꽃향기'는 원래 후각으로 느껴야 되니까, '꽃향기가 난다'로 표현해야 하지요. 이렇게 했을 때는 '꽃향기'라는 대상에 한 가지 감각만 사용하는 겁니다. 그런데 '꽃향기가 보인다'라고 했을 때는, 한 가지 대상에 후각과 시각이라는 두 가지 감각을 동시에 사용하게 됩니다. 이것은 표현을 보다 풍성하고 생생하게 하기 위해서 그렇습니다. 원래는 후각으로 느끼는 건데 시각으로 옮겨서(전이시켜) 표현하는 것이지요. 이것을 '후각의 시각화'라고 합니다. 다른 사례도 만들어 볼게요. '엄마의 꾸지람 소리가 쓰디쓰다'(청각의 미각화), '달콤한 합격통지서'(시각의 미각화), '그녀의 목소리가 차갑다'(청각의 촉각화).

1. 달은 과일보다 향그럽다(장만영, '달 · 포도 · 잎사귀')
2. 새파란 초생달이 시리다(김기림, '바다와 나비')
3. 분수처럼 흩어지는 푸른 종소리(김광균, '외인촌')

1번은 시각적 대상인 '달'을 후각과 함께 느끼도록 표현하였고(시각의 후각화), 2번에서는 역시 시각적 대상인 '초생달'을 촉각과 함께 느끼도록 표현하였습니다(시각의 촉각화). 그리고 3번은 청각적 대상인 '종소리'를 시각과 함께 느끼도록 표현하였습니다(청각의 시각화).

2-7) 복합 감각 - 둘 이상의 감각이 나란히 사용되는 심상

시에는 한 가지 감각만 사용될까요? 반드시 그렇지만은 않아요. 심상이 하나도 사용되지 않은 시도 있고요, 딱 한 개의 심상만 사용된 시도 있고요, 두 개 이상의 심상이 사용된 시도 있어요.

통상 두 개 이상의 심상이 나란히 사용된 것을 복합 감각이라고 합니다. '하늘은 맑고, 바람은 차다.'라는 표현에는 '하늘'과 '바람'이라는 두 대상이 있고, 각각 시각과 촉각을 사용했어요. 이 표현은 복합 감각이 맞습니다. 하지만 '차가운 하늘'이라는 표현은 복합 감각이 아니고, 공감각적 심상이 됩니다. 하늘은 원래 시각으로 느껴야 되는데, 촉각까지 동시에 느끼도록 표현했기 때문입니다. 헷갈리면 안 됩니다.

1. 둥둥 북소리에/만국기가 오르면(이성교, '가을 운동회')

2. 여승은 합장하고 절을 했다./가지취의 내음새가 났다.(백석, '여승')

3. 보오얀 구름 속에 종달새는 운다(박두진, '어서 너는 오너라')

1번은 청각(북소리)과 시각(만국기)을 각각 별도로 사용하였고, 2번은 시각(여승의 절하는 모습)과 후각(가지취(나물) 냄새)을, 3번은 시각(구름)과 청각(종달새 소리)을 각각 사용하였습니다.

※ 다음 구절에 해당하는 심상을 보기에서 골라 번호를 쓰시오.

보기			
	① 시각적 심상	② 청각적 심상	③ 후각적 심상
	④ 미각적 심상	⑤ 촉각적 심상	⑥ 공감각적 심상
	⑦ 복합 감각		

1. 흰 돛단배가 곱게 밀려서 오면(이육사, '청포도')

2. 희미한/풍금(風琴) 소리가 툭 툭 끊어지고/있었다(김종삼, '물통')

3. 푸르른 보리밭 길/맑은 하늘에/종달새만 무에라고 지껄이것다(이수복, '봄비')

4. 강 건너 마을에서 개 짖는 소리 멀리 들려왔다.(김규동, '두만강')

5. 상긋한 산 내음새(김관식, '거산호2')

6. 둥기둥 줄이 울면/초가 삼간 달이 뜨고(정완영, '조국')

7. 울음이 타는 가을 강(박재삼, '울음이 타는 가을 강')

8. 고목나무 가지 끝 위에 까치집 하나(송수권, '세한도')

9. 바람이 서늘도 하여(이병기, '별')

10. 흔들리는 종소리의 동그라미 속에서(정한모, '가을에')

MEMO

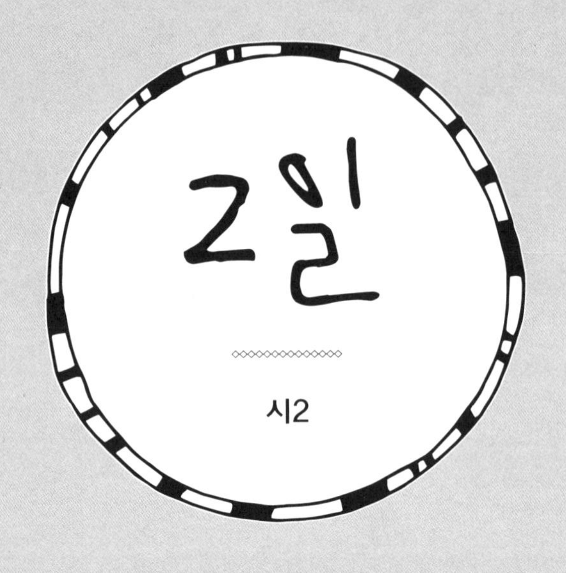

시의 표현법 제대로 알기

안녕하세요. 여러분!
저희는 낭만이와 삭막이입니다.
만나서 반갑습니다.
첫날 공부 잘 하셨나요?
오늘은 저희가 여러분의 공부를 맡게 되었어요.
오늘날 문명이 발달하면서 조금 삭막해졌는데요.
문학을 공부하면서 낭만적 분위기를 찾았으면 좋겠어요.
음, 오늘은 시의 표현법에 대해서 알아보겠어요.
직유법, 은유법, 반어법, 역설법 등 여러 가지 표현법을 배워보도록 해요.
자, 그럼 저희랑 시의 표현법의 세계로 들어가겠습니다.
꽉 잡으세요!
출발! 부웅.

1 왜 대상을 다른 대상에 빗대어 표현할까? -비유법

비유법은 말하고자 하는 대상을 직접 표현하지 않고 그와 유사한 다른 대상에 빗대어 표현하는 것입니다. 말하고자 하는 대상을 '원관념'이라고 하고, 유사한 다른 대상을 '보조 관념'이라고 합니다. 어떤 남자의 근육이 매우 단단할 때 '그의 근육은 돌처럼 단단하다'라고 표현하지요. 이때 남자의 '근육'은 원관념이 되고 '돌'은 보조 관념이 되는 겁니다. 또 남자의 복근을 빨래판 같다고 하지요. 이때 '복근'은 원관념, '빨래판'은 보조 관념이 됩니다. 너무 몸짱 얘기만 했나요? 요즘 저의 관심사라서 그랬습니다. 여러분도 '빨래판' 만들어 보세요.

비유법에는 직유법, 은유법, 의인법, 활유법, 대유법, 중의법, 의성법, 의태법 등의 방법이 있습니다. 하나씩 살펴볼게요.

1. 연결어를 사용하여 직접 비유하자 – 직유법

1. 봄빛처럼 포근한 눈(오규원, '포근한 봄')

2. 나의 청춘은 꽃답게 죽는다(이형기, '낙화')

3. 손잔등이 밭고랑처럼 몹시도 터졌다(백석, '팔원')

직유법은 말 그대로 직접 비유하는 겁니다. '직접 비유'에서 한 글자씩 가져와 '직유'법이 된 겁니다. 직유법을 효과적으로 표현하기 위해서는 적절한 연결어를 사용해야 해요. 무서운 선생님을 비유할 때 '선생님은 호랑이처럼 무섭다'라고 표현할 수 있어요. 이 경우에는 선생님을 호랑이에 직접 비유하는 겁니다. 또 한 가지 예를 들게요. 놀러갔을 때 먹을 것을 잔뜩 가져 온 친구에게 '너는 천사처럼 착해.'라고 표현한다면 친구를 천사에 직접 비유하는 겁니다. 직유법은 이처럼 연결어를 사용하여 비유하니, 연결어를 잘 알아야 해요. '~처럼', '~같이', '~듯이', '~양' 등의 연결어가 있습니다. 1번의 경우에는 눈(원관념)의 포근함을 봄빛(보조 관념)에 비유하여 표현했어요. 2번에서는 나의 청춘(원관념)을 꽃(보조 관념)에 비유하고 있어요. 꽃이 지는 것처럼 청춘도 끝나고 있다는 거지요. 아마도 작가는 어느 봄날 꽃이 지는 것을 보고 인생이 그것과 비슷하다는 생각을 했을 겁니다. 3번에서는 손잔등(원관념)을 밭고랑(보조 관념)에 비유함으로써 손등이 무지 갈라졌다는 것을 표현하고 있습니다. 한겨울에 만난 어느 소녀의 갈라진 손등을 이렇게 표현한 것입니다.

2. 연결어 없이 은근하게 비유하자 – 은유법

1. 나는 나룻배/당신은 행인(한용운, '나룻배와 행인')

2. 내 마음은 호수요(김동명, '내 마음은')

3. 나는 한 마리 어린 짐승(김종길, '성탄제')

은유법은 은근하게 비유하는 겁니다. 은근하게 비유하니 '은유'법입니다. 은유법은 직유법처럼 직접 비유하지 않아요. 예를 들면, '선생님은 호랑이이다.'라는 표현이 있다고 해요. 무슨 의미일까요? 호랑이처럼 무섭다, 호랑이처럼 용맹스럽다, 호랑이처럼 생겼다, 호랑이처럼 날쌔다 등의 의미 중에서 하나가 됩니다. 이런 의미 중에서 무엇을 의미하는지 잘 모르기 때문에 문맥을 통해서 의미를 파악해야 해요. 직유법에서 '선생님은 호랑이처럼 무섭다'라고 하면 무서운 선생님이라는 걸 직접 비유하지만, 은유법은 그렇지 않아요. 은유법은 통상 'A(원관념)는 B(보조 관념)다'의 형태로 사용됩니다. 1번에서 '나'를 '나룻배'로 비유했는데 어떤 의미인지 정확하지는 않아요. 시 전체를 통해서 나룻배의 의미를 알 수 있는 거죠. 2번에서는 '내 마음'을 '호수'로 비유했는데, 호수의 속성은 여러 가지가 있지요. 잔잔하다, 맑다, 넓다, 깊다, 푸르다 등등이요. 3번에서는 '나'를 '어린 짐승'으로 비유했습니다. 어린 짐승 또한 연약하다, 순수하다 등의 의미가 있습니다.

3. 사람인 것처럼 표현하자 – 의인법

1. 갈잎의 노래(김소월, '엄마야 누나야')

2. 그날이 오면은/삼각산이 일어나 더덩실 춤이라도 추고(심훈, '그날이 오면')

3. 언제부턴가 갈대는 속으로/조용히 울고 있었다.(신경림, '갈대')

의인법은 사람이 아닌 대상을 사람인 것처럼 표현하는 것입니다. 무생물이든 생물이든 그 어떤 것으로도 사람인 것처럼 표현하면 되는 것이지요. 예를 들어 볼게요. '구름이 나를 보고 오라고 한다.', '나무와 나무가 서로 대화를 한다.', '꽃이 웃는다.', '희망이 절망을 야단친다.' 이렇게 사람이 아닌 것을 사람인 것처럼 표현하는 것이 의인법입니다. 아셨지요. 1번에서는 갈잎이라는 식물이 노래를 한다고 되어 있네요. 2번에서는 삼각산이 사람처럼 덩실덩실 춤을 춘다고 표현되었습니다. 3번에서는 갈대가 속으로 조용히 울고 있다고 하네요.

4. 생물인 것처럼 표현하자 – 활유법

1. 우리가 눈 감고 한 밤 자고 나면/이슬이 나려와 같이 자고 가고,(정지용, '해바라기 씨')
2. 새벽녘이면 산들이 학처럼 날개를 쭉 펴고 날아와서는(김광섭, '산')
3. 어둠은 새를 낳고, 돌을/낳고, 꽃을 낳는다.(박남수, '아침 이미지')

활유법은 어떤 대상을 살아 있는 것처럼 표현하는 것을 말해요. 즉, 무생물(생물이 아닌 물건. 세포로 이루어지지 않은 돌, 물, 흙 따위)을 생물(생명을 가지고 스스로 생활 현상을 유지하여 나가는 물체)인 것처럼 표현하는 것이지요. 예를 들어, '바위가 달린다.'고 해 봅시다. 바위는 무생물이니 달릴 수 없지요. 그런데 시인이 어떤 의도를 가지고 무생물인 바위에 달리는 속성을 부여한 것입니다. 또 한 가지 예를 들어 볼게요. '책이 잠을 자고 있다.'에서 책은 무생물이니 잠을 잘 수 없어요. 이것은 사람들이 책을 잘 안 읽는 상황을 한번 표현해 본 것입니다. 1번에서는 무생물인 이슬이 잠을 잔다고 표현되었으니 활유법입니다. (1번 표현을 의인법으로 볼 수도 있습니다. 사람도 잠을 자니까요. 의인과 활유는 해석에 따라 판단이 달라질 수도 있습니다.) 2번에서는 산들이 살아 있는 학처럼 날아온다고 표현하였어요. 3번에서는 무생물인 어둠이 생물처럼 새를 낳는다고 표현했어요. 활유법과 의인법, 헷갈리면 안 됩니다.

5. 부분으로 전체를 대신해서 표현하자 – 대유법

1. 빼앗긴 들에도 봄은 오는가(이상화, '빼앗긴 들에도 봄은 오는가')
2. 바라건대는 우리에게 우리의 보습 대일 땅이 있었더면(김소월, '바라건대는 우리에게 우리의 보습 대일 땅이 있었더면')
3. 가끔가다가 당나귀 울리는 눈보라가/막북강 건너로 굵은 모래를 쥐어다가/추위에 얼어 떠는 백의인(白衣人)의 귓불을 때리느니(김동환, '눈이 내리느니')

대유법은 어떤 대상의 부분이나 특징으로 그 대상을 표현하는 방법입니다. (대유법은 다시 제유법과 환유법으로 나눌 수 있습니다.) 무슨 말인지 어렵지요. 부분이나 특징에 초점을 맞춰야 해요. 먼저 부분이 전체를 대신하는 것을 알아봅시다. '(굶주린 백성들이) 우리에게 빵을 달라'라고 했다고 합시다. 그러면 그 '빵'은 반드시 빵만을 의미하는 것이 아니고 음식을 뜻하는 겁니다. 여기서 빵은 음식이라는 대상의 부분인 것이지요. 빵이 음식을 대신하는 겁니다.(이렇게 부분으로 전체를 대신하는 것을 세부적으로 '제유법'이라고 합니다.) 또 속성이나 특징으로 그 대상을 대신하는 것을 알아봅시다.

'펜의 힘은 강하다'라는 문장에서 펜은 필기구를 의미하는 것이 아니고, '글'을 의미합니다. 펜은 글이라는 것을 떠오르게 해 줍니다.(이렇게 특징으로 다른 대상을 환기시키는(떠오르게 하는) 것을 세부적으로 '환유법'이라고 합니다.) 1번에서는 '빼앗긴 들'은 일제 강점기 때 우리의 국토를 대신하고 있습니다. 2번에서는 '보습 대일 땅'이 우리 민족이 농사지을 땅, 즉 국토를 대신하고 있어요. 그리고 3번에서는 '백의인', 즉 흰옷 입은 사람들은 우리 민족을 대신하고 있지요.

6. 이거 경제적인 표현법인데 – 중의법

청산리 벽계수야 수이 감을 자랑 마라.

일도 창해하면 돌아오기 어려우니,

명월이 만공산하니 쉬어 간들 어떠하리.(황진이의 시조)

중의법은 하나의 표현(단어)으로 두 가지 이상의 원관념(표현하고자 하는 대상)을 표현하는 방법을 말합니다. 예전에 한 회사의 음료 광고가 논란이 된 적이 있었어요. '날은 더워 죽겠는데 남친은 차가 없네'라는 표현 밑에 '목마를 땐 OOOO'이라는 상품명이 있는 광고였는데 논란이 일자 자진 삭제했다고 해요. 이 표현에서 '차'는 타는 자동차와 마시는 차를 의미합니다. 광고에 중의법이 사용된 것이지요. 위의 시조는 조선 시대의 유명한 기생 황진이의 시조입니다. 늙어지면 젊었던 좋은 시절은 다시 오지 않으니 함께 즐겨보는 것이 어떠냐는 마음을 표현한 건데요, '벽계수'(세종대왕의 증손자인 이종숙의 호)는 사람 이름과 푸른 시냇물이라는 두 가지 의미를 갖고 있습니다. '명월' 역시 밝은 달과 황진이 자신을 의미합니다. 자신의 뜻을 드러내 놓고 표현하기보다 중의법을 사용하여 은근하게 전달하고 있는 것이죠. 한 가지 표현으로 두 가지 뜻을 나타내는 것이니, 경제적인 표현법이라고 말할 수 있습니다.

7. 소리나 모양을 말로 흉내 내는 거라고 – 의성법, 의태법

1. 만 리(萬里) 밖에서 기다리는 그대여/저 불 지난 뒤에/흐르는 물로 만나자./푸시시 푸시시 불 꺼지는 소리로 말하면서/올 때는 인적 그친/넓고 깨끗한 하늘로 오라(강은교, '우리가 물이 되어')
2. 나는 나는 청산이 좋아라. 훨훨훨 깃을 치는 청산이 좋아라.(박두진, '해')

의성법과 의태법은 소리나 모양 등을 말로 흉내 내는 겁니다. 말로 흉내 내는 것, 잊지 마세요. 먼저 소리를 흉내 내는 의성법을 알아봅시다. '탕탕'은 뭔가요? 말로 총 소리를 흉내 내는 거죠. '음메'는요? 말로 소 울음소리를 흉내 내는 거고요. 그럼 요즘 쓰는 'ㅋㅋㅋ'는 뭔가요? 말로 웃음소리를 흉내 내는 것입니다. 다음으로 모양을 흉내 내는 의태법에 대해 알아볼게요. '엉금엉금'은 기어가는 모습을 흉내 낸 말입니다. '덩실덩실'은 춤추는 모습을 흉내 낸 말이고요. 의성법에서 '성'은 소리 성이고요, 의태법에서 '태'는 모습 태입니다. 참 쉽지요. 1번에서는 불이 꺼지는 소리를 '푸시시 푸시시'라고 흉내 내어 표현했으니 의성법이 사용되었네요. 2번에서는 청산이 날갯짓하는 모습을 '훨훨훨'

이라고 표현했으니 의태법에 해당됩니다.

개념 문제

※ 다음 구절에 해당하는 표현법을 보기에서 골라 쓰시오. (정답 2개 이상 가능)

보기
직유법, 은유법, 의인법, 활유법, 대유법, 중의법, 의성법, 의태법

1. 꽃가루와 같이 부드러운 고양이의 털에(이장희, '봄은 고양이로다')

2. 애수는 백로처럼 날개를 펴다(유치환, '깃발')

3. 이것은 소리 없는 아우성(유치환, '깃발')

4. 오늘 아침 바다는/포도빛으로 부풀어졌다.//철썩, 처얼썩, 철썩, 처얼썩, 철썩(정지용, '바다1')

2 내 뜻을 더 강하게 드러내는 방법은? -강조법

일상에서 자신의 생각을 강하게 표현하기 위해서는 큰 소리를 치거나 큰 동작을 하여 상대방의 주의를 집중시킬 수 있습니다. 그렇다면 시에서는 어떻게 표현할까요? 바로 자신의 생각을 강조하는 표현법을 사용하는 것입니다.

강조법은 말 그대로 화자의 생각을 강조하기 위한 표현 방법입니다. 어떻게 하면 강조가 될까요? 예를 들어 엄마한테 스마트폰을 사달라는 여러분의 생각을 어떻게 강조할 수 있을까요? 네, 우선 반복이 짱입니다. '엄마 스마트폰, 엄마 스마트폰, 엄마 스마트폰...' 이러면 안 사줄 수 없을 것입니다. 그리고 감정을 팍팍 실어서 말하는 영탄법을 구사합니다. '오, 스마트폰이시여, 당신이 제게는 필요하나이다.' 그러면 엄마가 웃으면서 사줄지 모릅니다. 이번엔 실상보다 과도하게 크게 혹은 작게 말하는 과장법을 사용해 볼까요? '스마트폰이 없는 하루는 천 년과도 같습니다.' 그러면 또 엄마가 사줄지 모릅니다. 자, 이번에는 스마트폰의 장점을 나열하는 열거법을 사용해 볼까요? '엄마, 스마트폰이 있으면 뭐가 좋고, 뭐가 좋고, 뭐가 좋고...' 이렇게 자신의 생각을 강조하여 말한다면 어떤 엄마라도 여러분의 마음을 이해하고 스마트폰을 사주실 것입니다. 강조법에는 반복법, 열거법, 영탄법, 연쇄법, 과장법, 점층법, 대조법 등이 있습니다. 하나씩 공부해 봅시다.

1. 같은 말을 되풀이하자 – 반복법

1. 귀염둥아 귀염둥아/우리 막내둥아(박목월, '가정')

2. 껍데기는 가라/사월도 알맹이만 남고/껍데기는 가라(신동엽, '껍데기는 가라')

3. 얼음을 깬다/강에는 얼은 물/깨수록 청청한/소리가 난다-(중략)-얼음을 깬다/얼음을 깨서 물을 마신다(정희성, '얼은 강을 건너며')

'엄마, 피자 사 줘, 엄마 피자 사 줘. 엄마아, 피자 사달라고요.' 삭막이가 지금 뭐 하고 있나요? 엄마한테 피자 사달라고 반복해서 말하고 있어요. 시에서 반복법은 말 그대로 하고 싶은 말을 반복하는 방법입니다. 단어나 구절, 문장을 반복하는 것이지요. 앞의 사례처럼 여러분이 부모님한테 뭘 사달라고 반복해서 조르는 것도 반복법입니다. 이렇게 자꾸 반복하면 말 하는 사람의 의도가 강조됩니다. 시에서는 어떻게 반복을 할까요? 우선 똑 같은 단어나 구절, 문장을 반복하는 경우가 있습니다. 그리고 약간 변화를 주면서 반복하는 경우가 있습니다. 1~3번에서는 '귀염둥아', '껍데기는 가라', '얼음을 깬다'를 반복하며 화자의 의도를 강조하고 있습니다.

2. 열거만 해도 강조가 되는 구나 – 열거법

1. 바쁜 사람들도/굳센 사람들도/바람과 같던 사람들도/집에 돌아오면 아버지가 된다(김현승, '아버지의 마음')

2. 별 하나에 추억과/별 하나에 사랑과/별 하나에 쓸쓸함과/별 하나에 동경과/별 하나에 시와/별 하나에 어머니, 어머니(윤동주, '별 헤는 밤')

3. 아버님은/풀과 나무와 흙과 바람과 물과 햇빛으로/집을 지으시고(김용택,

'농부와 시인')

열거법은 내용적으로 연결되거나 비슷한 단어를 여러 개 늘어놓아 전체 내용을 표현하는 방법입니다. 예를 들면, '우리가 살고 있는 지구에는 홍수, 산사태, 지진, 해일, 산불 등 재해가 계속 발생하고 있습니다.' 정도가 되겠습니다. 열거를 통해 재해가 많다는 것을 강조하는 말입니다. 열거법도 강조법의 일종입니다. 왜 열거가 강조가 될까요? 예를 들어, 무인도에 있다가 구조된 중학생에게 뭐가 먹고 싶은지 물어보면 뭐라고 대답할까요? 피자, 떡볶이, 어묵, 치킨, 김치찌개, 엄마가 해준 밥 등을 얘기하겠지요. 그만큼 뭐가 마구 먹고 싶다는 것을 강조하는 겁니다. 방금 나열한 것들은 모두 음식이라는 속성을 가지고 있어요. 1번에서는 여러 특성을 가진 사람들도 모두 아버지라는 것을 강조하고 있습니다. 2번에서는 별 하나마다 화자가 그리워하는 것들을 나열하면서 강조하고 있습니다. 3번에서 나열되는 것들은 모두 자연물의 속성을 지니고 있습니다. 이처럼 열거법은 비슷한 성질의 것들을 나열하면서 강조하는 효과를 보입니다.

3. 감정을 어떻게 강조할까? – 영탄법

1. 아, 가도다, 가도다, 쫓겨 가도다/잊음 속에 있는 간도와 요동벌로/주린 목숨 움켜쥐고, 쫓겨 가도다(이상화, '가장 비통한 기욕-간도 이민을 보고')
2. 오호, 여기 줄지어 누웠는 넋들은/눈도 감지 못하였겠고나.(구상, '초토의 시 8-적군 묘지 앞에서')
3. 소매는 길어서 하늘은 넓고,/돌아설 듯 날아가며 사뿐히 접어 올린 외씨버선

이여(조지훈, '승무')

영탄법은 기쁨, 슬픔, 감동 등의 감정을 강조하여 나타내는 표현법입니다. 영탄법은 꼭 문학이 아니더라도 우리 일상생활에서 상당히 자주 쓰이고 있습니다. 우리 학생들은 통상 '아!'나 '오!' 정도가 영탄법으로 알고 있는데 영탄법의 표현 형식은 크게 세 가지가 있습니다. 잘 알아 두세요. 먼저, '아, 오, 와, 오호, 어즈버' 등의 감탄사를 사용하는 방법이 있어요. 그리고 '-아, -야, -이여, -이시여' 등의 호격 조사(감탄 조사)를 사용하는 경우가 있습니다. '조국이여', '하늘이시여' 등의 사례가 있습니다. 마지막으로 '-아라/-어라, -구나, -ㄴ가' 등의 감탄형 종결 어미를 사용하는 방법이 있습니다. '고와라', '아름답구나' 등의 사례가 있습니다. 1번에서는 '아'라는 감탄사를 사용하여 일제의 억압을 피해 간도 등으로 이주하는 우리 민족에 대한 안타까움을 강조하고 있습니다. 2번에서는 '오호'라는 감탄사와 '-고나'라는 감탄형 어미를 사용함으로써 무덤에 묻힌 영혼들에 대해 슬픔의 정서를 강조하고 있습니다. 그리고 3번에서는 '외씨버선이여'에서 '-이여'라는 감탄 조사를 사용하여 승무(춤)에 대한 감동을 강조하고 있습니다.

4. '원숭이 엉덩이는 빨개'하면 생각나는 표현법 –연쇄법

1. 나무 하나가 흔들린다

나무 하나가 흔들리면/나무 둘도 흔들린다

나무 둘이 흔들리면/나무 셋도 흔들린다(강은교, '숲')

2. 고인도 날 못 보고 나도 고인을 보지 못하네

고인을 보지 못해도 가던 길 앞에 있네

가던 길 앞에 있거든 아니 가고 어찌할까(이황, '도산십이곡')

여러분 이런 노래 들어보셨지요?

원숭이 엉덩이는 빨개.

빨가면 사과.

사과는 맛있어.

맛있으면 바나나.

바나나는 길어.

길면 기차…….

이 노래의 가사를 잘 보시면, 앞줄의 마지막 단어를 다음 줄의 첫머리에 이어받아 표현하고 있어요. 이러한 방법을 바로 연쇄법이라고 해요. 이 연쇄법은 우선 재미가 있어요. 다음에 뭐가 계속될지 궁금하잖아요. 그리고 또 표현하고자 하는 내용을 강조하는 효과를 갖고 있습니다. 1번을 보면, '나무 하나가 흔들린다'를 다음 구절에서 '나무 하나가 흔들리면'으로 이어받아 표현하고 있어요. 이대로 가면 나무 백, 천, 만도 흔들리겠지요. 2번에서는 '나도 고인을 보지 못하네'를 다음 구절에서 '고인을 보지 못해도'로 이어받고, '가던 길 앞에 있네'를 '가던 길 앞에 있거든'으로 이어받았네요. 연쇄법, 이제 아시겠지요?

5. 강조하기 위해 과장하는 거야 – 과장법

1. 연민한 삶의 길이여/내 신발은 십구 문 반(박목월, '가정')
2. 대동강 물은 어느 때나 마르올 건가/이별의 눈물은 해마다 푸른 물결에 보태질 터인데(정지상, '송인')

낭만이가 학교에 와서 삭막이를 보자마자 얘기를 꺼냅니다.

"삭막아, 나 오늘 학교 오다가 깜짝 놀랐어!"

"왜? 무슨 일인데?"

"응, 학교 오다가 산에서 내려온 멧돼지를 봤는데 정말 산처럼 컸어."

"에이, 거짓말 하지 마라. 무슨 멧돼지가 산만하냐?

"어휴, 진짜라니까! 정말 심장 멎는 줄 알았다니깐!"

"알았어. 그나저나 다치진 않았어?"

"응, 좀 놀라긴 했는데 다치진 않았지. 대신 멧돼지는 지금 내 주머니에 있어."

"뭐? 으악!"

낭만이는 삭막이와 대화 중에 과장법을 두 번 사용했어요. 멧돼지가 산처럼 크다는 것과 멧돼지가 주머니 속에 있다는 부분에서요. 과장법은 어떤 대상을 실제보다 훨씬 더하게, 또는 훨씬 덜하게 표현하는 방법입니다. 실제보다 크거나 작게, 많거나 적게, 멀거나 가깝게 표현하는 것이지요. 구체적인 예로는 '산더미 같은 파도', '쥐꼬리만한 월급', '부모님의 은혜는 태산과도 같다' 등의 표현이 있습니다. 1번에서는 자신의 신발을 십구 문 반으로 표현했는데요, 이건 발 사이즈가 엄청 큰 겁니다. 1문이 2.4센티미터이니, 십구 문 반은 약 470밀리미터가 되는 것이지요. 남성의 신발 사이즈가 255~275밀리미터 정도이니, 엄청 크지요. 이러한 표현은 가장으로서의 책임감을 강조하기 위해 과장한 것입니다. 2번에서는 이별의 눈물을 흘리기 때문에 대동강 물이 마르지 않는다고 합니다. 세상에, 눈물을 얼마나 흘리면 그럴까요? 이것은 자신의 슬픔을 강조하기 위한 표현입니다.

6. 점층법도 강조법의 하나야 – 점층법

1. 눈은 살아 있다./떨어진 눈은 살아 있다./마당 위에 떨어진 눈은 살아 있다.(김수영, '눈')
2. 하루는 들판처럼 부유하고/한 해는 강물처럼 넉넉하다.(이기철, '내가 만난 사람은 모두 아름다웠다')

삭막이가 낭만이에게 묻습니다.

"낭만아, 너 지금 성적이 안 좋은데 대학은 갈 거니?"

"어쭈, 삭막아. 지금 남 말 할 때가 아닌 것 같은데."

"아냐, 낭만아. 난 먼저 반에서 1등을 하고, 학교에서 1등을 하고, 나중에는 한국 최고, 그리고 세계 최고가 되고 말 거야."

"그래, 삭막아. 뜻은 좋은 것 같은데, 먼저 실천을 해야지."

이 대화에서 삭막이는 공부를 열심히 하겠다는 뜻을 반, 학교, 한국, 세계로 점점 범위를 넓혀 가며 얘기했습니다. 이처럼 점층법은 말하고자 하는 대상을 한 단계씩 높이거나 낮추는 표현법입니다. 예를 들면, '한 사람이 죽음을 두려워하지 않으면, 열 사람을 당하리라. 열은 백을 당하고, 백은 천을 당하며, 천은 만을 당하고, 만으로써 천하를 얻으리라'라는 표현에서는 한 사람, 열 사람, 백 사람 등 점점 범위를 넓혀 감으로써 강조하였습니다. 이와는 반대로 '천하를 태평히 하려거든 먼저 그 나라를 다스리고, 나라를 다스리려면 그 집을 바로잡으며, 집을 바로잡으려면 그 몸을 닦을지니라'에서는 점점 범위를 좁혀 가며 강조하였네요. 전자를 점층법, 후자를 점강법이라 하는데, 둘 모두를 합쳐서 점층법이라고 합니다. 1번에서는 '눈'을 눈, 떨어진 눈, 마당 위에 떨어진 눈으로 점점 구체화하면서 그 의미를 강조하고 있습니다. 2번에서는 '하루'에서 '한 해'로 그 범위를 넓혀 가며 강조하였네요.

7. 대조하는 것이 왜 강조의 효과가 있을까?
– 대조법

1. 해야 솟아라. 해야 솟아라. 말갛게 씻은 얼굴 고운 해야 솟아라. 산 너머 산 너머서 어둠을 살라 먹고, 산 너머서 밤새도록 어둠을 살라 먹고, 이글이글 애띈 얼굴 고운 해야 솟아라.(박두진, '해')
2. 젊은 아버지의 서느런 옷자락에/열(熱)로 상기한 볼을 말없이 부비는 것이었다(김종길, '성탄제')
3. 우리가 눈발이라면/허공에서 쭈빗쭈빗 흩날리는/진눈깨비는 되지 말자./세상이 바람 불고 춥고 어둡다 해도/사람이 사는 마을/가장 낮은 곳으로/따뜻한 함박눈이 되어 내리자(안도현, '우리가 눈발이라면')

대조법은 서로 반대되는 것들을 맞세워 다름을 강조하는 표현법입니다. 대조를 하면서 사물의 성질을 한층 두드러지게 하는 효과가 있습니다. 이 세상에 대조할 것은 매우 많습니다. 높고 낮음, 길고 짧음, 더위와 추위, 흑과 백, 선과 악, 새로운 것과 오래된 것, 부자와 빈자, 전쟁과 평화 등 엄청나게 많습니다. 아 참, 이 장의 캐릭터인 낭만이와 삭막이도 대조가 될 수 있겠네요. 한 쪽은 낭만적이고, 한 쪽은 삭막하니까요. 1번에서는 밝고 긍정적인 느낌의 '해'와 어둡고 부정적인 느낌의 '어둠'을 대조하고 있습니다. 2번에서는 '서느런 옷자락'과 '열로 상기한 볼'을 감각(촉각)적으로 대조하고 있습니다. 3번에서는 타인을 힘들게 한다는 의미를 가진 '진눈깨비'와 타인에게 도움을 준다는 의미의 '함박눈'이 서로 대조적 의미를 갖고 있습니다.

※ 다음 구절에 해당하는 표현법을 보기에서 골라 쓰시오.
(정답 2개 이상 가능)

보기	반복법, 열거법, 영탄법, 연쇄법, 과장법, 점층법, 대조법

1. 아, 누구던가/이렇게 슬프고도 애달픈 마음을 맨 처음 공중에 달 줄을 안 그는.(유치환, '깃발')

2. 너무 잘나고 큰 나무는/제 치레하느라 오히려/좋은 열매를 갖지 못한다는 것을//한 군데쯤 부러졌거나 가지를 친 나무에/또는 못나고 볼품없이 자란 나무에/보다 실하고/단단한 열매가 맺힌다는 것을(신경림, '나무1-지리산에서')

3. 파르란 구슬빛 바탕에 자줏빛 회장을 받친 회장저고리/회장저고리 하얀 동정이 환하니 밝도소이다.(조지훈, '고풍의상')

4. 산에는 꽃피네/꽃이 피네/갈 봄 여름없이/꽃이 피네(김소월, '산유화')

3 독자의 관심을 끌기 위해 어떻게 변화를 줄까? -변화법

변화법이란 문장에 변화를 주는 겁니다. 변화법을 사용하는 목적은 다음과 같습니다. 먼저 단조로움을 피하기 위해서입니다. 또 흥미를 불러일으키기 위해서입니다. 마지막으로 주의를 집중시키기 위해서입니다. '배우고 때로 익히면 기쁘다'라는 문장을 그냥 쓰면 재미없으니까 '배우고 때로 익히면 또한 기쁘지 아니한가?'라는 의문형 문장을 구사합니다. 또 '우리는 살기 위해서 먹어야 한다'를 '우리는 왜 먹어야 하는가? 바로 살기 위해서이다'처럼 묻고 답하는 방식을 사용할 수도 있습니다. 또 '나를 떠나지 마!'를 '떠나지 마! 나를'처럼 문장의 순서를 바꾸는 변화를 줄 수도 있습니다. 이러한 변화법에는 반어법, 역설법, 도치법, 설의법, 대구법, 생략법, 문답법 등이 있습니다. 역시 하나씩 공부해 보겠습니다.

1. 난 반대로 말할 거야 – 반어법

1. 내 그대를 생각함은 항상 그대가 앉아 있는 배경에서 해가 지고 바람이 부는 일처럼 사소한 일일 것이나 언젠가 그대가 한없이 괴로움 속을 헤매일 때에 오랫동안 전해 오던 그 사소함으로 그대를 불러 보리라(황동규, '즐거운 편지')
2. 먼 후일 당신이 찾으시면/그때에 내 말이 "잊었노라"//당신이 속으로 나무라면/"무척 그리다가 잊었노라"(김소월, '먼 후일')
3. 여공들의 얼굴은 희고 아름다우며/아이들은 무럭무럭 자라 모두들 공장으로 간다.(기형도, '안개')

반어법은 우리 일상에서도 가끔씩 쓰이고 있습니다. 반어법은 말 그대로 반대로 말하는 겁니다. 자녀가 공부 안 하고 맨날 놀기만 하면 엄마들이 뭐라고 하나요? "잘 한다, 잘 해!" 이렇게 얘기하지요. 공부 안 하고 논다는 것을 반대로 표현하는 겁니다. 혹시 여러분도 익숙한 표현 아닌가요? 월급이 적은 회사에 다니는 사람이 "우리 회사 월급 짱 많아, 너무 많아서 주체를 못 하겠어!"라고 말한다면, 이것도 반어법입니다.

1번에서는 화자가 그대를 생각하는 일이 사소한 일이라고 합니다. 그런데 문맥을 보니 결코 사소한 일이 아니고 중요한 일입니다. 임에 대한 화자의 마음을 반대로 표현했네요. 2번에서도 임을 무척 그리워하다가 잊었다고 합니다. 하지만 속마음은 절대 잊지 못 하고 있어요. 3번에서는 여공들의 얼굴이 희고 아름답다고 하고, 아이들은 무럭무럭 자란다고 합니다. 하지만 실제 이 시에서의 여공들은 좋지 않은 환경에서 근무하고 있습니다. 아주 열악한 환경이지요. 아이들도 마찬가지고요. 이처럼 속마음과는 반대로 표현하는 것이 바로 반어법입니다.

2. 이 표현은 말이 안 돼 – 역설법

1. 이것은 소리 없는 아우성(유치환, '깃발')

2. 결별이 이룩하는 축복에 싸여(이형기, '낙화')

3. 아아 님은 갔지마는 나는 님을 보내지 아니하였습니다.(한용운, '님의 침묵')

아까 반어법은 속마음과는 반대로 말하는 거라고 했습니다. 이 반어법은 표현 자체는 별 문제가 없어요. 하지만 역설법은 표현 자체가 문제, 즉 모순이 있어요. 말이 안 되는 거지요. 예를 들면 '그는 작은 거인이다'라는 문장은 말이 안 됩니다. 작은데 어떻게 거인이 될 수가 있지요? 작다는 것과 크다는 것이 서로 부딪칩니다. 하지만 이 표현은 '그는 키는 작은데 그가 한 일은 위대하다'라는 의미를 갖고 있습니다. 또 하나 예를 들어 볼게요. '그녀는 아름다운 추녀이다'라는 문장 역시 말이 안 됩니다. 아름다운데 어떻게 추할 수 있지요? 하지만 이 표현은 그녀의 얼굴은 아름답지만 하는 행동은 추하다는 겁니다.

사례를 통해 더 공부해 봐요. 1번의 '소리 없는 아우성'이라는 표현도 말이 안 됩니다. 왜요? 소리가 없으면 조용해야 하는데 아우성친다고 하니까 그렇습니다. 이것은 깃발의 펄럭이는 모습을 이렇게 표현한 것입니다. 2번에서는 결별이 축복을 이룩한다고 합니다. 어떻게 이별이 축복을 이룩할까요? 이별은 슬픈 거잖아요. 그것은 꽃이 떨어져야 그 자리에서 열매가 맺힌다는 것을 표현하기 위해 역설법을 사용한 것입니다. 3번에서는 님은 갔는데 보내지 않았다고 합니다. 보내지 않았다면 가지 않았어야 하는데 이 표현 역시 말이 안 됩니다. 이 표현은 님이 간 것은 맞지만 화자의 마음속으로는 님을 보내지는 않았다는 뜻을 강조하고 싶어 이렇게 표현한 것입니다. 자, 이제 역설법을 정리합시다. 역설법은 말이 안 되는 표현이지만, 그 속에 진실을 담고 있습니다. 그러니까, 우리는 모순되는 표현 속에 숨어 있는 진실을 잘 찾아야 합니다.

3. 물음표만 붙으면 다 설의법인가? – 설의법

1. 가야 할 때가 언제인가를/분명히 알고 가는 이의/뒷모습은 얼마나 아름다운가.(이형기, '낙화')
2. 흔들리지 않고 피는 꽃이 어디 있으랴(도종환, '흔들리며 피는 꽃')
3. 어둠이 오는 것이 왜 두렵지 않으리.(신경림, '나무를 위하여')

설의법은요, 의문문의 형식이지만 답변을 요구하지는 않습니다. 왜냐면 진짜 궁금해서 물어보는 것이 아니고 이미 알고 있는 내용이기 때문입니다. 독자가 스스로 생각해서 판단하게 하기 위한 것입니다. 심청이가 공양미 삼백 석에 자신의 몸을 팔고 인당수에 가려는 날, 아버지 심 봉사가 울고불고 난리를 칩니다. 그 모습을 보고 '어찌 슬프지 않겠는가?'라고 한다면, 이 표현은 '그 상황이 슬프다'라는 뜻을 나타내는 것입니다. 1번은 '떠나야 할 때를 알고 가는 이의 뒷모습은 아름답다'라는 뜻을 의문문의 형식으로 표현했습니다. 답변은 필요 없습니다. 이 글을 읽은 독자가 그 의미를 판단하게 합니다. 2번은 '흔들리지 않고 피는 꽃은 없다.(모든 꽃은 흔들리며 핀다.)'라는 뜻을 의문문의 형식으로 표현했습니다. 3번도 '어둠이 오는 것이 두렵다'라는 뜻을 의문문의 형식으로 표현했습니다. 자, 설의법 정리합시다. 설의법은 '의문문+답변 불필요+독자가 판단'이 중요합니다.

4. 나는 문장의 순서를 바꿔볼 테야 – 도치법

1. 아! 누구인가?/이렇게 슬프고도 애닯은 마음을/맨 처음 공중에 달 줄을 안 그는(유치환, '깃발')
2. 나는 아직 기다리고 있을 테요, 찬란한 슬픔의 봄을.(김영랑, '모란이 피기까지는')

도치법은 왜 사용할까요? 우선은 평범하게 보이고 싶지 않아서 그렇고요. 또 하나는 의미를 강조하기 위해서 그렇습니다. 도치법은 문장에서 어순의 위치를 바꾸는 표현법입니다. 정상적인 문장의 순서를 바꿔버리는 거죠. '나는 고향에 가고 싶다'를 '나는 가고 싶다, 고향에.'로 바꾸면 훨씬 신선해지고 그 뜻도 강해지는 거죠. 가고 싶다는 의미가 더 강해지는 겁니다. 또 하나 예를 들게요. '범인은 누구인가?'를 '누구인가? 범인은.'으로 바꿀 수도 있겠지요. 범인이 누구인지 정말 궁금하다는 의미가 강해졌습니다. 1번의 원래 문장은 '아! 이렇게 슬프고도 애닯은 마음을 맨 처음 공중에 달 줄을 안 그는 누구인가?'이지만 순서를 바꾼 것입니다. 이렇게 바꾸면 재미가 있고 표현이 좀 신선해지는 효과가 있습니다. 2번의 원래 순서는 '나는 아직 찬란한 슬픔의 봄을 기다리고 있을 테요.'인데 순서를 바꾼 겁니다. 자, 정리합니다. 도치법은 문장의 순서를 바꾼 거고, 효과는 흥미 유발, 의미 강조 등입니다.

5. 짝을 좀 맞춰 보자 – 대구법

1. 뜰에는 반짝이는 금모래빛/뒷문 밖에는 갈잎의 노래(김소월, '엄마야 누나야')
2. 바위틈새 같은 데에/나뭇구멍 같은 데에(허영자, '행복')
3. 별은 밝음 속에 사라지고/나는 어둠 속에 사라진다(김광섭, '저녁에')

이름이 비슷하다고 해서 대조법과 대구법을 헷갈리는 학생들이 꽤 많습니다. 대구법은 같거나 비슷한 문장 구조를 짝을 맞추어 늘어놓는 표현법입니다. 그렇게 함으로써 문장의 단조로움을 피할 수 있습니다. 또 가락(운율)도 형성이 되고 형태적으로도 안정감이 생깁니다. 예를 들어, '산은 높고, 물은 깊다.'라는 문장은 '주어-서술어' 구조로 짝을 맞춘 문장입니다. 이렇게 표현하면 운율도 형성되면서 안정감이 생겨요. 또 예를 들면, '낭만이는 짜장을 좋아하고, 삭막이는 짬뽕을 좋아한다.'라는 문장은 '주어-목적어-서술어' 구조로 짝을 맞춘 문장입니다. 1번은 '~에는 ~' 구조가 짝을 이루고 있습니다. 2번은 '~ 같은 데에' 구조가 짝을 이루고 있고요, 3번은 '~은(는) ~ 속에 사라지고' 구조가 짝을 이루고 있습니다. 자, 대구법 참 쉽습니다. 여기서 단어, 구절, 문장을 단순하게 나열하는 반복법과 구별은 해야겠죠? 대구법은 문장 구조의 나열임을 기억하세요.

6. 난, 다 말하지 않고 숨길 거야 – 생략법

1. 아버지는 가장 외로운 사람이다./아버지는 비록 영웅이 될 수도 있지만…… (김현승, '아버지의 마음')
2. 그립다/말을 할까/하니 그리워//그냥 갈까/그래도/다시 더 한 번……(김소월, '가는 길')
3. 어매는 달을 두고(임신을 하고) 풋살구가 꼭 하나만 먹고 싶다 하였으나…… (서정주, '자화상')

생략법은 독자를 피곤하게 하는 표현법입니다. 작가가 다 말해주지 않아서 독자가 상상을 하거나 판단을 해야 하기 때문입니다. 생략법은 비교적 필요하지 않다고 생각되는 부분이나, 또 작가가 여운을 남기고 싶은 부분을 생략합니다. 이렇게 되면 생략된 그 부분의 내용은 독자의 몫이 됩니다. 독자가 알아서 상상 또는 판단을 해야 합니다. 낭만이가 삭막이에게 사랑을 고백하러 가서는, "삭막아, 있잖아. 나는 오래 전부터 널……. 아니야."라고 말하면 그날 삭막이 잠 못 잡니다. '도대체 뭘 말하려고 했을까?'하고 생각하면서요. 1번에서는 생략을 통해서 아버지가 외롭고 희생하는 존재라는 걸 암시하고 있습니다. 2번에서는 생략을 통해 뭔가 말을 할 것 같은 여운을 남기고 있고요, 3번에서는 결국 먹지 못 했을 거라는 것을 암시해 주고 있습니다.

7. 난, 혼자 묻고 답할 거야 – 문답법

1. 아희야, 무릉(이상향)이 어디매오. 나는 여기인가 하노라.(조식의 시조)
2. 오늘은/또 몇십 리/어디로 갈까.//산으로 올라갈까/들로 갈까/오라는 곳이 없어 나는 못 가오.(김소월, '길')

문답법은 스스로 묻고 답하는 표현법입니다. 그냥 표현해도 될 말을 문답 형식으로 표현하면 신선한 느낌을 줘서 집중하게 할 수 있습니다. 예를 들어 교실에서 조용히 할 것을 강조하기 위해 선생님이 학생들에게 "여러분, 이곳은 어디입니까? 이곳은 교실입니다."라고 말하면 학생들이 좀 더 선생님 말씀에 집중하게 되겠지요. 1번의 의미는 화자가 있는 곳이 경치가 좋다는 말을 문답법을 통해 표현했습니다. 이 곳의 경치가 매우 뛰어나니 신선들이 산다는 무릉도원이라는 것이지요. 2번에서는 갈 곳 없는 화자의 처지를 강조하기 위해 문답법을 사용했네요. 방황하는 화자의 처지를 독자들에게 좀 더 부각시킬 수 있습니다.

※ 다음 구절에 해당하는 표현법을 보기에서 골라 쓰시오.

보기
반어법, 역설법, 설의법, 도치법, 대구법, 생략법, 문답법

1. 이 적은 주머니는 짓기 싫어서 짓지 못하는 것이 아니라, 짓고 싶어서 다 짓지 않는 것입니다.(한용운, '수의 비밀')

2. 나 보기가 역겨워 가실 때에는/말없이 고이 보내 드리우리다.(김소월, '진달래꽃')

3. 콩 심은 데 콩 나고/팥 심은 데 팥 난다.

4. 나뭇잎 사이로 반짝이는 햇살을 바라보면/세상은 그 얼마나 아름다운가.(정호승, '내가 사랑하는 사람')

4 또 다른 표현법은 없을까?

시를 다채롭게 만드는 것은 비유법, 강조법, 변화법과 같은 표현법(수사법)만 있는 것은 아닙니다. 눈으로 볼 수 없는 정신적인 내용이나 추상적인 관념을 구체적으로 표현하기도 하고, 특정한 효과를 드러내기 위해 일부러 잘못된 표현을 쓰기도 합니다. 때로는 대상과 나의 감정이 똑같다고 느끼기도 하고, 나의 감정을 다른 대상에 떠넘기기도 합니다. 가끔은 말장난을 하기도 하지요. 이처럼 화자의 감정을 효과적으로 전달하기 위해 새롭고 다양한 표현 방법들을 사용하는데 이 중에서 국어에 자주 사용되는 것들만 골라서 자세히 알아봅시다.

1. 상징의 종류에는 무엇이 있을까? – 상징의 종류

여러분, 비둘기는 무엇을 상징하나요? 네, 맞습니다. 평화를 상징합니다. 하트 모양은 뭘 상징하죠? 사랑이죠. 우리나라에서 소나무는 무엇을 상징하나요? 네, 지조나 절개를 상징합니다. 이처럼 상징에는 원관념(위에서 평화, 사랑, 지조)이 드러나지 않고 보조 관념만 있습니다. 앞서 배웠던 비유에는 원관념과 보조 관념이 다 있잖아요. 복습 한번 할까요? '내 마음은 호수다.' 이것은 은유법인데요, 원관념과 보조 관념이 다 있습니다. 하지만 상징에는 보조 관념만 있어요. 평화 대신에 비둘기만, 지조 대신에 소나무만 표현하는 것이지요. 이러한 상징에는 크게 세 가지 종류가 있습니다. 원형적, 관습적, 개인적 상징이 있습니다. 미리 얘기하자면 가장 역사가 오래된 상징이 원형적 상징입니다. 그러면 가장 짧은 것은 무엇일까요? 네, 당연히 개인이 만든 개인적 상징입니다.

1–1) 원형적 상징

원형적 상징은 아주 오래 전부터 인류가 공통적으로 인식해 온 상징입니다. 예를 들어 물은 죽음, 재생, 순환, 시간의 흐름을 의미합니다. 물은 아시아에도 있고 아메리카, 아프리카, 유럽 등에도 있습니다. 물에 빠지면 누구나 죽기 때문에 물은 죽음의 의미를 갖습니다. 어디서나 물이 흐르면 깨끗해지기 때문에 정화의 의미를 갖습니다. 물은 마치 시간의 흐름처럼 흘러가므로 시간의 흐름을 의미합니다. 이처럼 원형적 상징은 지역을 가리지 않고, 인류 공통적으로 인식해 온 상징을 말합니다.

하늘 : 구원, 절대자

불 : 상승 에너지(타오르니까), 파괴, 소멸 등

물 : 하강 이미지(아래로 흐르니까), 죽음, 정화, 재생, 순환, 시간의 흐름 등

1-2) 관습적 상징

관습적 상징은 원형적 상징에 비해 비교적 지역이 좁습니다. 우리나라에서는 소나무가 절개를 상징하지만, 미국이나 남극에서는 절개를 뜻하지는 않습니다. 십자가가 기독교에서는 예수의 희생을 의미하지만, 로마 제국에서는 처형의 도구였습니다. 또 장미는 사랑을 의미하지만 장미가 없는 지역에서는 장미가 그런 의미를 지니고 있는 것을 모릅니다. 또 비둘기는 평화를 상징하지만 비둘기가 없는 지역에서는 비둘기에 그런 의미가 있는지 모릅니다. 이처럼 관습적 상징은 한 문화권(국가, 지역, 종교 등)에서 사회적 관습에 의해 인정된 상징을 말합니다.

1-3) 개인적 상징

개인적 상징은 역사가 가장 짧습니다. 왜냐하면 작가가 작품을 지으면서 부여했기 때문입니다. '창조적 상징'이라고도 합니다.

1. 온 겨울의 누리 떠돌다가/이제 와 위대한 적막을 지킴으로써/쌓이는 눈 더미 앞에/나의 마음은 어둠이노라.(고은, '눈길')
2. 그립고 아쉬움에 가슴 조이던/머언 먼 젊음의 뒤안길에서/인제는 돌아와 거울 앞에 선/내 누님같이 생긴 꽃이여(서정주, '국화 옆에서')

1번에서 사용된 '어둠'이라는 단어는 일반적으로 부정적인 뜻을 가

지고 있습니다. 어둠의 세계, 어둠의 자식들 등으로 많이 사용되지요. 그런데 이 시에서 어둠은 '마음이 평온한 상태'를 의미합니다. 그러니까 작가가 창조한 상징이지요. 2번에서의 '꽃'은 국화인데요, 통상 국화는 지조나 절개를 의미합니다. 그런데 이 시에서는 성숙한 이미지라는 뜻을 가지고 있습니다. 이것 역시 작가가 개별적으로 부여한 상징이 됩니다.

2. 시 안에서만 허용해 줄게 – 시적 허용

1. 자알 찾아보면 있을 거야(허영자, '행복')
2. 어두운 방 안엔/바알간 숯불이 피고,(김종길, '성탄제')

시적 허용은 시에서만 특별히 허용하는 문법적인 어긋남을 말합니다. 그러면 문법적으로 무엇을 허용할까요? 그것은 맞춤법이나 띄어쓰기 등을 일부러 어긋나게 표현하도록 허용하는 겁니다. 그렇게 함으로써 화자의 감정을 독자들에게 더 효과적으로 전달할 수 있습니다. '파란 하늘'을 '파아란 하늘'이라고 하거나, '노란 해바라기'를 '노오란 해바라기'라고 표현하면 독자들도 어느 정도는 화자가 느꼈던 감정을 느낄 수 있다는 것이지요. 시험에 붙으라고 할 때는 어떻게 하지요? '꼬옥 붙으라'고 하지요. 1번에서는 '잘'을 '자알'이라고 늘여 썼고, 2번에서는 '빨간'을 '바알간'이라고 표현함으로써 화자의 감정을 최대한 표현하려고 했습니다. 정리하자면, 시적 허용은 일부러 문법에 어긋나는 표현을 함으로써 의미 강조, 운율 형성 등의 효과를 얻을 수 있습니다.

3. 감정을 어떻게 다른 대상에 불어넣지? —감정이입

1. 산꿩도 섧게 울은 슬픈 날이 있었다.(백석, '여승')

2. 내 마음 강나루 긴 언덕에 / 서러운 풀빛이 짙어 오것다.(이수복, '봄비')

감정이입이란 자신의 감정을 다른 대상에 불어넣어서, 마치 그 대상에 자신의 감정을 옮겨 넣어 서로 같은 감정을 느끼는 것처럼 표현하는 방법입니다. 자신이 외로울 때는 나무 한 그루가 외롭게 보입니다. 그래서 '나무 하나가 외로이 서 있다.'라고 표현할 수 있습니다. 자신이 기쁠 때에 풀을 보고 이런 표현을 할 수가 있지요. '풀이 경쾌하게 춤을 추고 있다.'라고요. 1번에서는 산꿩이 서럽게 운다고 하는데요, 산꿩이 서럽게 울지는 않지요. 화자 마음이 서러우니까 산꿩의 소리가 서럽게 들리는 것입니다. 화자의 서러운 마음을 산꿩에 불어넣어서 표현한 것입니다. 2번도 풀빛은 그냥 풀빛인데 화자의 마음이 서럽기 때문에 '서러운 풀빛'이라고 표현한 것입니다.

4. 주인과 손님(객체)이 바뀐 표현이 뭐지? —주객전도

1. 산이 날 에워싸고/씨나 뿌리며 살아라 한다./밭이나 갈며 살아라 한다.(박목월, '산이 날 에워싸고')

2. 공명도 날 꺼리고, 부귀도 날 꺼리니(정극인, '상춘곡')

삭막이는 학교 시험 보는 것을 싫어합니다.(물론 좋아하는 학생들은 별로 없겠지요.) 삭막이가 "아, 시험이 날 싫어하네."라고 말했다고 합시다. 사실은 삭막이라는 주체가 시험이라는 객체를 싫어하는 것인데, 바꿔서 말한 것입니다. 이러한 표현을 주객이 바뀐, 주객이 전도된 표현이라고 합니다. 이처럼 주객전도란 주체와 객체가 서로 뒤바뀐 표현법입니다. 1번에서는 화자(주체)가 자연(객체)에서 살고 싶어 하는 것인데, 이것을 바꿔서 말한 것입니다. 2번에서는 화자(주체)가 부귀공명(객체)을 꺼려 하는 것인데, 이것을 서로 바꿔서 말한 것입니다.

5. 말로 놀거나 장난치는 거 –언어유희

1. 매아미 맵다 울고 쓰르라미 쓰다 우네.(이정신의 시조)

2. 너의 서방인지 남방인지 걸인 하나 내려왔다.(춘향전의 일부 구절)

언어유희는 말장난 또는 말놀이입니다. 말이나 글자를 가지고 장난을 치거나 놀이를 하는 것이지요. 이런 일이 있었대요. 임신한 여성이 과일 가게에서 배(과일)를 보며, "아저씨 배 어때요?(배가 얼마인가요?)" 라고 묻자, 가게 아저씨가 하는 말이 "배 많이 불렀는데요."라고 했답니다. 또 이런 일도 있습니다. 아빠가 자두를 사 오자 아이가 하는 말이 "아빠, 자두 먹고 자두 돼?"라고 했답니다. 마지막으로 예전 신혼 때 겪었던 일입니다. 밤늦게 퇴근했는데 아내가 안심스테이크가 먹고 싶다고 했습니다. 밤이 늦어서 살 수 없다며 그냥 안심하고 자라고 했다가 아주 오랫동안 고생했습니다. 우리 남학생들은 나중에 결혼해서 아내가 뭐 사달라고 하면 꼭 사 주시길 바랍니다.

언어 유희에는 다음과 같은 방법들이 있습니다. 첫째 동음이의어(음은 같은데 뜻이 다른 단어)를 활용하는 방법이 있습니다. 안심스테이크 일화가 여기에 해당합니다. 둘째, 비슷한 음운을 활용하는 방법입니다. 봉산탈춤에 보면, '노새원님을 내가 타고.'라는 구절이 있는데, '노생원님(늙은 생원)'과 '노새(짐승) 원님'이 음운이 비슷한 경우입니다. '아디다스'를 '아디도스'라고 부르는 짝퉁이 있었지요. 셋째, 말의 배치를 바꿔서 하는 방법이 있습니다. 춘향전에 "어 추워라. 문 들어온다, 바람 닫아라."라는 대목이 있는데, 물과 바람의 위치를 바꾼 것입니다. 넷째, 발음의 유사성을 통한 방법이 있습니다. 1, 2번의 사례가 여기에 해당합니다.

※ 다음 구절에 해당하는 표현법을 보기에서 골라 쓰시오.

보기	원형적 상징, 관습적 상징, 개인적 상징, 시적 허용, 감정이입, 주객전도, 언어유희

1. 산중(山中)에 책력(册曆)도 없이/삼동(三冬)이 하이얗다.(정지용, '인동차')

2. 수학 과목이 나를 싫어한다.

3. 산에서 우는 작은 새여(김소월, '산유화')

소설의 '주 · 구 · 문', '인 · 사 · 배' 제대로 알기

안녕하세요. 저희는 '꼬미'와 '덜렁이'입니다.
'꼬미'라는 이름은 '꼼꼼히' 공부하자는 의미에서 만들어졌어요.
'덜렁이'는 뭐, 설명해드리지 않아도 다들 아시겠죠? 
여러분, 공부하기 힘들어도 꼼꼼하게 공부하셔야 해요.
덜렁이처럼 형식적으로 공부하면 실력이 잘 늘지 않아요.
이틀 동안 시를 공부하느라 수고 많으셨어요.
오늘은 소설을 공부할 건데요.
소설의 3요소와 소설 구성의 3요소에 대해 주로 공부할 겁니다.
소설 첫 시간인데 저희가 잘 안내해 드릴게요.
자, 그럼 흥미로운 소설의 세계로 들어가겠습니다.
출발! 부웅.

1 너희가 소설을 아느냐?

여러분! 안녕하세요. 저는 꼬미입니다. 소설 많이 읽으시나요? 읽을 시간이 없다고요? 네, 맞아요. 우리 중학생 여러분들 소설을 너무 안 읽어서 걱정이에요. 겨우 읽는 소설은 학교 시험에 나오는 소설이나 '인소'라는 인터넷소설이지요. 여러분들, 소설은 안 읽어도 소설이 뭔지는 아시지요? 아마 대충 '작가가 꾸며 쓴 이야기' 정도로 아실 겁니다. 네, 맞아요. 소설은 꾸며 쓴 이야기입니다. 소설의 개념을 한번 정리해 볼게요. 소설은 '현실에서 있음직한 일을 작가가 상상하여 새롭게 꾸며 쓴 이야기'입니다. 복잡할지 모르니까, 내용을 좀 나눠보자면 다음과 같아요.

소설 = ① 현실에서 있음직한 일 + ② 작가가 상상하여 새롭게 꾸며 쓴 + ③ 이야기

어때요? 쉽지요. ②번과 ③번은 비교적 쉬워요. '작가가 상상하여 새롭게 꾸며 쓴다.'는 내용과 '이야기'라는 내용은 다 아실 겁니다. 그러면 우리 ①번에 집중해 봐요. '현실에서 있음직한 일'에는 무엇이 있을까요? 엄청나게 많지요. 왜냐하면 소재가 무궁무진해서 그래요. 남녀 간의 사랑, 친구와의 우정, 슬픈 내용, 무서운 내용, 세

계대전, 왕의 이야기, 과거의 특정 사건, 스타워즈 등 소설의 소재를 들자면 이 책이 부족할지도 모릅니다.

그러면 여러분도 소설을 쓸 수 있을까요? 네, 여러분도 소설을 쓸 수 있습니다. 지금까지 경험한 사건들 중 인상 깊은 소재 즉, 친구와의 우정, 어려움을 극복한 이야기 등을 바탕으로 소설을 쓸 수 있어요. 다만, 남들이 인정해주고 또 잘 팔리는 소설을 쓰기 위해서는 소설 공부를 많이 해야겠지요. 그리고 소설은 읽어보면 참 재미있습니다. 한번 빠지면 게임보다 더 재미있다는 것을 느끼게 될 겁니다.

1. 이 세 가지가 있어야 소설이야 – 소설의 3요소

앞에서 소설의 개념에 대해 알아보았어요. 그러면 누구나 막 쓰면 소설이 될 수 있을까요? 자, 덜렁이가 소설이라고 지은 줄거리를 한번 감상해 볼게요. 괜찮은 소설인지 한번 평가해 주세요.

'나'(덜렁이)는 오늘 새벽에 잠에서 깼다. 배가 아파 화장실에 갔다. 그리고 또 잠을 잤다. 얼마나 잤을까. 엄마의 깨우는 소리에 잠에서 깬 나는 밥을 먹었다. 밥을 먹고 학교에 갔다. 오전에 또 화장실에 갔다. 또 배가 아파서다. 아무래도 어제 먹은 치킨이 이상했나 보다. 오후에는 친구들과 피시방에서 게임을 했다. 집에 와서 TV를 봤다. 야구 경기다. 나는 야구를 좋아한다. 그러다 만화를 봤다. 이제는 배가 아프지 않다. 또 무얼 먹을까.(덜렁이, '나의 하루')

잘 읽으셨나요? 덜렁이가 쓴 이 글은 소설이라고 할 수 없어요. 도대체 무엇을 말하려고 하는지 알 수가 없거든요. 이 글은 거의 유치원생이 쓴 일기라고 보면 되는 거겠죠.(덜렁아, 미안해.) 소설이 되려면 3가지 요소가 갖춰져야 해요. 따라 합시다. 그것은 바로 '주제! 구성! 문체!' 세 가지입니다. 오, 어렵지요. 하지만 이 세 가지를 갖춰야 비로소 소설이라고 할 수 있어요. 하나씩 알아볼게요.

먼저, 주제란 작가의 중심 생각을 말합니다. 작가의 중심 생각이란 뭘까요? 작가가 세상을 어떻게 바라보는지, 어떤 것을 중요하게 생각하는지에 대한 작가의 생각을 말합니다. 여러분의 학교생활을 쭉 쓰면 소설이라 할 수 있을까요? 등교하고, 수업 듣고, 밥 먹고, 수업 듣고, 청소

하고, 종례하고, 하교하는 것을 나열하면 소설이 아니에요. 왜냐하면 뭘 말하고자 하는지 중심 생각이 없어서 그래요. 이렇게 중심 생각이 없이 일상생활을 일기처럼 쓴 것은 소설이라고 말하기 어려워요. 소설은 작가의 중심 생각이 있어야 해요.

그리고 구성은 작가가 말하고자 하는 여러 이야기를 하나의 흐름으로 이어가는 기술과 방법을 말합니다. 우리 친구들끼리 얘기하다 보면 어떤 친구는 이야기를 되게 잘하는 친구가 있는데, 이것은 그 친구가 구성을 아주 잘 해서 그런 겁니다. 이처럼 소설도 구성이 중요해요. 예를 들어 범인을 추적하는 사건을 다룬 소설이 있는데, 처음부터 범인이 누구인지 알려주면 소설이 재미가 없지요. 누가 읽겠어요? 이것은 구성을 잘못해서 그런 것입니다. 반전도 있으면서 마지막에 범인이 누구인지 알려줘야 재미가 있지요.(물론 때로는 범인이 누구인지 정확하지 않은 이야기도 있더라고요.) 이 구성을 영어로는 '플롯(plot)'이라고 하는데 자주 나오니 알아 둡시다.

마지막으로, 문체는 이야기를 쓸 때 사용하는 작가만의 독특한 문투(글에 나타나는 특징적인 버릇)나 표현 방식을 말합니다. 이 문체를 통해 작가의 개성을 알 수 있어요. 작가에 따라 문장을 길게 또는 짧게, 강하게 또는 부드럽게 씁니다. 또 어떤 작가는 사투리(방언)를 구수하게 사용하여 토속적인 느낌과 생동감이 넘치게 표현하죠. 그리고 대화를 많이 사용하는 작가도 있고, 그렇지 않은 작가도 있어요. 소설의 문체는 작가마다 모두 달라서, 같은 사건을 두 명의 작가가 써도 다른 작품이 됩니다. 예를 들면, 삼국지를 번역한 작가가 여러 명인데 소설을 읽는 맛이 다 다르잖아요.

이렇게 소설의 3요소는 주제, 구성, 문체라는 것을 꼭 기억하세요. 주구문. 이렇게 외웁시다. 소설의 3요소는 뭐라고요? '주구문!'입니다.

2. '인사배'는 무슨 말? – 소설 구성의 3요소

소설의 3요소가 뭐라고 했어요? 주구문! 주제, 구성, 문체이지요. 이 중에서 구성의 3요소에 대해 알아봅시다. 그 전에 '구성'이 뭔지 한 번 더 복습하면 구성이란 작가가 말하고자 하는 여러 이야기를 하나의 흐름으로 이어가는 기술과 방법이라고 했어요. 기억나시죠? 구성의 3요소는 인물, 사건, 배경이에요. 줄여서 인사배! 소리내서 읽어봅시다. '인사배! 인물, 사건, 배경'에 대해서는 다음 장에서 차차 알아보도록 해요.

1. 소설의 3요소를 쓰시오.

2. 소설 구성의 3요소를 쓰시오.

2 도대체 소설에는 어떤 인물이 나올까?

덜렁이가 꼬미에게 물어 봅니다.

"꼬미야, 소설의 인물은 실제 인물이야?"

"아이고, 덜렁아, 아까 소설이 꾸며 쓴 이야기라고 했잖아, 기억나지?"

"응, 그건 기억나는데……."

"그럼, 소설 속의 인물은 실제 인물이겠어? 아니면 꾸며낸 인물이겠어?"

"꾸며낸 인물!"

"그렇지! 우리 덜렁이 똑똑하네."

"헤헤, 고마워 꼬미야. 근데 동물들이나 사물도 소설의 인물이 될 수 있는 거야?"

"그러엄, 토이스토리는 장난감들이 등장인물의 역할을 하잖아."

"아, 그러네. 꼬미 진짜 똑똑하다."

자, 이번에는 소설의 인물에 대해 알아보도록 해요.

1. 소설의 인물에는 어떤 유형이 있을까?
-인물의 유형

소설에는 여러 인물들이 등장합니다. 우리는 그 인물들이 어떻게 나눠지는지 알아볼 필요가 있습니다. 소설의 인물은 역할 수행, 중요도, 성격 변화 여부, 인물의 성격 등으로 크게 네 가지 기준에 의해 나눠지는데요. 어떤 역할을 맡느냐에 따라 주동 인물과 반동 인물로 나누고, 중요한 역할이냐에 따라 중심 인물과 보조 인물, 성격이 변하느냐에 따라 평면적 인물과 입체적 인물, 성격이 어떠냐에 따라 전형적 인물과 개성적 인물로 나눌 수 있습니다. 복잡하지요? 하나씩 살펴볼게요.

1-1) 좋은 편과 나쁜 편? - 주동 인물과 반동 인물

첫째, 어떤 역할을 하느냐에 따라 주동 인물과 반동 인물로 나눠집니다. 주동 인물은 작가가 나타내고자 하는 주제를 실천하는 역할을 합니다. 대체로 주인공이 주동 인물이지요. 그리고 반동 인물은 주동 인물에 대립하며 갈등을 유발하는 인물이므로, 대체로 부정적 인물입니다. 주동과 반동이라는 단어가 어려운가요? 그냥 쉽게 주동은 좋은 편, 반동은 나쁜 편 정도로 이해하셔도 되겠어요. 예를 들면, 춘향전에서 춘향과 이 도령은 좋은 편이니 주동 인물이고요, 변 사또는 나쁜 편이니 반동 인물이 됩니다. 그러면 영화 '명량'에서 주동 인물과 반동 인물은 누구일까요? 맞습니다. 이 순신 장군이 주동 인물이고, 구루지마 등 왜군들이 반동 인물입니다. 소설 두 편을 통해 알아볼게요.

춘향을 죽이려 하다니, 변 사또 나빴어! – 반동 인물

소설 줄거리 : 전라도 남원부사의 아들 이 도령과 기생 월매의 딸 춘향이는 광한루에서 만나 정을 나눈다. 그러다 이 도령의 아버지가 한양으로 발령이 나자 두 사람은 다시 만날 것을 기약하고 이별한다. 그런데 새로 부임한 사또 변학도가 춘향의 미모에 반해 수청 들기를 강요한다. 하지만 춘향이 일부종사(一夫從事 : 한 남편만을 섬김)를 주장하며 수청을 거절하자 옥에 갇혀 죽을 날을 기다린다. 한편, 이 도령은 과거에 급제하여 어사가 되어 변 사또를 파직시키고 춘향을 구한다. 그 후 춘향을 정실부인으로 맞이하고 둘이 행복하게 산다.(춘향전)

춘향전, 잘 아시죠? 이 소설에서 작가는 이 도령과 춘향이라는 인물을 지조와 절개 있는 커플로 만들려고 했어요. 그런데 변 사또가 그것을 방해하지요. 춘향이에 대립하여 수청을 들라고 강요하는 모습을 보입니다. 이것을 볼 때 이 도령과 춘향이는 주동 인물이고, 변 사또는 반동 인물이라는 것을 알 수 있습니다. 왜 남자가 있다는데 빼앗으려고 하는지 모르겠어요.

길동을 해치려 한 인물들의 유형은? – 반동 인물

조선조 세종 때에 한 재상이 있었으니, 성은 홍씨요, 이름은 아무개였다. 대대 명문거족의 후예로서 어린 나이에 급제해 벼슬이 이조판서에까지 이르렀다. 물망(여러 사람이 우러러보는 명망)이 조야에 으뜸인 데다 충효까지 갖추어 그 이름을 온 나라에 떨쳤다. 일찍 두 아들을 두었는데, 하나는 이름이 인형으로서 본처 유씨가 낳은 아들이고, 다른 하나는 이름이 길동으로서 시비 춘섬이 낳은 아들이었다.

길동이 점점 자라 여덟 살이 되자, 총명하기가 보통이 넘어 하나를 들으면 백

가지를 알 정도였다. 그래서 공은 더욱 귀여워하면서도 출생이 천해, 길동이 늘 아버지니 형이니 하고 부르면, 즉시 꾸짖어 그렇게 부르지 못하게 하였다. 길동이 열 살이 넘도록 감히 부형을 부르지 못하고, 종들로부터 천대받는 것을 뼈에 사무치게 한탄하면서 마음 둘 바를 몰랐다.(중략)

원래 곡산댁은 곡산 지방의 기생으로 상공의 첩이 되었던 것인데, 이름은 초란이었다. 아주 교만하고 자기 마음에 맞지 않으면 공에게 고자질을 하기에, 집안에 폐단이 무수하였다. 자신은 아들이 없는데, 춘섬은 길동을 낳아 상공으로부터 늘 귀여움을 받게 되자, 속으로 불쾌하여 길동을 없애 버릴 마음만 먹고 있었다.(홍길동전)

홍길동은 서자입니다. 본부인이 아닌 첩의 자식이므로 길동은 아버지와 형을 제대로 부르지 못 합니다. 그래서 설움을 당하니 얼마나 속이 상하겠어요. 그런데 초란이라는 기생까지 질투를 하여 길동을 없애려고 하지요. 드라마 보면 이런 소재의 악녀 캐릭터가 꽤 많이 나오죠. 이런 초란이라는 악녀 캐릭터를 가진 인물은 주동 인물인 길동을 없애려고 하는 부정적 인물이니 반동 인물이 맞습니다. 길동은 작가 허균('홍길동전'의 작가)이 자신의 생각을 나타내기 위한 인물이니 주동 인물이 맞습니다.

1-2) 주연이냐, 조연이냐? – 중심 인물과 보조 인물

둘째, 중요도에 따라 중심 인물과 보조 인물로 나눠집니다. 중요도라는 것은 소설에서 얼마나 중요한 역할을 하느냐라는 것입니다. 아무래도 분량이 많이 나오면 중심 인물이지요. 드라마나 영화 보면 주연과

조연이 있지요? 소설에서 주연은 중심 인물이고, 조연은 보조 인물입니다. 소설 '심청전'을 예로 들어볼게요. '심청전'을 읽어보면 심청이가 나오고 뱃사람들도 나오지요. 이 소설에서 주연은 당연히 심청이고, 뱃사람들은 보조 인물입니다. 심청이는 계속 나오지만, 뱃사람들은 조금 나오다가 더 이상은 안 나옵니다. 역시 소설 두 편을 통해 알아봅시다!

황수건에 초점이 맞춰져 있다면? – 중심 인물

성북동으로 이사 나와서 한 대엿새 되었을까, 그날 밤 나는 보던 신문을 머리맡에 밀어 던지고 누워 새삼스럽게,

"여기도 정말 시골이로군!"

하였다.

무어 바깥이 컴컴한 걸 처음 보고 시냇물 소리와 쏴– 하는 솔바람 소리를 처음 들어서가 아니라 황수건이라는 사람을 이날 저녁에 처음 보았기 때문이다.

그는 말 몇 마디 사귀지 않아서 곧 못난이란 것이 드러났다. 이 못난이는 성북동의 산들보다 물들보다, 조그만 지름길들보다 더 나에게 성북동이 시골이란 느낌을 풍겨 주었다.

서울이라고 못난이가 없을 리야 없겠지만 대처에서는 못난이들이 거리에 나와 행세를 하지 못하고, 시골에선 아무리 못난이라도 마음 놓고 나와 다니는 때문인지, 못난이는 시골에만 있는 것처럼 흔히 시골에서 잘 눈에 뜨인다. 그리고 또 흔히 그는 태고 때 사람처럼 그 우둔하면서도 천진스런 눈을 가지고, 자기 동리에 처음 들어서는 손에게 가장 순박한 시골의 정취를 돋워 주는 것이다.

그런데 그날 밤 황수건이는 열시나 되어서 우리 집을 찾아왔다.

그는 어두운 마당에서 꽥 지르는 소리로,

"아, 이 댁이 문안서……."(이태준, '달밤')

이 소설에는 '나'와 '황수건'이 나옵니다. '나'가 나온다고 무조건 '나'가 중심 인물이라고 생각하면 안 됩니다. '나'와 '황수건' 중 누구한테 초점이 맞춰졌느냐를 봐야 합니다. 이 소설을 주의 깊게 읽어 보면 역시 '나'가 '황수건'에 대해 주로 이야기하고 있다는 것을 알 수 있습니다. '황수건'은 '나'의 관찰 대상인 거지요. 그러면 누가 중심 인물, 즉 주인공이에요? 그렇지요. 당연히 '황수건'이지요. 그러면 '나'는 어떤 비중을 둔 인물일까요? 네, 보조 인물이 됩니다. 다음 소설을 또 읽어 봅시다.

미군 장교는 주인공이 아니야 – 보조 인물

미국 장교는 담뱃대를 집어 들고 기뭏스러하면서(신기한 물건이나 되는 듯 여기면서) 연방 들여다보다가 값이 얼마냐고,

"하우 머치? 하우 머치?"

하고 묻는다.

담뱃대장수 영감은, 삼십 원이라고 소래기('소리'의 방언)만 지른다.

알아들을 턱이 없어 고개를 기웃거리면서 다시금 '하우 머치'만 찾는 것을, 기회 좋을시고라고, 삼복이가 나직이,

"더티 원."

하여 주었다.

홱 돌려다보더니,

"오, 캔 유 스피크?"

하면서 사뭇 그러안을 듯이 반가워하는 양이라니. 아스러지도록 손을 잡고 흔

드는 데는 질색할 뻔하였다.

직업이 있느냐고 물었다. 방금 실직하였노라고 대답하였다.

그럼, 내 통역이 되어 주겠느냐고 물었다. 그러겠노라고 대답하였다.

이 자리에서 신기료장수 코삐뚤이 삼복이 미스터 방으로 승차를 하여, S라는 미국 주둔군 소위의 통역이 되었다. 주급 십 오 불(이백사십 원) 가량의.

거진 매일같이 미스터 방은 S소위를, 낮에는 거리의 구경으로, 밤이면 계집 있는 술집으로 인도하였다.

한번은 탑골공원의 사리탑을 구경하면서, 얼마나 오랜 것이냐고 S소위가 물었다. 미스터 방은 언젠가, 수천 년 된 것이란 말을 들었기 때문에, '투사우전드 이얼스'라고 대답하였다.

또 한 번은, 경회루를 구경하면서 무엇 하던 건물이냐고 물었다. 미스터 방은 서슴지 않고,

"킹 드링크 와인 앤드 댄스 앤드 싱, 위드 댄서."

라고 대답하였다. 임금이 기생 데리고 술 마시고, 춤추고 노래 부르고 하던 집이란 뜻이었었다.(채만식, '미스터 방')

이 장면에는 방삼복과 미군 장교가 등장합니다. 물건을 사던 중 말이 안 통하는 미군 장교에게 방삼복이 다가가 통역을 해 줍니다. 이 과정에서 직업이 없던 방삼복은 갑작스럽게 미군 장교의 통역이 되는 기회를 잡습니다. 알바를 전전하던 삼복이가 갑자기 '미스터 방'이 됩니다. 그 후 집도 사고, 뇌물도 많이 받는 등 부정적인 모습이 그려집니다. 이 소설은 변변치 않은 방삼복이라는 인물이 우연히 미군 장교의 통역이 되어 권력을 잡고 부정적인 삶을 살아가는 모습을 보여주고 있습니

다. 이야기의 초점이 방삼복에게 맞춰져 있으므로 방삼복이 중심 인물이고 미군 장교는 보조 인물이 됩니다.

1-3) 어디 끝까지 성격이 안 변하나 보자! – 평면적 인물과 입체적 인물

셋째, 성격 변화 양상에 따라 평면적 인물과 입체적 인물로 나눠집니다. 소설이 진행되는 과정에서 인물의 성격이 변화하지 않으면 평면적 인물이고, 변화하면 입체적 인물입니다. 예를 들어, 소설에서 끝까지 착한 역할을 하면 평면적 인물이고요, 처음에 악하다가 착한 인물로 바뀌거나, 처음에 착하다가 악한 인물로 바뀌면 입체적 인물이 됩니다. 평면적 인물은 성격의 변화가 없으니까 독자들이 보기에 인물의 정체를 쉽게 파악할 수 있습니다. 그런데 입체적 인물은 다르지요. 착하고 순진했던 학생이 집안의 어려움을 겪는 과정에서 현실적이고 강인한 인물로 바뀔 수 있거든요. 입체적 인물이 평면적 인물에 비해 좀 더 흥미가 있겠지요. 소설 두 편을 감상하며 공부해 봅시다.

흥부는 끝까지 착하다 – 평면적 인물

소설 줄거리 : 아우 흥부와 형 놀부가 있었다. 부모가 죽자 욕심 많은 놀부는 유산을 독차지하고 흥부를 내쫓는다. 쫓겨난 흥부는 가족들을 데리고 아르바이트를 하며 가난하게 산다. 어느 해 봄에, 흥부는 구렁이의 공격을 받아 다리가 부러진 제비를 정성껏 치료해 준다. 강남으로 돌아갔던 제비는 다음 해 다시 날아와서 흥부에게 박씨 하나를 떨어뜨린다. 박씨를 심어 박이 자라자, 흥부 내외는 먹으려고 박을 타는데 그 속에서 금은보화가 쏟아져 큰 부자가 된다. 소식을 들

은 놀부는 일부러 제비 다리를 부러뜨린 후 치료해 준다. 그러나 나중에 놀부의 박에서 나온 요물 등에게 재산을 빼앗기고 만다. 형의 소식을 들은 흥부는 자신의 재산을 나눠주고 형을 위로한다. 형 놀부는 감동하여 자신의 잘못을 뉘우치고 두 형제는 오래도록 행복하게 산다.(흥부전)

흥부전에서 흥부는 끝까지 착한 인물로 나옵니다. 정말 흥부, 대단합니다. 형에게 그렇게 구박을 받아도 착하기 그지없습니다. 하늘이 이런 흥부에게 감동했는지 제비를 통해 보물이 될 박씨를 떨어뜨려 주지요. 나중에 놀부가 패가망신하자 형에게 자신의 재산을 나눠주고 형을 위하는 모습은 정말 대단합니다. 우리 친구들은 전부 흥부의 모습을 보이겠지요. 물론 놀부 같은 형제는 없을 것으로 생각합니다.(그리고 놀부는 잘못을 뉘우쳤으니까 입체적 인물이 됩니다.)

복녀가 변했다 – 입체적 인물

소설 줄거리 : 복녀는 가난하지만 정직한 농가에서 엄하게 자랐다. 그러다 열다섯 살 때 동네 홀아비에게 돈 80원에 팔려 시집을 간다. 게으르고 무능력한 남편 때문에 살림이 점점 줄고 결국 칠성문 밖 빈민굴에서 살게 된다. 먹고 살기 위해 송충이 잡이에 나선 복녀는 감독의 눈에 들어 매춘을 하게 된다. 그 이전에는 매춘이 나쁜 것으로 알았던 복녀는 별일이 일어나지 않고 오히려 쉽게 돈을 벌자, 적극적으로 매춘을 하게 된다. 중국인 왕 서방의 애인 노릇을 하던 복녀는 왕 서방이 어떤 처녀를 아내로 사 오자 질투심을 느껴 왕 서방의 결혼식 날 밤 왕 서방의 신방에 가서 덤비지만 결국 왕 서방에 의해 죽고 만다.(왕 서방, 혹시 소림사 출신?) 사흘 뒤, 복녀는 왕 서방과 복녀 남편의 흥정에 따라 뇌일혈로 죽었다

는 진단이 내려지고 공동묘지에 묻히고 만다.(김동인, '감자')

복녀는 참 불쌍한 인물입니다. 가난이 뭔지 복녀가 아주 이상해졌어요. 어느 정도 밥먹고 살 정도만 되도 복녀가 그러지 않았을 텐데요. 복녀 남편 아주 나빴어요. 좀 열심히 살면 복녀가 이렇게 되지는 않았을 겁니다. 물론 복녀에게도 문제는 있겠지요. 아무리 어려워도 그렇지, 어떻게 그럴 수가……. 어쨌든 이 소설에서 복녀는 도덕적 성품을 지녔으나 가난으로 인해 타락합니다. 따라서 복녀는 입체적 인물이 됩니다. 여러분도 입체적 인물이 되어 보세요. 공부 안 하는 학생에서 엄청 공부하는 학생으로 변신하는 거, 또는 나약한 성격이 해병대 군 복무 후 강인함을 갖추는 건 어떤가요? 강력히 추천합니다.

가난한 환경
순박하고 도덕적인 성격 → 도덕적으로 타락하고 돈에 집착함

1-4) 집단을 대표하면 '전형', 튀면 '개성' – 전형적 인물과 개성적 인물

넷째, 인물의 성격에 따라 전형적 인물과 개성적 인물로 나눠집니다. 전형적 인물은 어떤 집단이나 계층을 대표하는 인물입니다. 여러분이 모범생이라면 어떤 특성을 보이나요? 우선 공부 잘 하고, 욕 안 하고, 부모님과 선생님 말씀에 순종하고, 친구들과 사이좋게 지내지 않겠어요? 그러면 여러분은 모범생의 전형을 보여주는 겁니다. 그런데 소위 '날라리'는 어떤 특성을 보이나요? 욕 잘 하고, 담배 피고, 침 뱉고, 공부 잘 안 하는 등의 모습을 보이겠지요. 다음으로 개성적 인물은 집단이나 계층의 보편적 성격을 지니지 않는 인물, 한마디로 튀는 인물이지요. 군인인데 개성적인 인물은 어떤 모습일까요? 겁이 많거나 여성스러운 남자라면 좀 개성적이겠지요. 경례도 충!성! 이렇게 씩씩하게 하지 않고 아주 작은 목소리로 충~성~이라고 할 겁니다. 역시 소설을 통해 알아봅시다!

아버지는 천상 농부다 – 전형적 인물

"천금이 쏟아진대두 난 땅은 못 팔겠다. 내 아버님께서 손수 이룩허시는 걸 내 눈으루 본 밭이구, 내 할아버님께서 손수 피땀을 흘려 모신 돈으루 장만허신 논들이야. 돈 있다고 어디가 느르지논 같은 게 있구, 독시장 밭 같은 걸 사? 느르지 논둑에 선 느티나문 할아버님께서 심으신 거구, 저 사랑마당엣 은행나무는 아버님께서 심으신 거다. 그 나무 밑에를 설 때마다 난 그 어룬들 동상(銅像)이나 다름없이 경건한 마음이 솟아 우러러보군 헌다. 땅이란 걸 어떻게 일시 이해를 따져 사구 팔구 허느냐? 땅 없어 봐라, 집이 어딨으며 나라가 어딨는 줄 아니? 땅이란 천지만물의 근거야. 돈 있다구 땅이 뭔지도 모르구 욕심만 내 문서 쪽으로 사 모기만 하는 사람들, 돈놀이처럼 변리(이자)만 생각허구 제 조상들과 그 땅과 어떤 인연이란 건 도시 생각지 않구 헌신짝 버리듯 하는 사람들, 다 내 눈엔 괴이한 사람들루밖엔 뵈지 않드라."(이태준, '돌다리')

이 대화는 땅을 팔아서 병원을 짓자는 아들의 말에 거절을 하는 아버지의 답변 내용입니다. 아들은 땅을 물질적 수단으로만 바라보는데 아버지는 땅을 소중한 것으로 생각하며 강한 애정을 드러내고 있습니다. 즉, 아버지는 평생 농사를 지어온 전형적인 농민의 모습을 보이고 있는 것이지요. 그래서 이 소설에서 아버지는 농민의 전형적 인물이라고 볼 수 있습니다.

박 씨는 보통 여자가 아니야 – 개성적 인물

그로부터 3년여가 흘렀다. 마구간의 망아지는 날이 갈수록 성장하여 걸음이 호랑이와 같이 날래지고 눈빛이 형형해졌다. 마침내 3년 기한이 다가오자 박 씨가 시아버지께 아뢰었다.

"아무 달 아무 날에 명나라 왕의 명을 받은 사신이 나올 것이니 그 말을 가져다가 사신이 오는 길에 매어 두십시오. 사신이 값을 흥정하면 삼만 냥에 파십시오."

공이 듣고 노복을 불러 분부한 후 사신이 오기를 기다리니, 과연 그날 사신이 온다고 하므로 노복들이 말을 끌고 나가 오는 길에 매어 두고 기다렸다. 지나가던 사신이 말을 보자 걸음을 멈추고 값을 묻으니 노복이 시킨 대로 대답했다.

"값은 삼만 냥입니다."

사신이 매우 기뻐하며 삼만 냥을 아끼지 않고 내놓았다. 삼만 냥을 얻자 공의 집안은 재산이 일시에 풍족해졌다. 공이 박 씨에게 물었다.

"삼만 냥이나 되는 많은 값을 받았으니 어찌된 연고이냐?"

박 씨가 대답했다.

"그 말은 천리를 달리는 훌륭한 말이나, 조선은 작은 나라라 알아볼 사람도 없을 뿐 아니라 지역이 성기고 어설프게 생겨서 쓸 곳이 없습니다. 오랑캐 나라는 지역이 넓고 머지않아 쓸 곳이 있는데, 그 사신이 훌륭한 말을 알아보고 삼만 냥을 아끼지 않고 사 간 것입니다."

공이 듣고 감탄해 마지않으며 말했다.

"너는 여자지만 만 리를 밝게 보는 눈이 있으니 정말로 아깝구나."(박씨전)

이 소설은 조선 시대 때 발생한 병자호란이라는 전쟁을 배경으로 하고 있습니다. 이 소설의 주인공은 박 씨인데요. 조선 시대 여성이라면 집에서 살림을 해야 하지만 이 박 씨는 아주 비범합니다. 도술도 부려가며 나라를 구하기 위해 애를 쓰는 인물로 나옵니다. 당시의 평범한 여성들과는 사뭇 다르지요. 한마디로 여장부입니다. 이렇게 박 씨는 당시 조선의 여성이라면 지녀야 할 보편적인 특성이 아닌 다른 면모를 보이기 때문에 박 씨를 개성적 인물이라고 볼 수 있습니다.

2. 인물의 성격 제시 방법

소설 속에서 인물을 보여주는 방법을 '인물의 성격 제시 방법'이라고 합니다. 여기에는 직접적 제시와 간접적 제시가 있어요. 소설은 이 두 가지 방법이 적절하게 섞여 사용됩니다. 만약 소설에 '덜렁이'라는 인물이 있다고 합시다. 이 덜렁이는 엄청 지저분해요. 이러한 덜렁이의 성격을 직접적으로 제시하려면 어떻게 해야 될까요? 맞아요. '덜렁이는 사람이 참 지저분하다'라고 표현하면 됩니다. 이번에는 간접적으로 제시해 볼까요? '덜렁이는 양치질을 1년에 한 번 하고, 세수는 3년에 한 번 하고, 샤워는 10년에 한 번 한다.' 어떤가요? 직접적으로 지저분하다는 표현은 없지만 지저분하다는 것을 간접적으로 알 수 있습니다.

자, 이제 다른 사례를 가지고 개념을 정리해 볼게요. 먼저, 직접적 제시를 알아보겠습니다. 직접적 제시는 뭐라고 했어요? 인물의 성격을 직접적으로 언급하는 것이라고 했어요. 간단하게 예를 들면, '그 사람은 참 매너 있다', '그녀는 아름답지만 성질이 포악하다', '그 친구는 보기와는 달리 부드럽고 착하다' 등이 있겠습니다. 소설 지문을 보며 공부해 볼게요. 읽으면서 성격에 대해 언급한 부분을 찾아 밑줄 한번 쳐 보세요.

2-1) 인물의 성격을 직접 말해 줘 – 직접적 제시

1. 부처(부부)의 사이는 좋았지만-아니, 오히려 좋으므로 그는 아내에게 시기를 많이 하였다. 그러고 그의 아내는 시기를 받을 일을 많이 하였다. 품행이 나쁘다는 것이 아니라, 그의 아내는 대단히 천진스럽고 쾌활한 성질로서 아무에게나 말 잘하고 애교를 잘 부렸다.(김동인, '배따라기')

2. 만기와 익준이와 봉우는 중학 시절에 비교적 가깝게 지낸 사이지만 가정환경이나 취미나 성격이나 성장해서의 인생 태도는 판이하게 달랐다. 만기는 좀처럼

흥분하거나 격하지 않는 인물이었다. 그렇다고 활동적인 타입도 아니지만 봉우처럼 유약한 존재는 물론 아니었다. 반대로 외유내강(外柔內剛)한 사내였다. 자기의 분수를 알고 함부로 부딪치지도 않고 꺾이지도 않고 자기의 능력과 노력과 성의로써 차근차근 자기의 길을 뚫고 나가는 사람이었다. 아무리 놀라운 일에 부딪치거나 비위에 거슬리는 사람을 대해서도 도리어 반감을 느낄 만큼 그는 침착하고 기품 있는 태도를 잃지 않는다. 그것은 본시 천성의 탓이라고도 하겠지만, 한편 그의 풍부한 교양의 힘이 뒷받침해 주는 일이기도 하였다.(손창섭, '잉여 인간')

3. 이곳 단골손님들은 우락부락한 전공(전기 기술자)들이 대부분이어서 성질들이 거칠고 급하다. 자기가 요구하는 것을 수남이가 빨리 알아듣고 척척 챙기지 못하고 조금만 어릿어릿하면 '짜아식'하며 사정없이 밤송이 같은 머리에 알밤을 먹인다.(박완서, '자전거 도둑')

잘 찾으셨나요? 1번에서는 아내의 성격을 '천진스럽고 쾌활한 성질로서 아무에게나 말 잘하고 애교를 잘 부렸다'라고 직접적으로 이야기하고 있습니다. 2번에서는 만기라는 인물에 대해 '좀처럼 흥분하거나 격하지 않는 인물', '외유내강(外柔內剛)한 사내', '자기의 분수를 알고 함부로 부딪치지도 않고 꺾이지도 않고 자기의 능력과 노력과 성의로써 차근차근 자기의 길을 뚫고 나가는 사람' 등으로 매우 자세하게 밝히고 있습니다. 3번에서는 단골손님들에 대해 '성질들이 거칠고 급하다'라고 직접적으로 서술하고 있습니다.

자, 이제 직접적 제시 방법에 대해 확실하게 아셨죠? 직접적 제시는 인물의 성격을 직접적으로 말한다는 것, 잊지 마세요. '너 성질 더러워, 너 정말 착해, 너 나쁜 놈이야, 너 정말 의리 있어'는 모두 직접적 제시입니다. 다음으로는 간접적 제시에 대해 알아봅시다. 간접적 제시는 성격을 바로 말하지 않고 대화와 행동이나 외모 등을 통해 간접적으로 제시해 주는 방법입니다. 사례를 보며 공부합시다.

2-2) 인물의 성격을 대화와 행동으로 보여 줘 – 간접적 제시

1. 여학교에서 삼 년을 보낸 명혜는 이제 누가 보아도 당당한 여학생 모습이었다. 처음에는 어색하기만 하던 통치마와 흰 저고리도 몸에 익어 명혜의 하얀 얼굴과 썩 어울렸다. 병원을 다니기 시작한 지도 햇수로 두 해째, 명혜는 학교에서든 병원에서든 '통역사'라는 별명으로 불렸다.(김소연, '명혜')

2. 한번은 어려서 덕재와 같이 혹부리 할아버지네 밤을 훔치러 간 일이 있었다. 성삼이가 나무에 올라갈 차례였다. 별안간 혹부리 할아버지의 고함 소리가 들려왔다. 나무에서 미끄러져 떨어졌다. 엉덩이가 밤송이에 찔렸다. 그러나 그냥 달렸다. 혹부리 할아버지가 못 따라올 만큼 멀리 가서야 덕재에게 엉덩이를 돌려댔다. 밤가시 빼내는 게 더 따끔거리고 아팠다. 절로 눈물이 찔끔거려졌다. 덕재가 불쑥 자기 밤을 한 줌 꺼내어 성삼이 호주머니에 넣어 주었다…….(황순원, '학')

3. 나는 숨을 죽인 채 한참 어머니의 동태를 살펴보다가 더 이상 견디지 못하고 잠자리에서 벌떡 일어났다.

"너, 자지 않고 있었니?"

나는 어머니 품에 와락 뛰어들어 안겼다. 내 고민거리를 실토하지 않을 수가 없었던 것이다.

"엄마, 나도 엄마가 없었으면 저녁때 본 그 녀석처럼 지저분해졌겠지?"

어머니는 방긋 웃었다.

"너, 아직도 그 생각을 하고 있었니?"

나는 가만히 고개를 끄덕였다.

"내가 파전을 발로 밟아 놓고 거기다 침을 뱉어 놓았는데, 그 녀석은 땅에 엎드려 그걸 주워 먹고 있었어. 엄마, 내가 잘못했지, 응?"

"그래, 잘못한 걸 알았으면 되었다."

"엄마, 어떻게 하면 용서를 받을 수 있을까?"

"글쎄, 그렇게 마음에 걸리면 내일이라도 가서 사과를 하렴."

"그리구?"

"그리구? 그 다음엔 사이좋게 놀면 되는 거지, 뭐."

어머니는 나를 꼭 품어 주었는데, 매우 포근했다.(위기철, '아홉 살 인생')

1번에서는 명혜의 성격을 어떻게 알 수 있을까요? 외모 서술을 통해 씩씩하고 적극적인 성격이라는 것을 간접적으로 알 수 있습니다. 2번에서는 자신의 밤을 친구의 주머니에 넣어주는 덕재의 모습을 통해 덕재가 착한 인물이라는 것을 간접적으로 알 수 있습니다. 3번에서는 자신의 잘못을 어머니에게 이야기하는 '나'의 대화와 행동을 통해 속마음이 깊은 성격이라는 것을 간접적으로 알 수 있습니다. 자, 이처럼 간접적 제시는 대화나 행동, 그리고 외모 등을 통해서 알 수 있어요.

개념 문제

※ 다음 글을 읽고 '어머니'의 성격이 어떻게 제시되고 있는지 고르시오.

보기
① 직접적 제시 ② 간접적 제시

집에 오니, 어머니는 문간에서 기다리고 있다가 나를 안고 들어왔습니다.

"그 꽃은 어디서 났니? 퍽 곱구나."

하고 어머니가 말씀하셨습니다. 그러나 나는 갑자기 말문이 막혔습니다.

'이걸 엄마 드릴라구 유치원서 가져왔어.'하고 말하기가 어째 몹시 부끄러운 생각이 들었습니다. 그래 잠깐 망설이다가,

"응, 이 꽃! 저, 사랑 아저씨가 엄마 갖다 주라고 줘."

하고 불쑥 말했습니다. 그런 거짓말이 어디서 그렇게 툭 튀어나왔는지 나도 모르지요.

꽃을 들고 냄새를 맡고 있던 어머니는 내 말이 끝나기가 무섭게 무엇에 몹시 놀란 사람처럼 화닥닥하였습니다. 그러고는, 금시에 어머니 얼굴이 그 꽃보다 더 빨갛게 되었습니다. 그 꽃을 든 어머니 손가락이 파르르 떠는 것을 나는 보았습니다. 어머니는 무슨 무서운 것을 생각하는 듯이 방 안을 휘 한번 둘러보시더니,

"옥희야, 그런 걸 받아 오문 안 돼."

하고 말하는 목소리는 몹시 떨렸습니다.(주요섭, '사랑손님과 어머니')

3 소설에 갈등이 없다면 무슨 재미로 읽나?

안녕하세요. 꼬미입니다. 여러분들이 드라마나 영화를 볼 때 만약 갈등이 없다면 어떨까요? 분명 되게 재미가 없을 것입니다. 갈등이 일어나는 것은 유쾌하지 않지만 보는 사람 입장에서는 나름 재미있지요. 이제부터는 소설의 갈등에 대해 알아보도록 하겠습니다.

1. 소설의 갈등은 어떤 역할을 할까? -갈등의 역할

여러분, 칡과 등나무 아시나요? 칡은 어른들이 즐겨 드시는 겁니다. 칡즙으로요. 그리고 등나무는 학교 운동장이나 공원에서 시원한 그늘을 제공해줍니다. 둘의 공통점은 복잡하게 얽혀 있다는 것입니다. 이 둘을 합해서 '갈등'이라고 불러요. 칡 '갈', 등나무 '등' 자를 사용합니다. 이러한 갈등이 소설에서는 어떤 뜻을 가지고 있을까요? 소설에서 갈등이란 어떤 사건이나 일이 칡과 등나무처럼 복잡하게 얽혀 있는 것을 말합니다.

그러면 소설에서 갈등은 어떤 역할을 하는지 구체적으로 알아볼게요. 먼저 갈등은 인물의 성격을 뚜렷하게 드러내는 역할을 합니다. 친구들 사이에서도 싸울 때 성격 드러나잖아요. 연인 사이도 어려움이 있을 때 성격 드러나거든요. 평온할 때는 성격 알기가 힘들어요. 그러니까 성격을 알려면 갈등을 좀 겪어봐야 해요. 다음으로 갈등은 독자의 흥미를 불러일으켜요. 소설이 진행되는데 복잡한 게 없고 순탄하게만 진행되면 재미가 없잖아요. 개그 프로에서도 시청률을 높이기 위해 여러 가지 복잡한 사건을 만들기도 하지요. 등장인물끼리 치고받고 싸우고 좀 그래야 소설이 재미가 있어요. 그래서 작가들도 적절한 갈등을 만들어요. 갈등이 없으면 소설이 재미가 없고 잘 팔리지도 않으니까요.

2. 갈등에는 무엇 무엇이 있을까? -갈등의 종류

갈등에는 크게 두 가지 종류가 있어요. 내적 갈등과 외적 갈등입니다. 내적 갈등은 쉽게 말해, '자기 혼자 갈등하는 것'이고 외적 갈등은 인물 외부 요소와 갈등하는 것입니다.

2-1) 혼자 속으로 갈등하고 있어 – 내적 갈등

먼저, 내적 갈등은 말 그대로 한 인물의 마음속에서 일어나는 갈등이에요. 마음이 복잡한 거죠. 예를 들어, 소설 속의 한 남자가 한 여자를 짝사랑하고 있다고 합시다. 그 남자가 여자에게 자신의 마음을 고백하고 싶은데, 고백했다가 거절당할까 봐 고민하는 겁니다. 이런 경우 많잖아요. 이처럼 자신의 마음을 여자에게 고백할까, 말까 망설이는 상태가 바로 내적 갈등입니다. 자, 글을 읽으며 알아보아요.

내가 잠을 깨었을 때는 날이 환히 밝은 뒤다. 나는 거기서 일 주야를 잔 것이다. 풍경이 그냥 노오랗게 보인다. 그 속에서도 나는 번개처럼 아스피린과 아달린(수면제)이 생각났다.

아스피린, 아달린, 아스피린, 아달린, 마르크스, 맬서스, 마도로스, 아스피린, 아달린…….

아내는 한 달 동안 아달린을 아스피린이라고 속이고 내게 먹였다. 그것은 아내 방에서 아달린 갑이 발견된 것으로 미루어 증거가 너무나 확실하다.

무슨 목적으로 아내는 나를 밤이나 낮이나 재워야만 됐나?

나를 밤이나 낮이나 재워 놓고, 그리고 아내는 내가 자는 동안에 무슨 짓을 했나? 나를 조금씩 조금씩 죽이려던 것일까? 그러나 또 생각하여 보면 내가 한 달을 두고 먹어 온 것은 아스피린이었는지도 모른다. 아내가 무슨 근심이 되는 일이 있어서 밤이면 잠이 잘 오지 않아서 정작 아내가 아달린을 사용한 것이나 아닌지? 그렇다면 나는 참 미안하다. 나는 아내에게 이렇게 큰 의혹을 가졌다는 것이 참 안됐다.(이상, '날개')

여기서 '나'는 왜 아내가 자기에게 아달린이라는 수면제를 먹였을까 고민하는 모습이 나옵니다. 아내가 왜 먹였을까? 아내가 먹인 게 진짜 수면제가 맞을까? 등에 대해서 고민하는 거지요. 이처럼 등장인물의 내면의 상태를 서술하면서 갈등을 보여주는 것이 내적 갈등입니다. 한마디로 내적 갈등은 '자기 혼자' 갈등하는 것입니다. 내적 갈등은 되게 많지요. 아침에 일어날까, 더 잘까? 극장에서 어떤 영화를 볼까? 사랑 고백을 할까, 말까? 친구가 부르는데 나갈까, 말까? 등 우리 삶에서 쉴 새 없이 일어나는 것이 내적 갈등입니다.

2-2) 혼자서는 갈등 안 해 – 외적 갈등

자, 지금부터는 외적 갈등에 대해 알아봅시다. 외적 갈등은 인물 혼자 갈등하는 것이 아니고 인물의 외부 요소와 갈등하는 것입니다. 외적 갈등의 종류에는 인물과 인물의 갈등, 인물과 운명의 갈등, 인물과 사회의 갈등, 사회와 사회의 갈등, 인물과 자연의 갈등 등이 있습니다. 물론 세부적으로 접근하면 더 많지만 여기서는 이 다섯 가지에 대해 알아보도록 할게요.

등장인물끼리 갈등하고 있군 – 인물과 인물의 갈등

점순네 수탉은 대강이(머리)가 크고 똑 오소리같이 실팍하게 생긴 놈이 덩저리(덩치) 작은 우리 수탉을 함부로 해 내는 것이다. 그것도 그냥 해 내는 것이 아니라 푸드득 하고 면두를 쪼고 물러섰다가 좀 사이를 두고 또 푸드득 하고 모가지를 쪼았다. 이렇게 멋을 부려 가며 여지없이 닦아놓는다. 그러면 이 못생긴 것은 쪼일 적마다 주둥이로 땅을 받으며 그 비명이 킥, 킥 할 뿐이다. 물론 미처 아물지도 않은 면두를 또 쪼이어 붉은 선혈은 뚝뚝 떨어진다.

이걸 가만히 내려다보자니 내 대강이가 터져서 피가 흐르는 것같이 두 눈에서 불이 번쩍 난다. 대뜸 지게 작대기를 메고 달려들어 점순네 닭을 후려칠까 하다가 생각을 고쳐먹고 헛매질로 떼어만 놓았다.

이번에도 점순이가 쌈을 붙여놨을 것이다. 바짝바짝 내 기를 올리느라고 그랬음에 틀림없을 것이다. 고놈의 계집애가 요새로 접어들어서 왜 나를 못 먹겠다고 고렇게 아르렁거리는지 모른다.(김유정, '동백꽃')

우리 친구들 '동백꽃' 읽어 보셨을까요? 아마 이 소설은 많이들 읽었을 것 같습니다. 혹시 아직 읽지 않았다면 꼭 읽어 보세요. 이 소설에서는 점순이라는 여자애가 '나'에게 관심을 갖고서 감자를 선물하는데, 어리숙한 '나'가 그것을 거부합니다.(여자가 주는 것을 거부하다니 강심장이죠.) 그래서 점순이가 자기 집의 튼튼한 닭을 가져다 '나'의 닭과 싸움을 시킵니다. 이 소설에서는 점순이와 '나'라는 인물의 갈등이 나옵니다.(그런데 읽다 보면 참 좋을 때인 것 같아요.) 이렇게 인물과 또 다른 인물이 일으키는 갈등을 '인물과 인물의 갈등'이라고 합니다.

사람이 운명을 이겨낼까? – 인물과 운명의 갈등

화개 장터에서 주막을 하는 옥화에게는 역마살(늘 분주하게 이리저리 떠돌아다니게 된 운명)이 있는 아들 성기가 있다. 옥화는 아들의 역마살을 없애 보려고 여러 가지 방법을 쓰지만 안 된다. 그러던 어느 날, 체 장수 영감이 딸 계연을 옥화에게 맡기고 떠난다. 옳다구나 여긴 옥화는 아들 성기와 계연이가 결혼하여 정착하고 살기를 바란다. 그런데, 옥화는 계연의 머리를 땋아 주다가 왼쪽 귓바퀴에서 사마귀를 발견하고 자신의 동생이 아닐까 하고 의심한다. 다시 온 체 장수 영감을 통해 계연이 자신의 이복 동생임을 확인하고, 성기와 계연의 사랑은 좌절되고 만다. 계연이 체 장수 영감을 따라 떠나고, 사랑의 열병을 앓은 성기도 병이 낫자 결국에는 화개 장터를 떠난다.(김동리, '역마'의 줄거리)

이 소설을 읽어보면 성기는 역마살이 끼어 있습니다. 역마살은 '늘 분주하게 이리저리 떠돌아다니게 된 액운(운명)'이지요. 그래서 성기 어머니 '옥화'는 아들의 역마살을 없애기 위해 애를 쓰던 중에 계연을 만납니다. 아, 이 아이랑 우리 아들이랑 결혼시키면 정착해서 살겠구나. 이것이 옥화의 생각이었어요. 그래서 둘 사이의 관계가 친밀해집니다. 그러나 어느 날 계연의 사마귀를 발견하게 된 옥화는 수소문 끝에 계연이 자신의 배다른 동생이라는 것을 알게 됩니다. 그러면 어떻게 되는 건가요? 성기가 이모랑 결혼할 수는 없는 거잖아요. 결국 성기는 떠나게 됩니다. 이 소설은 한 인물이 운명과 갈등을 벌이고 있는 내용을 담고 있습니다.

사회와의 힘겨운 싸움 - 인물과 사회의 갈등

눈에 보이지 않는 무슨 벽이 자기와 남편 사이에 깔리는 듯하였다. 남편의 말이 길어질 때마다 아내는 이런 쓰디쓴 경험을 맛보았다. 이런 일은 한두 번이 아니었다.

이윽고 남편은 기막힌 듯이 웃는다.

"흥, 또 못 알아듣는군. 묻는 내가 그르지. 마누라야 그런 말을 알 수 있겠소. 내가 설명해 드리지. 자세히 들어요. 내게 술을 권하는 것은 홧증도 아니고 하이칼라도 아니요. 이 사회란 것이 내게 술을 권한다오. 이 조선 사회란 것이 내게 술을 권한다오. 알았소? 팔자가 좋아서 조선에 태어났지, 딴 나라에 났다면 술이나 얻어먹을 수 있나……."(중략)

"또 내가 설명을 해 드리지. 여기 회(會)를 하나 꾸민다 합시다. 거기 모이는 사람놈 치고 처음은 민족을 위하느니, 사회를 위하느니 그러는데, 제 목숨을 바쳐도 아깝지 않느니 아니하는 놈이 하나도 없어. 하다가 단 이틀이 못 되어, 단 이틀이 못 되어……."

한층 소리를 높이며 손가락을 하나씩 둘씩 꼽으며,

"되지 못한 명예 싸움, 쓸데없는 지위 다툼질, 내가 옳으니 네가 그르니, 내 권리가 많으니 네 권리가 적으니…… 밤낮으로 서로 찢고 뜯고 하지. 그러니 무슨 일이 되겠소. 회(會)뿐이 아니라, 회사이고 조합이고…… 우리 조선 놈들이 조직한 사회는 다 그 조각이지. 이런 사회에서 무슨 일을 한단 말이오. 하려는 놈이 어리석은 놈이야. 적이 정신이 바로 박힌 놈은 피를 토하고 죽을 수밖에 없지. 그렇지 않으면 술밖에 먹을 게 도무지 없지. 나도 전자에는 무엇을 좀 해보겠다고 애도 써보았어. 그것이 모두 다 수포야."(현진건, '술 권하는 사회')

이 소설에서 남편은 술을 많이 마십니다. 술을 많이 마시면 안 되는데 말이죠. 그런데 남편의 말을 쭉 들어보니 술을 마실 수밖에 없는 것 같네요. 도대체 사회가 돌아가는 모습이 남편 입장에서는 못마땅한 것입니다. 그러니까, 거의 날마다 술을 마시게 된다는 것이지요. 이 소설의 시대적 배경은 일제 강점기입니다. 일제 강점기에 남편은 조선 지식 계층에 속한 인물인데, 남편의 눈에는 일제 강점하의 조선 사회가 영 마땅치 않은 것입니다. 그래서 그 사회에 대해 불만을 가지고 술을 통해 해소하려 합니다. 따라서 이 소설은 인물과 사회와의 갈등 구조라고 볼 수 있는 것이지요.

오, 이 싸움 볼 만하군! - 사회와 사회의 갈등

소설 줄거리 : 보광사라는 절의 논을 소작하는 농민들은 가뭄이 계속 되자 논에 댈 물이 없어 어려움을 겪는다. 농민들은 어쩔 수 없이 절이 소유한 논의 물꼬를 몰래 텄다가 주재소(경찰서)에 잡혀가기도 한다. 절에서는 기우제도 지내고 불공을 드린다고 하지만 비는 오지 않고 절의 착취만 지속된다. 그러다 가을이 되어 나무하러 간 아이들이 절 소유의 산지기에게 쫓겨 도망치다가 절벽에서 떨어져 죽는 일이 발생한다. 또 흉작임에도 불구하고 소작인들에게 무리한 소작료를 물리자, 지주들의 행태에 분노를 느낀 그들은 참지 못하고 보광사로 몰려간다.(김정한, '사하촌')

절 밑에 있는 마을. 이것이 사하촌(寺下村)입니다. 마을의 소작인들 사회와 절의 중(요즘은 '스님')들 사회와의 갈등입니다. 아무리 가뭄이 들어도 절의 입장은 정해진 소작료는 내야 한다는 것이고, 소작인들은 가뭄이 들어서 흉년이니 소작료를 좀 내려줘야 한다는 것입니다. 두 사회의 입장이 달라서 결국에는 갈등이 일어납니다. 이렇게 우리 사회에는 사회와 사회와의 갈등이 꽤 많습니다. 어떤 게 있을까요? 정부가 어떤 지역에 원자력 발전소를 지으려 할 때 주민들과 정부와의 갈등이 있겠지요. 노사, 즉 노조와 회사의 갈등도 맞는 사례이겠습니다. 또 환경보존 단체와 기업의 갈등도 여기에 해당되겠습니다.

자연과의 싸움, 쉽지 않아 – 인물과 자연의 갈등

소설 줄거리 : 몇 달 동안 물고기를 못 잡은 노인이 있다. 마을에서는 아무도 그를 가까이 하지 않는다. 다만 어린 소년 하나만 그의 편이다. 어느 날 혼자 먼 바다로 나간 그의 낚시에 엄청나게 큰 청새치가 걸려든다. 그 물고기는 그의 배보다 더 크다. 이틀 밤낮에 걸친 사투 끝에 그 물고기를 잡은 노인은 항구로 향한다. 하지만 항구에 도착했을 때에는 피 냄새를 맡고 몰려든 상어들에 의해 뜯어먹히고 뼈와 대가리만 남은 물고기밖에 없었다. 노인은 오두막집에 자신의 몸을 누이고 아프리카 초원의 사자 꿈을 꾸며 잠이 든다.(어니스트 헤밍웨이, '노인과 바다')

유명한 소설이니 여러분들도 꼭 읽어봤으면 좋겠습니다. 이 소설에서 노인은 물고기들과 사투를 벌입니다. 거대한 청새치를 잡으면서 엄청난 사투를 벌이고, 또 잡은 물고기를 항구로 갖고 오는 도중에 상어

떼와 사투를 벌입니다. 정말 엄청난 싸움입니다. 물고기가 엄청 힘이 세거든요. 물고기들은 자연의 일부이니, 이 노인은 자연과 갈등을 벌인 겁니다. 이렇게 인물과 자연과 갈등을 벌이는 것이 뭐가 있을까요? 쓰나미와의 싸움, 가뭄과의 전쟁, 폭설과의 싸움 등이 해당되겠지요.

※ 다음에 해당하는 갈등의 종류를 쓰시오.

1. 덜렁이가 버스 좌석에 앉아 있는데 할머니 한 분이 타셨다. 덜렁이는 속으로 자리를 양보할까 말까 고민했다.

2. 꼬미가 사는 마을은 최근 화산이 폭발하여 큰 어려움을 겪고 있다.

3. 꼬미와 덜렁이가 밥값을 서로 내겠다고 싸운다.

4 소설에 배경이 없을 수 있을까?

여러분, 대낮에 놀이공원에 도깨비가 나타났다고 합시다. 여러분은 어떤 반응을 보일까요? 놀라서 도망가기보다는 새로운 캐릭터가 나타났다고 같이 사진도 찍자고 하겠지요. 그러면 그 도깨비는 정말 어이가 없을 것입니다. 아마, '나 도깨비거든요' 했을 겁니다. 왜 놀라지 않을까요? 도깨비가 때와 장소를 구별하지 못 해서 그런 겁니다. 도깨비가 나올 만한 배경은 뭔가요? 우선 산이라는 공간이 좋고, 밤 시간이 좋겠지요. 이처럼 소설에서도 이야기의 주제나 상황에 맞는 배경을 설정합니다. 소설에서 배경이란 인물들이 행동하고 사건이 일어나는 공간과 시간, 그리고 자연적, 시대적 환경을 말합니다. 즉, 일종의 무대인 셈이죠.

1. 소설에서 배경은 어떤 역할을 할까? – 배경의 역할

소설의 배경은 먼저, 인물의 심리나 사건의 방향을 암시하는 역할을 합니다. 예를 들어, 비나 눈은 마음의 상태를 암시해 주지요. 소나기가 내리면 뭔가 부정적인 사건이 일어날 것 같다는 것을 암시해 줍니다.(뭐, 소나기가 반드시 그렇지는 않습니다. 오히려 시원할 수도 있으니까요.) 그리고 배경은 또 사건의 분위기를 조성하거나 현실감을 부여합니다. 예를 들어 사람이 얼어 죽으려면 겨울이어야 합니다. 여름에 얼어 죽으면 이상하잖아요. 자, 이제 배경의 역할에 대해 간단하게 정리하고, 종류에 대해 알아보겠습니다.

배경의 역할 : 작품의 분위기 조성, 인물의 행동과 사건에 사실성을 높임, 인물의 심리와 사건의 방향을 암시, 작품의 주제를 부각시킴

2. 소설의 배경에는 어떤 것들이 있을까? -배경의 종류

2-1) 시간적 배경

시간적 배경은 소설에서 인물이 행동하거나 사건이 일어나는 시간적인 상황입니다. 하루 중 시간이나 계절적 요소 등이 여기에 포함됩니다. 다음 작품을 읽으며 알아봅시다.

1. 여름장이란 애시당초에 글러서, 해는 아직 중천에 있건만 장판은 벌써 쓸쓸하고 더운 햇발이 벌여 놓은 전(가게) 휘장 밑으로 등줄기를 훅훅 볶는다. 마을 사람들은 거지반 돌아간 뒤요, 팔리지 못한 나무꾼패가 길거리에 궁싯거리고들 있으나 석유병이나 받고 고깃마리나 사면 족할 이 축들을 바라고 언제까지든지 버티고 있을 법은 없다.(이효석, '메밀꽃 필 무렵')

2. 첫겨울 추운 밤은 고요히 깊어간다. 뒤뜰창 바깥에 지나가는 사람 소리도 끊어지고, 이따금 찬바람 부는 소리가 휘익, 우수수 하고 바깥의 춥고 쓸쓸한 것을 알리면서 사람을 위협하는 듯하다.(전영택, '화수분')

1번에서는 여름이 소설의 배경입니다. 이 여름의 배경이 있었기 때문에 주인공 허생원이 성서방네 처녀를 만날 수 있었고, 또 아들로 생각되는 동이를 확인할 수도 있었습니다. 만약 겨울이었다면 허생원이 냇가에 목욕하러 가지도 않았겠지요. 또 겨울에 개울을 건너다 물에 빠졌으면 굉장히 고생했을 겁니다. 소설을 꼭 읽어 보세요. 2번 소설은 너무 비극적입니다. 주인공 화수분이 추운 겨울에 아내를 만나러 오다가 그만 고개에서 얼어 죽고 맙니다. 겨울이라는 시간적 배경이 인물의 비극적 죽음과 부합하는 것입니다.

2-2) 공간적 배경

공간적 배경은 사건이 일어나거나 인물이 활동하는 공간입니다. 방, 사무실 같은 인위적 공간과 산, 강과 같은 자연적 공간이 있습니다. 작품 보면서 설명할게요.

1. '화개장터'의 냇물은 길과 함께 흘러서 세 갈래로 나 있었다. 한 줄기는 전라도 구례(求禮)쪽에서 오고 한 줄기는 경상도 쪽 화개협에서 흘러 내려, 여기서 합쳐서, 푸른 산과 검은 고목 그림자를 거꾸로 비치인 채, 호수같이 조용히 돌아, 경상 전라 양도의 경계를 그어주며, 다시 남으로 남으로 흘러내리는 것이, 섬진강 본류였다.

하동, 구례, 쌍계사의 세 갈래 길목이라 오고가는 나그네로 하여, '화개장터'엔 장날이 아니라도 언제나 흥성거리는 날이 많았다. 지리산 들어가는 길이 고래로 허다하지만, 쌍계사 세이암의 화개협 시오 리를 끼고 앉은 '화개장터'의 이름이 높았다. 경상 전라 양도 접경이 한두 군데일 리 없지만 또한 이 '화개장터'를 두고 일렀다. 장날이면 지리산 화전민(火田民)들의 더덕, 도라지, 두릅, 고사리들이 화갯골에서 내려오고 전라도 황아장수들의 실, 바늘, 면경, 가위, 허리끈, 주머니끈, 족집게 골백분 들이 또한 구렛길에서 넘어오고 하동길에서는 섬진강 하류의 해물 장수들이 김, 미역, 청각, 명태, 자반조기, 자반고등어들이 올라오곤 하여 산협(山峽)치고는 꽤 성한 장이 서는 것이기도 했으나, 그러나 '화개장터'의 이름은 장으로 하여서만 있는 것이 아니었다.(김동리, '역마')

2. 싸움, 간통, 살인, 도적, 구걸, 징역, 이 세상의 모든 비극과 활극의 근원지인 칠성문 밖 빈민굴로 오기 전까지는 복녀의 부처는(사농공상의 제2위에 드는) 농민이었다.(김동인, '감자')

1번 소설의 공간적 배경은 '화개장터'입니다. 장터는 수많은 사람들이 모이고 흩어지는 공간이지요. 소설 역마의 주인공 '성기'는 역마살이라는 운명을 가지고 있는데요. 이 운명은 '화개장터'라는 공간과 연결됩니다. 성기의 역마살은 어머니와 할머니로부터 물려받은 거라고 해도 되거든요. 성기의 어머니와 할머니도 이 장터에서 만난 사람들이랑 하룻밤을 보냈으니 말이죠. 만약에 장터가 아닌 도시라면 역마살이 운명이 되는 게 좀 이상하잖아요. 그렇죠? 2번 소설의 공간은 빈민굴이네요. 이 소설 역시 공간과 인물의 결말이 연결됩니다. '감자'의 주인공 복녀가 빈민굴에서 지내지 않았더라면 그처럼 타락하지는 않았을 거라는 생각이 듭니다. 결국 두 소설을 통해 볼 때 공간적 배경은 인물의 행동이나 사건과 관련이 있다는 결론을 내릴 수 있습니다.

2-3) 자연적 배경

자연적 배경은 사건이 일어나는 자연적인 환경을 말합니다. 눈, 비, 바람, 태풍, 홍수 등 기상 현상이나 구체적인 자연 현상이 여기에 해당합니다.

1. 새침하게 흐린 품이 눈이 올 듯하더니 눈은 아니 오고 얼다가 만 비가 추적추적 내리는 날이었다.(현진건, '운수 좋은 날')

2. 산을 내려오는데, 떡갈나무 잎에서 빗방울 듣는 소리가 난다. 굵은 빗방울이 었다. 목덜미가 선뜻선뜻했다. 그러자, 대번에 눈앞을 가로막는 빗줄기.

비안개 속에 원두막이 보였다. 그리로 가 비를 그을(피할) 수밖에.

그러나 원두막은 기둥이 기울고 지붕도 갈래갈래 찢어져 있었다. 그런대로 비가 덜 새는 곳을 가려 소녀를 들어서게 했다.

소녀의 입술이 파랗게 질렸다. 어깨를 자꾸 떨었다.

무명 겹저고리를 벗어 소녀의 어깨를 싸 주었다. 소녀는 비에 젖은 눈을 들어 한 번 쳐다보았을 뿐, 소년이 하는 대로 잠자코 있었다.(황순원, '소나기')

1번의 '얼다가 만 비'는 주인공 김 첨지의 비극적 결말과 관련이 있습니다. 만약 하얗고 탐스러운 함박눈이 내렸다면 어땠을까요? 함박눈과 아내의 죽음이 좀 어울리지 않지요. 소설의 서두에 서술된 이 배경 '얼다가 만 비'는 작품 전체의 분위기나 결말과 밀접한 관련이 있어요. 결말을 암시하는 기능도 하고 있지요. 2번에서는 소나기가 내리네요. 소나기라는 자연 현상을 통해 소년과 소녀가 좀 더 가까워지는 역할을 함과 동시에 소녀의 컨디션이 급속도로 안 좋아지는 역할도 하게 됩니다. 안 그래도 몸이 안 좋은데 말이지요.

2-4) 사회적 배경

소설 속에 나타난 역사적 상황이나 사회 현실을 사회적 배경이라고 합니다. 사회적 배경에는 뭐가 있을까요? 일제 치하, 해방 이후 혼란한 상황, IMF 시대, 산업화 시대, 스마트폰이 대세인 시대 등이 해당되겠지요.

1. "옥희야, 너 아빠가 보고 싶니?"

하고 물으십니다.

"응, 우리두 아빠 하나 있으문."

하고, 나는 혀를 까불고 어리광을 좀 부려 가면서 대답을 했습니다. 한참 동안을 어머니는 아무 말씀도 아니하시고 천장만 바라다보시더니,

"옥희야, 옥희 아버지는 옥희가 세상에 나오기도 전에 돌아가셨단다. 옥희두 아빠가 없는 건 아니지. 그저 일찍 돌아가셨지. 옥희가 이제 아버지를 새로 또 가지면 세상이 욕을 한단다. 옥희는 아직 철이 없어서 모르지만 세상이 욕을 한단다. 사람들이 욕을 해. 옥희 어머니는 화냥년이다 이러구 세상이 욕을 해. 옥희 아버지는 죽었는데, 옥희는 아버지가 또 생겼대. 참 망측도 하지 이러구 세상이 욕을 한단다. 그리 되문 옥희는 언제나 손가락질 받구, 옥희는 커두 시집두 훌륭한 데 못 가구. 옥희가 공부를 해서 훌륭하게 돼두, 에 그까짓 화냥년의 딸, 이러구 남들이 욕을 한단다."(주요섭, '사랑손님과 어머니')

2. 인텔리……. 인텔리 중에도 아무런 손끝의 기술이 없이 대학이나 전문학교의 졸업증서 한 장을, 또는 그 조그마한 보통 상식을 가진 직업 없는 인텔리…… 뱀을 본 것(봉변을 당한 것)은 이들 인텔리다.

부르조아지의 모든 기관이 포화 상태가 되어 더 수요가 아니 되니 그들은 결국 꼬임을 받아 나무에 올라갔다가 흔들리는 셈이다. 개밥의 도토리다.

인텔리가 아니되었으면 차라리…… 노동자가 되었을 것인데 인텔리인지라 그 속에는 들어갔다가도 도로 달아나오는 것이 99%다. 그 나머지는 모두 어깨가 축 처진 무직 인텔리요, 무기력한 문화 예비군 속에서 푸른 한숨만 쉬는 초상집의 주인 없는 개들이다. 레디 메이드 인생이다.(채만식, '레디 메이드 인생')

1번 소설을 통해 과부는 수절을 해야 하는, 즉 결혼을 하면 비난을 받는 시대라는 것을 알 수 있습니다. 옥희의 어머니는 사랑손님의 프로포즈를 받고 고민하지만 결국 사랑하는 딸 옥희를 위해 포기하고 맙니다. 요즘 세상에는 재혼하는 것이 큰 흉이 되는 것은 아닌데 그 때는 그랬습니다. 사회적 분위기가 인물의 행동에 영향을 미치게 된 것이지요. 2번을 통해서는 일제 강점기 식민지 조선에서 지식인들이 자꾸 늘어나지만 취직이 안 되는 사회 현상이 배경으로 깔려 있습니다. 그러다 보니 지식인들이 갈 곳을 잃고 방황하는 모습을 보여주지요. 이렇게 인물의 행동이나 사건의 방향은 사회적 배경과도 밀접한 관련이 있습니다.

개념 문제

※ 다음 글을 읽고 가장 주된 배경이 무엇인지 보기에서 골라 쓰시오.

보기	
① 시간적 배경	② 공간적 배경
③ 자연적 배경	④ 사회적 배경

1. "천하에 이런 죽일 놈들이 있어!"

참지 못해 신문을 든 채 벌떡 일어섰다. 익준은 진찰실로 달려 들어가서 그 신문지를 간호원의 턱 밑에 들이대며,

"미스 홍, 이걸 좀 봐요. 아니 이런 주리를 틀 놈들이 있어, 글쎄!"

눈을 부라리고 치를 부르르 떨었다. 신문 사회면에는 어느 제약회사에서 외국제 포장갑(包裝匣)을 대량으로 밀수입해다가 인체에 유해한 위조품을 넣어가지고 고급 외국 약으로 기만, 매각하여 수천만 환에 달하는 부당 이득을 취하였다는 기사가 크게 보도되어 있었다. 인숙이가 그 기사를 읽는 동안 익준은 분을 누르지 못해 진찰실과 대합실 사이를 왔다 갔다 하며 혼자 투덜거렸다. 이윽고 인숙에게서 신문지를 도로 받아든 익준은 그것을 돌돌 말아가지고 옆에 있는 의자를 한 번 딱 치고 나서,

"그래, 미스 홍은 어떻게 생각해. 이놈들을 어떻게 처치했으면 속이 시원하겠느냐 말요?"

마치 따지고 들 듯했다.(손창섭, '잉여인간')

2. 나는 어디까지든지 내 방이—집이 아니다. 집은 없다—마음에 들었다. 방 안의 기온은 내 체온을 위하여 쾌적하였고, 방 안의 침침한 정도가 또한 내 안력을 위하여 쾌적하였다. 나는 내 방 이상의 서늘한 방도, 또 따뜻한 방도 희망하지 않았다. 이 이상으로 밝거나 이 이상으로 아늑한 방을 원하지 않았다. 내 방은 나 하나를 위하여 요만한 정도를 꾸준히 지키는 것 같아 늘 내 방에 감사하였고 나는 또 이런 방을 위하여 이 세상에 태어난 것만 같아서 즐거웠다.(중략)

내 몸과 마음에 옷처럼 잘 맞는 방 속에서 뒹굴면서, 축 처져 있는 것은 행복이니 불행이니 하는 그런 세속적인 계산을 떠난, 가장 편리하고 안일한, 말하자면 절대적인 상태인 것이다. 나는 이런 상태가 좋았다.(이상, '날개')

5 소설의 소재는 어떤 역할을 할까?

소설에서 소재는 다양합니다. 작가가 이야기를 전개해 나가기 위해 여러 가지 재료를 활용하는데요. 소설을 써나가는 데 밑바탕이 됩니다. 사실 한 편의 소설에 사용되는 소재는 매우 많아요. 우리는 그 중에서도 의미 있는 소재를 파악하고, 그 소재가 어떤 역할을 하는지 주의 깊게 살펴봐야 해요.

1. 소설의 소재는 어떤 역할을 할까 – 소재의 역할

먼저, 소재는 갈등을 유발하거나 해소하는 역할을 합니다. 동생과 과자 때문에 싸우면, '과자'는 갈등을 유발하는 소재로 사용됩니다.

둘째, 소재는 사건을 연결시키는 역할을 합니다. 책상을 정리하다 옛 애인이 준 펜을 발견하고 잠시 회상에 빠진다면, '펜'은 현재와 과거를 이어주는 매개체로서의 역할을 합니다.

셋째, 소재는 인물의 심리를 표현하는 역할을 합니다. 좋아하는 친구에게 '모자'를 선물한다면, 그 '모자'는 친구에게 자신의 마음을 표현하는 역할을 합니다.

넷째, 소재는 장면을 전환하는 역할을 합니다. 친구랑 이야기하는 중에 '사이렌 소리'가 들리면, 그 '사이렌 소리'가 다른 사건으로 전환시키는 역할을 합니다.

다섯째, 소재는 주제를 암시해 줍니다. 늘 싸우던 친구가 있었는데, 친구가 해외로 유학을 떠나면서 '선물'을 주고 떠났다면 갈등이 해소됐다는 것을 암시해 줄 수 있습니다.

자, 이제 몇 편의 사례를 통해 알아보도록 하겠습니다.

1. 만도는 아직 술기가 약간 있었으나 용케 몸을 가누며 아들을 업고 외나무다리를 조심조심 건너가는 것이었다. 눈앞에 우뚝 솟은 용머리재가 이 광경을 가만히 내려다보고 있었다.(하근찬, '수난이대')

2. 한 번은 이틀이나 굶고 일자리를 찾다가 집으로 들어가 보니 부엌 앞에서 아

내가(아내는 이때에 아이를 배어서 배가 남산만하였다.) 무엇을 먹다가 깜짝 놀란다. 그리고 손에 쥐었던 것을 얼른 아궁이에 집어넣는다. 이때 불쾌한 감정이 내 가슴에 떠올랐다.

'무얼 먹을까? 어디서 무엇을 얻었을까? 무엇이길래 어머니와 나 몰래 먹누? 아! 여편네란 그런 것이로구나! 아니, 그러나 설마……. 그래도 무엇을 먹던데…….'

나는 이렇게 아내를 의심도 하고 원망도 하고 밉게도 생각하였다. 아내는 아무런 말없이 어색하게 머리를 숙이고 앉아 씩씩하다가 밖으로 나간다. 그 얼굴은 좀 붉었다.

아내가 나간 뒤에 아내가 먹다 던진 것을 찾으려고 아궁이를 뒤지었다. 싸늘하게 식은 재를 막대기에 뒤져내니 벌건 것이 눈에 띄었다. 나는 그것을 집었다. 그것은 **귤껍질**이다. 거기는 베어 먹은 잇자국이 났다. 귤껍질을 쥔 나의 손은 떨리고 잇자국을 보고 내 눈에는 눈물이 괴었다.(최서해, '탈출기')

3. 그래도 나는 한번 맘을 먹은 다음엔 꼭 그대로 하고야 마는 성미지요. 그래 안마당으로 뛰쳐 들어가면서,

"엄마, 엄마, 사랑 아저씨두 나처럼 삶은 **달걀**을 제일 좋아한대."

하고 소리를 질렀지요.

"떠들지 말어."

하고 어머니는 눈을 흘기십니다.

그러나 사랑 아저씨가 달걀을 좋아하는 것이 내게는 썩 좋게 되었어요. 그것은 그 다음부터는 어머니가 달걀을 많이씩 사게 되었으니까요.(중략)

어머니는 그 달걀 여섯 알을 다 삶았습니다. 그 삶은 달걀 여섯 알을 손수건에

싸놓고 또 반지(일본 종이)에 소금을 조금 싸서 한 귀퉁이에 넣었습니다.

"옥희야, 너 이것 갖다 아저씨 드리구, 가시다가 찻간에서 잡수래다구, 응."(중략)

"달걀 사소."

하고 매일 오는 달걀장수 노파가 달걀 광주리를 이고 들어왔습니다.

"인젠 우리 달걀 안 사요. 달걀 먹는 이가 없어요."

하시는 어머니 목소리는 맥이 한푼 어치도 없었습니다.(주요섭, '사랑손님과 어머니')

1번에서는 두 인물의 앞에 외나무다리가 놓여 있습니다. 아버지는 일제 강점기에 한 팔을 잃었고, 아들은 한국전쟁에서 한 다리를 잃었습니다. 아들이 다리를 건너기가 어려운 상황인데, 아버지는 아들을 업고, 아들은 아버지가 들던 고등어를 들고 건넙니다. 그 외나무다리는 우리 민족에게 주어진 어려운 상황을 상징합니다.

2번에서는 '귤껍질'이 나오는데 정말 비참한 현실을 보여줍니다. 임신한 아내가 얼마나 뭐가 먹고 싶었으면 숨어서 귤껍질을 먹었을까요? 이 귤껍질은 인물들이 처한 비참함을 보여주는 역할을 합니다. 남편은 그것도 모르고 잠시 원망을 했네요. 정말 우리 열심히 살아야겠지요.

3번에서 '달걀'은 사랑손님에 대한 어머니의 관심을 나타내는 역할을 합니다. 옥희로부터 사랑손님이 달걀을 좋아한다는 말을 듣고 주문하는 모습에서 알 수 있습니다.

※ 다음 글을 읽고 물음에 답하시오.

1. 다음 글을 읽고 인물의 삶을 대신 나타내는 소재를 찾아 쓰시오.

"나귀를 몹시 구는 녀석들은 그냥 두지는 않을걸."

반평생을 같이 지내온 짐승이었다. 같은 주막에서 잠자고, 같은 달빛에 젖으면서 장에서 장으로 걸어 다니는 동안에 이십 년의 세월이 사람과 짐승을 함께 늙게 하였다. 가스러진(털 같은 것이 거칠게 일어남) 목 뒤 털은 주인의 머리털과도 같이 바스러지고, 개진개진 젖은 눈은 주인의 눈과 같이 눈곱을 흘렸다. 몽당비처럼 짧게 쓸리운 꼬리는, 파리를 쫓으려고 기껏 휘저어 보아야 벌써 다리까지는 닿지 않았다. 닳아 없어진 굽을 몇 번이나 도려내고 새 철을 신겼는지 모른다. 굽은 벌써 더 자라나기는 틀렸고 닳아버린 철 사이로는 피가 빼짓이 흘렀다. 냄새만 맡고도 주인을 분간하였다.(이효석, '메밀꽃 필 무렵')

2. 다음 글을 읽고 '나'가 '그'에 대해 느끼는 인상을 상징하는 소재를 찾아 쓰시오.

그에게는 언제나 비누 냄새가 난다.

아니, 그렇지는 않다. 언제나라고는 할 수 없다.

그가 학교에서 돌아와 욕실로 뛰어가서 물을 뒤집어쓰고 나오는 때면 비누 냄새가 난다. 나는 책상 앞에 돌아앉아서 꼼짝도 하지 않고 있더라도 그가 가까이 오는 것을—그의 표정이나 기분까지라도 넉넉히 미리 알아차릴 수 있다.

티이샤쓰로 갈아입은 그는 성큼성큼 내 방으로 걸어 들어와 아무렇게나 안락의자에 주저앉든가, 창가에 팔꿈치를 짚고 서면서 나에게 빙긋 웃어 보인다.

"무얼 해?"

대개 이런 소리를 던진다.

그런 때에 그에게서 비누 냄새가 난다. 그리고 나는 나에게 가장 슬프고 괴로운 시간이 다가온 것을 깨닫는다. 엷은 비누의 향료와 함께 가슴 속으로 저릿한 것이 퍼져 나간다—이런 말을 하고 싶었던 것이다.(강신재, '젊은 느티나무')

6 '이야기'와 '구성'은 어떻게 다른가?

덜렁이가 꼬미에게 물었다.

"꼬미야, 이야기는 뭐고 구성은 뭐야?"

"응, 이야기는 있는 내용을 시간 순서에 따라 배열하는 거고, 구성은 인과 관계에 중점을 두고 사건을 배열하는 거야."

"인과 관계? 그건 뭐야?"

"어휴, 원인과 결과를 말해."

덜렁이는 그래도 못 알아듣겠다는 표정이다.

꼬미는 그런 덜렁이를 보고 당황스럽지만 친절하게 알려준다.

"덜렁이 너, 시험공부 안 하고 게임만 했잖아. 그리고 성적이 더 떨어졌잖아."

"응."

"덜렁이는 시험공부를 안 했다. 덜렁이의 성적은 더 떨어졌다. 이건 이야기!"

"응."

"덜렁이는 시험공부를 안 했다. 그래서 덜렁이의 성적은 더 떨어졌다. 이건 구성!"

"응."

"그래서가 있고 없고가 다르잖아. 그치?"

"응."

"'그래서' 앞은 원인이고 뒤는 결과야. 니가 공부 안 했기 때문에 성적이 떨어진 거잖아. 맞지? 이제 이야기와 구성 알겠니?"

"응, 잘 알겠어. 고마워, 꼬미야. 역시 넌 천사야!"

"으이그……. 고맙다 고마워."

덜렁이와 저의 대화를 잘 보셨나요? 구성이란 소설의 여러 사건들을 짜임새 있게 맞추는 것을 말합니다. 이 구성이 얼마나 잘 되느냐에 따라 소설의 흥미나 작품성이 달라집니다. 그러니 이 구성을 잘 짜야 합니다. 예를 들어, 여러분이 좋아하는 예능 프로도 다 구성작가가 짜는 겁니다. 이 구성을 잘 짜야 예능 프로가 재미있게 되는 거지요.

1. 소설의 구성 단계는 기본이죠 – 소설의 구성 단계

소설은 뭐가 있어야 재미있다고 했나요? 맞아요. 바로 갈등입니다. 구성의 핵심은 이 '갈등'을 어떻게 처리하느냐에 따라 달라집니다. 갈등이 어떻게 형성되고 어떻게 해결되느냐에 따라 구성이 달라지기 때문이지요. 대표적인 구성 단계는 5단계입니다. 이 정도는 다 알고 있으리라 생각해요. 뭐지요? 발단, 전개, 위기, 절정, 결말입니다. 이거 암기하셔야 합니다. '이거 암기 못 하면, 이거 암기 못 하면…' 어쩔 수 없죠. 발단에서는 시간과 공간 등 여러 배경이 제시되고, 인물들이 소개됩니다. 이를 통해 어떤 사건이 일어날 건지 실마리가 나타나지요. 전개에서는 사건이 본격적으로 진행되면서 갈등이 겉으로 드러납니다. 가끔 이 부분에서 앞으로의 사건에 대한 복선이 설정될 수도 있어요. 그리고 위기 부분에서는 갈등이 고조됩니다. 갈등이 고조되면 어떻게 될까요? 위기가 막 심화되겠지요. 절정에서는 갈등이 최고 수준에 이르면서 해결의 실마리도 제시됩니다. 갈등만 고조되면 소설 안 끝납니다. 또 여러 사건들이 질서를 잡아가고 결말을 예고하기도 합니다. 마지막 결말에서는 모든 갈등이 해소되고 사건이 마무리됩니다. 이 부분에서는 인물들의 운명이 결정되지요. 해피엔딩으로 끝날 수도 있고, 비극적으로 끝날 수도 있지요. 자, 내용을 정리하면 다음과 같습니다.

발단 : 인물 소개, 사건의 시작, 배경 제시

전개 : 사건의 진행, 갈등의 시작

위기 : 갈등의 심화, 위기감 고조

절정 : 갈등의 최고조, 사건 해결의 실마리 제시

결말 : 갈등의 해소, 인물의 운명 결정

주요섭의 '사랑손님과 어머니'를 예로 들어 구성 단계를 알아보도록 할게요.

구분	내 용	작품에 적용
발단	인물 소개, 사건의 시작, 배경 제시	'나'(옥희)가 가족과 가정 형편 소개
전개	사건의 진행, 갈등의 시작	사랑방에 머물게 된 아저씨(돌아가신 아버지 친구)가 어머니에 대해 관심을 보임
위기	갈등의 심화, 위기감 고조	내가 어머니에게 꽃을 주며 거짓말을 하자 어머니의 마음이 흔들림
절정	갈등의 최고조, 사건 해결의 실마리 제시	아저씨의 프로포즈와 어머니의 거절
결말	갈등의 해소, 인물의 운명 결정	아저씨가 떠나고 어머니는 꽃을 갖다 버리라고 함

자, 발단 단계에서는 '나'(옥희)라는 인물이 가족 관계와 가정 형편을 소개합니다. 전개에서는 아저씨가 어머니에 대해 관심을 표시합니다. 이거 갈등이 시작된 거 맞지요? 과부인 어머니에게 관심을 표시했으니 갈등 맞아요. 위기에서는 어머니의 내면적인 갈등이 심화되는 부분이 나옵니다. '나'가 아저씨가 꽃을 줬다고 거짓말을 했거든요. 그 말을 믿은 어머니는 흔들립니다. 절정에서는 아저씨가 프로포즈를 합니다. 아, 드디어 프로포즈를 했어요. 갈등이 절정에 달했어요. 아저씨와 재혼하느냐, 아니면 지조를 지키느냐? 이제 어머니는 어떻게 해야 할까요? 결국 어머니는 거절합니다. 당시 사회에서 재혼하면 옥희가 욕을 먹거든요. 마지막 결말에서는 아저씨가 떠나고, 꽃도 버리고, 달걀도 더

이상 구입하지 않습니다. 모든 사건들이 마무리되는 거지요. 소설 구성의 5단계, 이제 아셨지요?

2. 소설 구성의 종류에는 무엇이 있을까?
– 소설 구성의 종류

소설 구성의 종류는 중심 사건의 수, 사건 진행 방식, 이야기 구성 형식 등에 따라 나눠집니다. 먼저, 중심 사건의 수에 따라 단일 구성과 복합 구성으로 나눠집니다. 단일 구성은 중심 사건 하나만으로 이야기를 전개하는 구성으로, 주로 단편 소설에서 많이 쓰입니다. 복합 구성은 두 개 이상의 중심 사건이 복잡하게 얽혀 전개되는 구성이에요. 여러 중심 사건이 있다 보니 주로 장편 소설에서 많이 사용됩니다.

다음으로, 사건 진행 방식에 따라 평면적 구성과 입체적 구성으로 나눠집니다. 평면적 구성은 여러 사건들이 시간의 흐름에 따라 진행됩니다. 예를 들면, 위인전기처럼 구성되는 거지요. 인물이 태어나서 죽을 때까지의 여러 사건들을 순차적으로 쭉 나열합니다. 주로 고전 소설에서 많이 사용됩니다. 입체적 구성은 시간의 흐름을 바꿔서 진행합니다. 역행적 구성으로 불리기도 합니다. 주로 현대 소설에서 많이 사용하는 방식이지요.

마지막으로, 이야기의 구성 형식에 따라서 액자식 구성, 피카레스크식 구성, 옴니버스식 구성 등으로 나눌 수 있습니다. 액자식 구성은 하나의 이야기 속에 또 하나의 이야기가 들어 있는 구성입니다. 예를 들어, 여러분이 친구 집에 놀러갔는데 호랑이 가죽이 있습니다. 뭐냐고 물었더니, 친구가 그 호랑이 가죽에 얽힌 이야기를 해 줍니다. 그러면 친구와 나의 대화가 하나의 이야기고, 친구가 들려주는 이야기가 또 하나의 이야기입니다. 호랑이 가죽에 대한 이야기는 속 이야기이고, 나와 친구의 대화는 겉 이야기입니다. 아셨지요? 그리고 피카레스크식 구성은 동일한 인물들이 여러 독립된 이야기에 등장하는 구성입니다. 인물들은 같은데, 사건들은 각각 다른 거지요. 예를 들면 미국 드라마 CSI를 떠올리면 될 것 같아요. 수사팀은 같은데 매번 다른 사건들을 해결하지요. 마지막으로 옴니버스식 구성은 하나의 주제인데 몇 편의 이야기로 구성된 형태입니다. 주제는 한 가지, 이야기는 여러 편, 인물은 제각각인 셈이지요. 하나의 주제인데 다양한 인물들이 등장해서 사건을 풀어 나가는 방식입니다. 피카레스크와 옴니버스 방식의 가장 큰 차이는 인물이 동일하냐 입니다. 헷갈리시면 피카레스크 방식은 CSI를 떠올리세요. '피CSI'나 '피동인(피카레스크 방식은 동일한 인물이다)'으로 암기하세요.

3. 앞으로 일어날 사건을 알려주는 게 있나? –복선

자, 우리 오늘 마지막으로 복선에 대해 알아 봐요. 복선이란 뒤에 일어날 사건을 독자에게 넌지시 알려 주어 사건에 필연성을 부여하는 장치입니다. '알퐁스 도데'라는 프랑스 작가가 쓴 '별'이라는 소설을 예로 들어 볼게요. 소설의 줄거리를 간략하게 소개할게요. '산에서 혼자 양을 치는 목동이 식량을 실은 마차를 기다리는데 소나기가 온다. 소나기가 그치고 주인댁의 아가씨가 식량을 가지고 나타난다. 휴가 간 아주머니 대신 온 것이다. 목동의 거처를 흥미롭게 둘러 본 아가씨는 떠난다. 그런데 아가씨는 물이 불어난 강을 건너지 못하고 돌아온다. 목동은 아가씨를 위해 모닥불을 피우고 둘이 대화를 한다. 대화 도중 아가씨는 목동의 어깨에 머리를 기대고 잠이 든다.' 는 내용입니다. 꼭 읽어 보세요.

자, 소설에 복선이 있는데 뭘까요? 맞아요. 바로 '소나기'입니다. 소나기 때문에 아가씨가 다시 돌아온 것이지요. 앞의 사건인 '소나기'가 뒤에 일어날 사건(아가씨가 다시 온 것)을 암시해 주고 필연성을 부여해 줍니다. 아가씨가 갑자기 다시 돌아오면 영 이상하잖아요.(뭐, 목동이 아이돌 급으로 생겼다면 그럴 수 있겠네요.) 소설에서 복선의 역할은 사건에 필연성을 부여하고, 독자의 흥미도 유발하며, 주제까지 암시해줍니다.

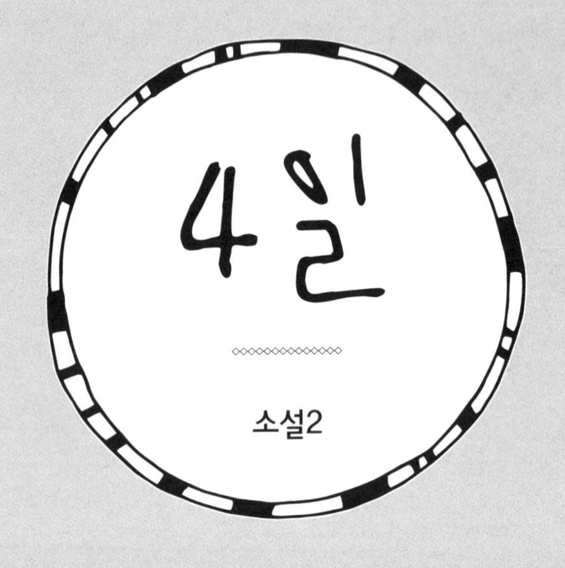

소설의 시점 제대로 알기

안녕하세요.
개똥이와 말똥이가 여러분께 인사 올립니다.
오늘이 벌써 4일째네요. 시간이 참 빠르다는 생각이 들어요.
여기까지 3일간 잘 읽고 공부하셨으리라 믿어요.
오늘은 지난 시간에 이어 소설에 대해 알아봅시다.
소설의 시점, 거리, 작품 감상 관점 등에 대해 공부할 겁니다.
오늘도 저희 개똥이와 말똥이랑 같이 열심히 공부해 봐요.
자, 그럼 소설의 시점을 즐겁게 알아봅시다.
출발! 부웅.

1 시점을 파악하는 일은 정말 중요할까?

소설을 가르치다 보면 적지 않은 학생들이 시점에 대해 잘 모르는 것을 볼 수 있습니다. 시점에는 어떤 종류들이 있는지, 각 시점은 어떤 특징들이 있는지 잘 모르는 학생들이 꽤 있습니다. 여러분들은 이 장을 읽으면서 '시점 파악법'에 대해서 확실하게 공부하길 바랍니다.

1. 서술자와 시점

1-1) 소설 작품 속에서 이야기를 하는 사람 – 서술자

개똥이는 소설 공부할 때 한동안 서술자가 정확히 무엇인지 잘 몰랐어요. 모른 채 계속 공부를 했었던 거죠. 서술자란 소설의 작품 속에서 독자에게 이야기를 건네주는 인물을 말합니다. 그럼, 서술자는 작가와 같은 인물일까요? 아닙니다. 서술자는 실제 인물이 아니고 작가가 지어낸 허구적 인물입니다. 진짜 인물이 아니고 가짜 인물인 셈이죠. 그러니까 서술자는 작가가 아닙니다.(참고로 서술자와 작가가 일치하는 것은 수필이지요.) 이 서술자는 작품 속에 위치하기도 하고 작품 밖에 위치하기도 하지요. 쉽게 말해 '나(우리)'라는 인물이 소설 내에 등장할 수도 있고, 등장하지 않을 수도 있습니다.

서술자의 역할은 상당히 다양합니다. 서술자는 인물에 대한 평가를 할 수도 있고, 인물에 대한 관찰만 하기도 합니다. 또한 소설 속 인물의 속마음을 독자에게 알려주는 역할도 합니다. 그리고 시간 순서대로 서술할 수도 있지만, 매우 긴 시간을 아주 짧게 요약할 수도 있어요. 또 장면을 전환하거나, 상황에 대한 평가를 하거나, 배경에 대한 묘사 등을 할 수도 있지요. 그러니까 여러분들은 여러 가지 단서를 바탕으로 서술자가 누구인지를 파악할 수 있어야 합니다. 여러분이 소설을 읽을 때 아주 중요한 부분이니 꼭 기억해 두자고요.

1-2) 시점의 뜻을 정확하게 알자 – 시점

개똥이는 소설 공부를 할 때 시점이 늘 헷갈립니다. 무슨 시점인지 잘 파악을 못 해요. 개똥이처럼 헷갈리지 않으려면 정확하게 공부합시다! 소설 공부를 할 때 시점을 꼭 알아야 해요. 중학교에서만 필요한 게 아니고 고등학교 가서도 필요하니 지금 공부할 때 확실하게 해 놓으세요. 나중에 후회하지 마시고요. 자, 그럼 이제부터 알아봅시다!

시점이란 뭘까요? 시점이란 소설에서 이야기를 해 주는 작가의 위치와 태도를 말합니다. 여기서 위치는 작품 안에서 이야기하느냐, 작품 밖에서 이야기하느냐를 말합니다. 작품 안에서 이야기하면 '나'가 이야기하는 거니까 1인칭이 되고, 작품 밖에서 이야기하면 '나'가 없으니까 3인칭이 됩니다. 그리고 이야기를 전달하는 사람이 어느 정도까지 이야기를 해주느냐에 따라 작가의 태도가 결정됩니다. 보이는 부분만 이야기하느냐, 보이지 않는 부분까지 이야기하느냐에 따라 객관적 태도와 주관적 태도로 나누어집니다. 다른 말로 하면, 인물의 내면 심리까지 서술하느냐, 사건의 앞뒤 내용까지 서술하느냐 등에 따라 태도가 달라지지요. 예를 들어, 3인칭 시점에서 인물의 내면 심리나 사건의 앞뒤까지 서술하면 3인칭 전지적 작가 시점이 되고, 그렇지 않으면 3인칭 관찰자 시점이 됩니다.

2. 시점에는 4가지가 있다고! – 시점의 종류

말똥이가 개똥이에게 물었다.

"개똥아, 너 소설의 시점이 뭐뭐 있는지 알아?"

"당근 알쥐, 1인칭 주인공 시점, 전지적 작가 시점, 2인칭…"

"뭐, 2인칭? 야, 시점에 무슨 2인칭이냐. 그럼 '너'가 이야기하는 거야?"

"으으… 그럼 뭔데? 넌 알아?"

"아니까 물어봤지. 잘 들어 봐라. 1인칭 주인공 시점, 1인칭 관찰자 시점, 3인칭 전지적 작가 시점, 3인칭 관찰자 시점. 이렇게 네 가지가 있다."

"아, 그러니… 그나저나 너 사람이 달리 보인다. 말똥이가 아니고 소똥이로 보여."

"뭐, 소똥이? 가문의 망신이다. 소똥이라니…"

자, 말똥이와 개똥이의 대화를 통해 시점에 무엇이 있는지 알아 봤어요. 여러분, 이해되지요? 다음은 시점에 대한 여러분의 이해를 더 돕기 위해 네 가지 시점에 해당하는 사례를 한번 지어 봤어요. 우리 일상에서 쉽게 일어날 수 있는 소재들로 만들어 봤습니다.

그럼 먼저 어떤 글이 1인칭 주인공 시점인지 알아볼게요. 아래 글을 잘 읽어 보세요.

2-1) 1인칭 주인공 시점

잠결에 깜짝 놀라서 시계를 봤다. 헉! 8시다. 으악, 큰일 났다. 지각하겠다.

"엄마, 왜 안 깨웠어?"

"그렇게 깨울 때는 안 일어나더니, 뭘 큰 소리야."

"아이 참, 깨웠어야지. 지각이잖아!"

"깨울 때 일어나야지!"

"아, 몰라!"

밥 먹는 건 꿈도 못 꾸고 학교로 달려갔다.

난 요즘 이렇다. 맨날 늦잠이다.

친구들과 카톡 하거나 게임하다 보면 늦게 자기 일쑤다.

일찍 자려고 하지만 마음대로 안 된다.

카톡방에서 무슨 말이 오가는지 궁금하다.

또 게임도 재미있고 말이다.

그래서 나는 아침마다 엄마와 싸운다.

여러분도 잠 때문에 이런 적 있나요? 이 글의 '나'는 아침잠 때문에 날마다 엄마와 전쟁을 벌이고 있네요. 이 글에서 '나'는 중심적인 인물이에요. 물론 엄마도 등장하지만 모든 것이 '나'가 중심이 되어 사건이 진행되고 있어요. 이처럼 '나'가 등장하는데, '나'가 중심인물이 되어 이야기가 진행되는 시점을 1인칭 주인공 시점이라고 해요.

자, 이번에는 1인칭 관찰자 시점에 대해서 알아볼게요.

2-2) 1인칭 관찰자 시점

점심 식사 후 교실에 들어온 나는 익숙한 풍경과 마주했다.

교실 한 쪽에 아이들이 몰려 있다.

'또 말똥이 얘기를 듣고 있고만.'

말똥이는 요즘 우리 반 친구들의 관심 대상이다.

이번 학기 초에 전학 온 그는 자그마한 키인데 얘기를 너무 잘 한다.

그래서 그런지 말똥이 주변에는 늘 반 친구들이 모여 있다.

내가 듣기에도 이야기를 참 잘 한다.

영어를 포함하여 몇 개 나라 말도 곧잘 하는 것 같다.

듣기로 그는 외국에서 꽤 오랫동안 살다 왔다고 한다.

여러 나라에서 살았다고 한다.

아빠가 외교관이라나 뭐라나.

나도 아빠가 외교관이었으면 말똥이처럼 아는 게 많을 텐데….

이 글에도 '나'가 나오네요. '나'의 행동뿐만 아니라 내면의 생각까지 이야기하네요. 그런데 주로 '나'에 대해서 이야기하는 것이 아니고 '말똥이'에 대해 이야기하고 있네요. 새로 전학 온 친구 '말똥이'가 이야기를 잘 해서 반 친구들에게 인기가 좋다는 내용이에요. 주인공은 '나'가 아니고 말똥이라는 것을 알 수 있지요. 그럼 '나'의 역할은 뭘까요? 당연히 주인공의 대화와 행동들을 관찰하여 서술하는 역할을 합니다. 아셨죠?

1인칭의 두 가지 시점에 대한 개념 잡으셨나요? 이번에는 3인칭의 두 가지 시점에 대해 알아보겠는데요, 먼저 3인칭 전지적 작가 시점에 대해 살펴봅시다.

2-3) 3인칭 전지적 작가 시점

개똥이는 요즘 말똥이와 말을 안 한다.

아니, 보고도 못 본 척 한다.

행여 복도에서 마주칠 때도 다른 쪽을 쳐다보면서 지나친다.

개똥이는 며칠 전 일만 생각하면 화가 치밀어 오른다.

며칠 전 수학 문제를 말똥이에게 물어봤다가 이런 것도 모르냐는 소리를 들었기 때문이다.

그런 건 초등학생도 풀 수 있는 거라고 했다.

옆에 있는 친구들도 키득키득 웃었다.

개똥이는 얼굴이 화끈거려 죽는 줄 알았다.

이 글의 등장인물은 개똥이와 말똥이, 그리고 반 친구들이네요. '나'가 등장하지 않으니 누가 서술할까요? '너'가 할까요? 아닙니다. 제 삼자가 서술합니다. 3인칭 작가인 것이지요. 자, 그럼 서술자는 3인칭이고요. 서술자가 개똥이의 내면 심리를 서술하고 있지요? 이것은 서술자가 인물의 내면 심리까지 들여다볼 수 있다는 겁니다. 모든 것을 안다는 것, 즉 전지(全知)적 시점이라는 말입니다. 이처럼, 3인칭 서술자가 인물의 내면 심리까지 서술하는 시점을 3인칭 전지적 작가 시점이라고 합니다.

자, 이제 마지막 시점인 3인칭 관찰자 시점에 대해 알아보겠습니다.

2-4) 3인칭 관찰자 시점

쉬는 시간에 개똥이가 말똥이에게 물었다.

"말똥아, 이 문제 어떻게 푸는 거야?"

"응. 그래, 어떤 건데?"

"응. 바로 이 문제야."

"아, 이거? 너, 진짜 이 문제 몰라? 야! 이건 초딩도 푸는 거야."

그 소리를 들은 옆에 친구들도 그 문제를 들여다보더니 키득키득 웃었다.

개똥이는 얼굴이 벌게지면서 교실 밖으로 나갔다.

"야, 개똥아! 이리 와, 가르쳐 줄게."

라는 말똥이의 말에 대꾸도 하지 않고 나갔다.

앞에서 보았던 글과 어떤 점이 달라졌나요? 대화와 행동들이 많아졌지요. 그럼, 대화와 행동들이 많이 서술되면 무조건 3인칭 관찰자 시점이 될까요? 그건, 아닙니다. 인물의 내면 심리 서술이 있느냐에 따라 시점이 달라집니다. 이 글은 개똥이와 말똥이, 그리고 반 친구들의 대화와 행동들이 주로 서술되었고, 인물의 내면(속마음)을 들여다보는 내용은 직접 나오지 않습니다. 이처럼, 3인칭 서술자가 인물의 대화와 행동을 관찰하여 서술하는 시점을 3인칭 관찰자 시점이라고 합니다. 이렇게 해서 네 가지 시점에 대해 다 알아보았네요. 어떤가요? 할 만하시죠?

3. 어떻게 하면 시점을 정확하게 파악할까?

– 시점 파악하는 방법

말똥이가 개똥이에게 물었다.

"개똥아, 너 시점 파악할 줄 알아?"

"시점, 그건 무슨 점인데? 얼굴에 있는 점인가?"

"야, 지금까지 배웠잖아. 너 일부러 그러는 거지?"

"어떻게 알았어? 당근 알지."

"으이그… 나 너랑 말 안 해!"

소설의 시점을 파악하는 거 중요해요. 시점을 파악하는 쉬운 방법을 소개할게요. 크게 두 가지에 신경 쓰면 됩니다. 몇 인칭인지 파악하고 심리 서술이 있는지 확인합니다. 먼저 인칭 파악하는 거부터 얘기할게요. 소설 지문에 '나(또는 우리)'가 나오는지 찾아보세요. 소설에 '나'가 나오면 1인칭이고 안 나오면 3인칭입니다.(단, 대화 속에 나오는 '나'는 안 됩니다.) 중고교 교과서에 나오는 소설에는 2인칭은 없어요. 소설의 서술자는 1인칭과 3인칭만 있어요. '너'가 서술할 수는 없잖아요. 이렇게 1인칭과 3인칭을 구분하는 것만 해도 큰일 한 겁니다. 절반은 끝낸 셈이죠.

다음으로 내면 심리 서술 여부를 확인합니다. 예를 들어 앞 단계에서 3인칭이라고 확인이 됐다고 합시다. 3인칭은 두 가지가 있죠. 뭐죠? 네, 3인칭 전지적 작가 시점과 3인칭 관찰자 시점이 있어요. 3인칭이라는 걸 확인한 다음에 지문을 쭉 읽어보니까 등장인물의 내면을 서술한 부분이 발견됐어요. 그럼 뭐죠? 맞아요. 3인칭 전지적 작가 시점이에요.

그리고 또 지문을 쭉 읽어보니까 내면 심리 서술이 없어요. 그럼 뭔가요? 3인칭 관찰자 시점이지요. 만약에 1인칭일 때는 어떻게 해요. '나'가 주인공이냐, '나'가 주인공을 관찰하느냐에 따라 달라요. '나'가 주인공일 때는 1인칭 주인공 시점이고요, '나'가 주인공이 아닐 때는 1인칭 관찰자 시점이에요.

자, 이제 실제 두 개의 소설 지문을 가지고 연습해 봅시다. 다음 지문의 시점이 무엇인지 알아맞혀 보세요.

서울로 올라가는 날 아침, 송 참판이 명혜를 불러 앉혔다.

"예부터 아우가 형을 앞질러 혼사하는 법은 없느니, 더욱이 자매간에야 말할 것도 없지."

수염을 쓰다듬던 송 참판이 점잖게 말문을 뗐다. 여느 때와는 달리 느긋한 표정이었다. 명혜는 수원 군수 자리를 거의 얻은 것이나 마찬가지라던 명선의 말이 떠올랐다. 이 틈을 타 유학 얘기를 꺼낼까 궁리하는 사이, 어색한 침묵이 흘렀다. 방 안에 움직이고 있는 거라고는 송 참판 등 뒤의 시계추뿐이었다.

"그래, 네 어머니한테 들으니 그 아녀자만 본다는 서양 의원에서 하는 일이 많다고?"

답답한 것은 질색을 하는 송 참판이 먼저 정적을 깼다. 명혜는 반가운 마음에 얼른 병원 이야기를 시작했다.

"허 참, 세상 많이 변했지. 아니, 양반집 규수가 천한 것들에 둘러싸여 허구한 날 피고름이나 받아 낸다니…… 돌아가신 네 할아버지가 들으셨으면 기함하셨겠다."(김소연, '명혜')

다 파악하셨어요? 자, 같이 해 봐요. 먼저, '나(우리)'라는 인물이 있는지 확인해 봅시다. 암만 봐도 '나'는 없어요. 그러면 몇 인칭이에요? 맞아요. 우선 3인칭이라는 것을 알 수 있어요. 자, 3인칭이라는 것을 알았으니 다음으론 뭘 파악해야 할까요? 그렇지요. 인물의 내면 심리에 대해 썼는지 파악해야지요. 심리 서술이 있으면 '3인칭 전지적 작가 시점'이고요, 없으면 '3인칭 관찰자 시점'입니다. 있을까요, 없을까요? 아, 있네요. 몇 군데 나와 있네요. '명혜는~명선의 말이 떠올랐다', '~궁리하는 사이~', '~반가운 마음에~' 등에 나와 있네요. 머리에 떠오르고, 속으로 궁리하고, 반가운 속마음을 들여다봤지요. 이제 정리해 볼까요? 이 소설은 '나'가 없으니 3인칭! 그리고 내면 심리가 서술됐으니 '3인칭 전지적 작가 시점'이 되겠네요! 참 쉽지요.

자, 하나 더 풀어 봅시다. 하나만 풀면 안 되겠지요.

나는 나이 지금 여섯 살밖에 안 되었지마는 하여튼 어머니가 풍금을 타시는 것을 보는 것은 오늘이 처음이었습니다. 어머니는 우리 유치원 선생님보다도 풍금을 더 잘 타시는 것이었습니다. 나는 어머니 곁으로 갔습니다마는, 어머니는 내가 곁에 온 것도 깨닫지 못하는지 그냥 까딱 아니하고 앉아서 풍금을 탔습니다. 조금 있더니 어머니는 풍금 곡조에 맞추어 노래를 부르기 시작하였습니다. 어머니의 목소리가 그렇게 아름다운 것도 나는 이때까지 모르고 있었습니다. 어머니는 참으로 우리 유치원 선생님보다도 목소리가 훨씬 더 곱고, 또 노래도 훨씬 더 잘 부르시는 것이었습니다. 나는 가만히 서서 어머니 노래를 들었습니다. 그 노래는 마치도 은실을 타고 별나라에서 내려오는 노래처럼 아름다웠습니다. 그러나 얼마 오래지 않아 목소리는 약간 떨리기 시작하였습니다. 가늘게 떨리는 노랫소리, 그에 따라 풍금의 가는 소리도 바르르 떠는 듯했습니다. 노랫소리는 차차 가늘어지더니 마지막에는 사르르 없어져 버렸습니다. 풍금 소리도 사르르 없어졌습니다. 어머니는 고요히 일어나시더니 옆에 서 있는 내 머리를 쓰다듬었습니다. 그다음 순간, 어머니는 나를 안고 마루로 나오셨습니다. 어머니는 아무 말씀도 없이 그냥 꼭꼭 껴안는 것이었습니다.(주요섭, '사랑손님과 어머니')

'사랑손님과 어머니'는 유명한 소설이라 여러분도 알고 있을 겁니다. 어머니와 사랑손님과의 애틋한 사랑이야기지요. 자, '나'가 나오나요? 첫 단어가 '나'이네요. 아주 쉽게, 1인칭이라는 것을 파악했네요. 공부하다 보면 이렇게 쉽게 건지는 것도 있어야지요. 맨날 어려우면 힘들겠지요. 이제 뭐 하면 될까요? '나'가 주인공인지 아닌지 파악하면 됩니다. 그런데 쭉 읽어보니까 주로 '어머니'에 대해 말하고 있다는 것을 알 수 있어요. '어머니'의 풍금 타고 노래 부르는 모습에 대해 주로 서술하고 있어요. 그러니 우리는 이 소설의 주인공이 '나'가 아닌 '어머니'라는 것을 알게 됩니다. 그럼 '나'는 뭐하고 있어요? '어머니'를 관찰하고 있어요. 따라서 자연스럽게 이 소설의 시점은 '1인칭 관찰자 시점'입니다. 이제 시점 파악하는 거, 쉽게 할 수 있지요?

2 소설의 네 가지 시점을 정확하게 알고 있니?

앞에서 서술자와 시점, 그리고 시점의 종류에 대해 알아보았어요.
여기서는 각 시점의 특징들에 대해 자세하게 알아봅시다.
이 장에서는 앞에서 공부한 내용들을 약간은 반복해서 공부하기로 해요.

1. 1인칭 주인공 시점

1인칭 주인공 시점의 서술자는 '나'입니다. 소설 이야기 속에 '나'라는 인물이 나오고, 이 '나'가 바로 주인공입니다. '나'가 주인공이다 보니 자신의 느낌이나 생각을 쉽게 드러낼 수 있겠지요. 그렇기 때문에 독자들은 '나'가 하는 이야기에 믿음을 갖기가 쉽지요. 예를 들어 베트남 전쟁에 참전한 사람이 자신의 경험담을 얘기할 때 어떻게 하겠어요? "내가 말이야, 그 때 죽는 줄 알았는데, 죽을 각오로 싸우다 보니 어느 새 전투에서 이겼더라고."라는 얘기를 들으면 굉장히 실감이 나면서 친밀감이 생기겠지요. 그 사람과 여러분의 거리는 어떻겠어요? 멀겠어요? 가깝겠어요? 직접 듣는 것이므로, 당연히 가깝겠지요. 이런 효과가 있는 반면에 다른 인물들의 마음까지는 들여다볼 수 없어요. 그리고 '나'가 없는 곳의 상황은 말할 수 없다는 점도 이 시점의 특징입니다. 자, 다음 지문을 읽어 봅시다.

하루 이틀의 일이 아니었다. 위층 주인이 바뀐 이래 한 달 전부터 나는 그 정체 모를 소리에 밤낮없이 시달려 왔다. 진공청소기 소리인가? 운동기구를 들여 놓았나, 가내 공장을 차렸나? 식구들마다 온갖 추측을 해 보았으나 도시 알 수 없는 일이었다.

"도깨비가 사나 봐요, 롤러스케이트를 타는 도깨비."

아들 녀석이 머리에 뿔을 만들어 보이며 처음에는 히히덕거렸으나, 자정 넘도록 들려오는 그 소리에 나중에는 짜증을 내기 시작했다. 좀체 남의 험구를 하지 않는 남편도

"한지붕 아래 함께 못 살 사람들이군."

하는 말로 공동생활의 기본적인 수칙을 모르는 이웃을 나무랐다.

일주일을 참다가 나는 인터폰을 들었다. 인터폰으로 직접 위층을 부르거나 면대하지 않고 경비원을 통해 이쪽 의사를 전달하는 간접적인 방법을 택하는 것은 나로서는 자신의 품위와 상대방에 대한 예절을 지키기 위해서였던 것이다. 나는 자주 경비실에 전화를 걸어, 한밤중에 조심성 없이 화장실 물을 내리는 옆집이나 때없이 두들겨 대는 피아노 소리, 자정 넘어까지 조명등 켜들고 비디오 찍어 가며 고래고래 악을 써 삼동네에 잠을 깨우는 함진아비의 행태 따위가 얼마나 교양 없고 몰상식한 짓인가, 소음 공해와 공동생활의 수칙에 대해 주의를 줄 것을 선의의 피해자들을 대변해서 말하곤 했었다.(오정희, '소음 공해')

여러분 집에는 층간 소음 문제가 없나요? 층간 소음 문제가 심한 경우에는 아주 극단적인 결과가 나오는 경우도 있던데 서로 배려하는 마음이 필요하겠지요. 이 소설의 '나'도 층간 소음 때문에 힘들어 하네요. 위층 주인이 바뀐 이후 알 수 없는 소음 때문에 '나'는 상당한 스트레스를 받고 있어요. 이 소설의 시점은 우선 '나'가 나오니까, 1인칭이고요. 그리고 나의 심리에 대한 서술이 주를 이루기 때문에 1인칭 주인공 시점입니다. 1인칭 주인공 시점은 서술자와 독자 사이의 거리가 가깝습니다. 여러분에게 개똥이라는 친구가 있다고 해요. 개똥이가 자신의 연애담을 직접 여러분에게 들려주면 친근감도 생기고 거리감도 없어지겠지요. 그래서 1인칭 주인공 시점은 서술자와 독자 사이의 거리가 가깝다는 특징이 있습니다.

2. 1인칭 관찰자 시점

1인칭 관찰자 시점의 서술자는 '나'입니다. 이것은 1인칭 주인공 시점과 같아요. 하지만 주인공이 달라요. 1인칭 주인공 시점은 '나'가 주인공이지만, 1인칭 관찰자 시점은 '나'가 아닌 다른 사람이 주인공입니다. '나'는 보조 인물일 뿐입니다. 그러다 보니 1인칭 관찰자 시점의 '나'는 주로 뭘 하겠어요? 주인공의 말이나 행동을 서술하고, 소설의 사건이나 상황 등을 묘사하거나 평가하는 일을 하겠지요. 하지만 주인공의 생각까지는 서술하기 힘들죠. '나'가 보고 들은 얘기만 하는 겁니다. 그러므로 이 시점에서는 주인공이 무슨 생각을 하는지 알 수가 없어요. 그래서 독자들은 '나'가 전달해 주는 것만 가지고 주인공의 심리나 성격을 파악할 수밖에 없어요.

동물원 안은 조용하고 을씨년스러웠다. 동물들은 제집에 처박혀 있거나 가느다란 석양이 미치는 곳에 웅크리고 있거나 하였다. 막상 들어온 아버지는 그런 동물들을 별로 눈여겨보지 않았다. 동물들의 우리를 보다가 하늘을 보다가 할 뿐, 눈에 초점이 없었다. 칠면조도 사자도 호랑이도 원숭이도 사슴도 그런 눈으로 건성건성 보고 지나갈 뿐이었다. 그러던 아버지가 잠시 발을 멈춘 곳은 얼룩말이 있는 우리 앞이었다. 얼룩말은 두 마리였다. 아버지는 그러나 그 앞에서도 멍하니 서 있기만 하지 이렇다 할 감정의 표시를 하지 않았다. 나는 그런 아버지를 한번 쳐다보고, 얼룩말을 한번 쳐다보고 하였다. 그러다가 아버지의 얼굴이 어쩌면 그렇게 말이나 노새와 닮았는지 모르겠다고 생각하였다. 그렇게 생각하고 보니 꼭 그랬다. 길게 째진, 감정이 없는 눈이며 노상 벌름벌름한 코, 하마 같은 입, 그리고 덜렁하니 큰 귀가 그랬다. 아버지가 너무 오래 말이나 노새를 다뤄

와서 그런 건지, 애당초 말이나 노새 같은 사람이어서 그런 짐승과 평생을 같이 해 온 것인지는 알 수 없으나 막상 얼룩말 앞에 세워 놓은 아버지는 영락없는 말의 형상이었다.(최일남, '노새 두 마리')

'나'와 아버지 중 누가 더 주인공일까요? 아버지가 주인공입니다. '나'는 자신에 대해 서술하기보다는 아버지에 대해 관찰한 내용들을 주로 서술하고 있습니다. 아버지는 연탄 배달을 하다가 잃어버린 노새를 찾아 '나'와 함께 동물원으로 왔어요. 동물원에 들어간 아버지는 얼룩말 우리에 잠시 멈춰 얼룩말들을 바라봅니다. 그때 '나'는 아버지와 얼룩말을 번갈아 보다가 아버지가 말과 닮았다고 생각합니다.(그래도 그렇지 말이 뭡니까? 아버지한테 좀 미남 배우 닮았다고 하면 좋았을 텐데요.) 자, 이처럼 '나'라는 1인칭 서술자가 다른 주인공에 대해 관찰한 것들을 서술하는 시점이 바로 1인칭 관찰자 시점입니다. 관찰만 하다 보니, '나'는 아버지의 대화나 행동은 서술할 수 있으나 아버지의 내면 심리까지는 알지 못합니다. 그것이 바로 1인칭 관찰자 시점의 한계입니다. 물론 독자가 등장인물의 마음을 추측할 수 있어 소설의 흥미를 더할 수도 있습니다.

3. 3인칭 전지적 작가 시점

3인칭 전지적 작가 시점에 '나'는 없어요. 작품 밖의 서술자가 독자에게 이야기를 건네지요. 전지적 작가 시점은 말 그대로 모든 것을 아는 시점이에요. 모든 것, 뭐가 있겠어요? 이 시점의 서술자는 등장인물들의 생각을 독자에게 다 알려줘요. 그리고 과거부터 현재까지 사건의 모든 내막을 다 알려주지요. 마치 전지전능한 신과 같지요. 이 시점은 서술자를 통해 작가의 사상이나 전달하고자 하는 의도를 직접 드러낼 수 있어요. 또 이 시점은 모든 것을 다 알려주기 때문에 독자가 상상할 필요가 없겠지요. 그래서 독자의 상상력이 제한돼요. 독자가 상상력을 펼치는 데 방해가 됩니다. 상상 좀 하려고 하면 다 말을 해줘버리니까 상상을 못 해요.

여느 날과 다름없이 굴속에서 바위를 허물어 내고 있었다. 바위 틈서리에 구멍을 뚫어서 다이너마이트를 장치하는 것이었다. 장치가 다 되면 모두 바깥으로 나가고, 한 사람만 남아서 불을 댕기는 것이다. 그리고 그것이 터지기 전에 얼른 밖으로 뛰어나와야 한다. 만도가 불을 댕길 차례였다. 모두들 바깥으로 나가 버린 다음 그는 성냥을 꺼냈다. 그런데 웬 영문인지 기분이 꺼림칙했다. 모기에게 물린 자리가 자꾸 쑥쑥 쑤시는 것이었다. 긁적긁적 긁어 댔으나 도무지 시원한 맛이 없었다. 그는 이맛살을 찌푸리면서 성냥을 득! 그었다. 그래 그런지 몰라도 불은 이내 픽 하고 꺼져 버렸다. 성냥 알맹이 네 개째에사 겨우 심지에 불이 댕겨졌다. 심지에 불이 붙는 것을 보자, 그는 얼른 몸을 굴 밖으로 날렸다. 바깥으로 막 나서려는 때였다. 산이 무너지는 듯한 소리와 함께 사나운 바람이 귓전을 후려갈기는 것이었다. 만도는 정신이 아찔했다. 공습이었던 것이다. 산등성이를 넘어 달려든 비행기가 머리 위로 아슬아슬하게 지나가는 것이었다. 미처 정신을 차리기도 전에 또 한 대가 뒤따라 날아드는 것이 아닌가. 만도는 그만 넋을 잃고 굴 안으로 도로 달려 들어갔다.(하근찬, '수난이대')

혹시 이 소설을 읽으며 손에 땀이 나지 않았나요? 일부러 좀 긴장

될 만한 곳을 찾았는데, 뭐 땀이 안 났다면 어쩔 수 없지요. 여러분은 강심장이니까요. 소설의 등장인물인 만도는 굴속에서 바위를 허물기 위해 다이너마이트에 불을 붙여야 해요. 겨우 불을 붙인 만도가 피하기 위해 굴 밖으로 나오려는 순간 이번에는 비행기 공습이 시작되었어요. 엎친 데 덮친 격, 설상가상입니다. 깜짝 놀란 만도가 본능적으로 피한 곳은 아뿔사! 다이너마이트가 타고 있는 굴속입니다. 이런! 결국 만도는 팔이 잘리고 맙니다. 만도가 겪은 비극은 바로 일제 강점기 우리 민족의 비극을 보여주고 있습니다. 자, 좀 진정합시다. 이 소설에 '나'는 나오지 않으니까 우선 3인칭입니다. 그리고 만도의 심리 서술 부분이 있는지 찾아봐야죠. 어디 있나요? 네, 찾았습니다. '기분이 꺼림칙했다', '긁적긁적 긁어 댔으나 도무지 시원한 맛이 없었다' 등에 나와 있네요. 이것을 통해 이 소설의 시점이 3인칭 전지적 작가 시점이라는 것을 알 수 있네요. 3인칭 전지적 작가 시점은 서술자가 독자에게 다 이야기를 해줍니다. 그러니까 독자는 일부러 힘들게 상상할 필요가 없어요. 대화와 행동, 그리고 속마음까지 다 이야기해주니 독자가 상상력을 펼치기가 힘들어요.

4. 3인칭 관찰자 시점

3인칭 관찰자 시점에도 '나'는 나오지 않아요. 역시 작품 밖의 서술자가 독자에게 이야기를 건넵니다. 하지만 이 서술자는 전지적 작가에 비해 눈에 보이는 것만 얘기할 수 있어요. 인물들의 말이나 행동, 그리고 배경이나 상황 등을 서술할 때 객관적일 수밖에 없지요. 이 시점의 서술자는 어떤 해설이나 평가를 내리지 않고 객관적인 태도로 사실

만을 서술해요. 그러다 보니 등장인물들의 생각을 독자가 직접 알기는 어렵지요. 그럼 어떻게 알아야 할까요? 그렇지요. 말이나 행동 등을 보고 독자가 상상을 해야겠지요. 전지적 작가 시점보다는 독자들이 상상력을 펼치기가 좋아요. 누가 말해 주는 사람이 없으니 당연히 상상을 할 수밖에 없어요.

논이 끝난 곳에 도랑이 하나 있었다. 소녀가 먼저 뛰어 건넜다.

거기서부터 산 밑까지는 밭이었다.

수숫단을 세워 놓은 밭머리를 지났다.

"저게 뭐니?"

"원두막."

"여기 참외, 맛있니?"

"그럼, 참외 맛도 좋지만 수박 맛은 더 좋다."

"하나 먹어 봤으면."

소년이 참외 그루에 심은 무밭으로 들어가, 무 두 밑을 뽑아 왔다.

아직 밑이 덜 들어 있었다. 잎을 비틀어 팽개친 후, 소녀에게 한 개 건넨다. 그러고는 이렇게 먹어야 한다는 듯이, 먼저 대강이를 한 입 베물어 낸 다음, 손톱으로 한 돌이 껍질을 벗겨 우쩍 깨문다.

소녀도 따라 했다. 그러나 세 입도 못 먹고,

"아, 맵고 지려."

하며 집어 던지고 만다.

"참, 맛없어 못 먹겠다."

소년이 더 멀리 팽개쳐 버렸다.(황순원, '소나기')

황순원 작가의 '소나기'는 3인칭 관찰자 시점을 설명할 때 자주 나오는 소설입니다. 나름 단골손님이지요. 이 글에는 '소녀'와 '소년'의 순수한 모습이 그려져 있습니다. 요즘은 우리 학생들에게서 이런 순수한 모습 찾기 힘들어요. 왠지 아세요? '무'가 없어서 그래요. 하하, 농담입니다. 물론 이 소설도 일부 내면 심리가 서술된 부분이 있지만, 공부를 위해 대화와 행동으로만 구성된 부분을 찾았어요. 소설을 잘 읽어 보면 '소녀'와 '소년'의 대화와 행동으로만 구성되어 있어요. 이렇게 '나'가 아닌 서술자가 등장인물들의 대화와 행동을 관찰하여 서술한 시점을 3인칭 관찰자 시점이라고 해요. 이 소설은 내면 심리를 서술하는 데 제한이 있다 보니까 독자들은 상상을 해야겠지요. 뭘 상상할까요? 그렇죠. 내면 심리를 상상합니다. 이 시점은 3인칭 전지적 작가 시점에 비해 독자가 더 많은 상상을 하겠지요.

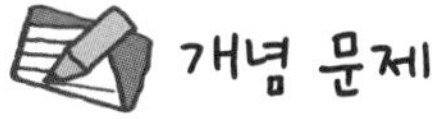

개념 문제

※ 다음 소설 지문을 읽고 물음에 답하시오.

바람 부는 서울의 뒷골목은 흉흉하고 을씨년스러웠다. 먼지는 물론 온갖 잡동사니들이 다 날아들어 쓰레기 무더기를 만들었다. 쓸어도 쓸어도 당해 낼 도리가 없었다.

손님도 딴 날보다 적고 수남이는 까닭 없이 마음이 울적했다.

시골의 바람 부는 날 풍경이 생생하게 떠올랐다. 보리밭은 바람을 얼마나 우아하게 탈 줄 아는가, 큰 나무는 바람에 얼마나 안달맞게 들까부는가, 큰 나무와 작은 나무가 함께 사는 숲은 바람에 얼마나 우렁차고 비통하게 포효하는가, 그것을 알고 있는 것은 이 골목에서 자기 혼자뿐이라는 생각이 수남이를 고독하게 했다.

전선 가게 아저씨가 어두운 얼굴을 하고 돌아왔다. 가게 주인들이 우르르 전선 가게로 모였다. 아가씨의 안부보다도 그 아가씨 손해가 얼마인가, 모두 그것이 궁금한 모양이었다.

수남이네 주인 영감님도 가더니, 한참 만에 돌아오면서 하늘을 쳐다보며 욕지거리를 했다.

"육시럴 놈의 바람, 무슨 끝장을 보려고 온종일 이 지랄이야."

아마 전선 가게 아저씨 손해가 대단했던 모양이다. 그래서 동정 삼아 그렇게 화를 내는 눈치다. 하긴 그런 일이 아니더라도 서울 사람들에게는 바람이 손톱만큼도 반가울 리가 없겠다. 바람의 의미를, 간판이 날아가는 횡액, 한없이 날아오는 먼지, 쓰레기 그것 밖에 모르니까.(박완서, '자전거 도둑')

1. 1인칭인가, 3인칭인가?

① 1인칭 ② 3인칭

2. 1인칭일 경우 : '나'가 주인공인가?

① 주인공이다 ② 주인공이 아니다

3인칭일 경우 : 내면 심리 부분이 있는가?

① 있다 ② 없다

3. 이 지문의 시점은 무엇인가?

① 1인칭 주인공 시점 ② 1인칭 관찰자 시점
③ 3인칭 전지적 작가 시점 ④ 3인칭 관찰자 시점

※ 다음 소설 지문을 읽고 물음에 답하시오.

그러던 어느 날 아침이었습니다. 내 머리맡에 흰 고무신을 신은 주지 스님의 발이 와서 가만히 머물렀습니다. 주지 스님은 선 채로 한참 동안 나를 내려다보시더니 혼잣말로 중얼거렸습니다.

"으음, 이건 아버님이 만드신 항아리야, 이 항아리가 아직 남아 있다니. 이 항아리를 묻으면 좋겠군."

스님은 무슨 큰 보물이라도 발견한 듯 만면에 미소를 띠었습니다.

나는 두려움에 떨며 곧 종각의 종 밑에 다시 묻히게 되었습니다. 도대체 내가 무엇이 되기 위하여 종 밑에 묻히는지는 알 수 없었습니다.

그러나 그것은 두려워할 일이 아니었습니다. 나를 종 밑에 묻고 종을 치자 너무나 놀라운 일이 일어났습니다. 종소리가 내 몸 안에 가득 들어왔다가 조금씩 조금씩 숨을 토하듯 내 몸을 한 바퀴 휘돌아나감으로써 참으로 맑고 고운 소리를 내었습니다. 처음에는 주먹만한 우박이 세상의 모든 바위 위에 떨어지는 소리 같기도 하다가, 나중에는 갈대숲을 지나가는 바람이나 실비 소리 같기도 하고, 그 소리는 이어지는가 싶으면 끝나고, 끝나는가 싶으면 다시 계속 이어졌습니다.

나는 내가 종소리가 된 게 아닌가 하는 착각에 몸을 떨었습니다.

그러면서 그때서야 깨달을 수 있었습니다. 내가 그토록 오랜 세월 동안 참고 기다려 온 것이 무엇인지를. 내가 이 세상을 위해 소중한 그 무엇이 되었다는 것을. 누구의 삶이든 참고 기다리고 노력하면 그 삶의 꿈이 이루어진다는 것을.(정호승, '항아리')

1. 1인칭인가, 3인칭인가?
① 1인칭 ② 3인칭

2. 1인칭일 경우 : '나'가 주인공인가?
① 주인공이다 ② 주인공이 아니다

3인칭일 경우 : 내면 심리 부분이 있는가?
① 있다 ② 없다

3. 이 지문의 시점은 무엇인가?
① 1인칭 주인공 시점 ② 1인칭 관찰자 시점
③ 3인칭 전지적 작가 시점 ④ 3인칭 관찰자 시점

3 한 편의 소설에 시점이 혼합될 수 있나요?

여러분, 앞 부분에서 시점의 종류와 시점 파악법에 대해 잘 공부하셨지요? 이 장에서는 한 편의 소설에 여러 시점이 혼합될 수 있는지, 그렇다면 어떤 형태로 시점이 혼합되는지 살펴봅시다.

1. 한 편의 소설에 시점이 혼합될 수 있나요?

말똥이가 개똥이에게 물었다.

"개똥아, 이제 시점의 종류, 확실하게 알겠지?"

"그럼, 당근이쥐. 자신 있게 말할 수 있지."

"근데 말이야, 한 소설에 한 가지 시점만 사용될까?"

"엇, 잘 모르겠는데. 그러지 않을까? 시점이 바뀌면 헷갈릴 것 같아."

"그래, 시점이 섞일 수 있는지 좀 알아보자."

여러분, 지금까지 시점의 종류와 특징에 대해 공부했어요. 다들 이해되시나요? 이해하셨으리라 생각해요. 한 가지 질문을 던질게요. 한 편의 소설에는 한 가지 시점만 있을까요? 그렇지 않아요. 한 편의 소설에 두 가지 시점이 혼합된 경우도 꽤 있습니다. 예를 들면 1인칭 시점과 3인칭 시점의 혼용, 1인칭 관찰자 시점과 전지적 작가 시점의 혼용 등의 경우가 있습니다.

먼저 다음 글을 읽어 봅시다.

한참 잠잠하니 있다가 나는 다시 말하였다.

"자, 노형의 경험담이나 한번 들어봅시다. 감출 일이 아니면 한번 이야기해 보오."

"머, 감출 일은……."

"그럼 어디 들어봅시다그려."

그는 다시 하늘을 쳐다보았다. 그러나 좀 있다가,

"하디요."

하면서 내가 담배를 붙이는 것을 보고, 자기도 담배를 붙여 물고 이야기를 꺼낸다.

"잊히디도 않는 십구 년 전 팔월 열 하룻날 일인데요."

하면서 그가 이야기한 바는 대략 이와 같은 것이다.

그의 살던 마을은 영유 고을서 한 20리 떠나 있는 바다를 향한 조그만 어촌이다. 그의 살던 조그만 마을(서른 집쯤 되는)에서 그는 꽤 유명한 사람이었다.

그의 부모는 모두 열댓에 났을 때 돌아갔고, 남은 사람이라고는 곁집에 딴살림하는 그의 아우 부처와 그 자기 부처뿐이었다. 그들 형제가 그 마을에서 제일 부자이고 또 제일 고기잡이를 잘하였고, 그 중 글이 있고, 배따라기도 그 마을에서 빼나게 그 형제가 잘 불렀다. 말하자면 그 형제가 그 동네의 대표적인 사람이었다.(중략)

그가 영유를 떠나기 반 년 전쯤—다시 말하자면, 그가 거울을 사러 장에 갈 때부터 반 년 전쯤, 그의 생일날이었다. 그의 집안에서는 음식을 차려서 잘 먹었는데, 그에게는 좀 괴상한 버릇이 있었으니, 맛있는 음식은 남겨 두었다가 좀 있다 먹고 하는 습관이었다. 그의 아내도 이 버릇은 잘 알 터인데 그의 아우가 점심때쯤 오니까, 아까 그가 아껴서 남겨 두었던 그 음식을 아우에게 주려 하였다. 그는 눈을 부릅뜨고 '못 주리라.'고 암호하였지만 아내는 그것을 보았는지 못 보았는지 그의 아우에게 주어버렸다. 그는 마음속이 자못 편치 못하였다. '트집만 있으면 이년을…….' 그는 마음먹었다.(김동인, '배따라기')

이 소설은 액자식 구성을 취하고 있어요. 앞부분은 '나'가 '그'의 이야기를 전하는 1인칭 관찰자 시점을 취하고 있습니다. 그리고 '그'가 전하는 내부 이야기는 3인칭 전지적 작가 시점을 취하고 있습니다. 이 부분에 '나'라는 1인칭 인물이 없고, '그'의 내면 심리를 서술하는 부분이 있어요. 이처럼, 액자식 구성은 외부 이야기는 1인칭 관찰자 시점, 내부 이야기는 3인칭 전지적 작가 시점을 취하는 경우가 많은 편입니다. 물론 다 그렇지는 않습니다.

자, 한 편을 더 읽으며 시점의 혼용을 공부하겠습니다. 잘 읽어 보세요.

눈에 함빡 싸인 흰 둑길이다. 오오, 이 둑길…… 몇 사람이나 이 둑길을 걸었을 거냐. 훤칠히 트인 너머로 마주 선 언덕, 흰 눈이다. 가슴이 탁 트이는 것 같다.(중략)

사수(射手) 준비! 총탄 재는 소리가 바람처럼 차갑다. 눈앞에 흰 눈뿐, 아무것도 없다.

인제 모든 것은 끝난다. 끝나는 순간까지 정확히 끝을 맺어야 한다. 끝나는 일 초, 일각까지 나를, 자기를 잊어서는 안 된다.

걸음걸이는 그의 의지처럼 또한 정확했다. 아무리 한 걸음, 한 걸음 다가가는 걸음걸이가 죽음에 접근하여 가는 마지막 길일지라도 결코 허트른, 불안한, 절망적인 것일 수는 없었다. 흰 눈, 그 속을 걷고 있다. 훤칠히 트인 벌판 너머로, 마주선 언덕, 흰 눈이다. 연발하는 총성, 마치 외부 세계의 잡음만 같다. 아니, 아무것도 아닌 것이다. 그는 흰 눈 속을 그대로 한 걸음, 한 걸음 정확히 걸어가고 있었다. 눈 속에 부서지는 발자국 소리가 어렴풋이 들려 온다. 두런두런 이야기 소리가 난다. 누가 뒤통수를 잡아 일으키는 것 같다. 뒷허리에 충격을 느꼈다. 아니, 아무것도 아니다. 아무것도 아닌 것이다.(오상원, '유예')

이 작품은 6 · 25전쟁 중 포로로 잡힌 국군 소대장이 총살을 당하기 전의 내면 심리를 그리고 있습니다. 정말 슬프지요. 이 글의 전반부는 1인칭 주인공 시점으로 주인공의 내면을 서술하고 있습니다. 그런데 '나'를 '그'로 바꿔서 서술하는 부분이 있습니다. 1인칭 서술자에서 3인칭 서술자로 바뀌는 것이지요. 그리고 내면을 서술하는 부분이 있으니까 뒷부분은 3인칭 전지적 작가 시점이 되겠습니다. 이상으로 1인칭 시점과 3인칭 시점의 혼용에 대해 알아보았습니다.

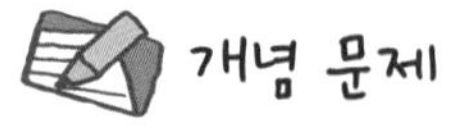

개념 문제

※ 다음 글을 읽고 어떤 시점들이 혼용되었는지 쓰시오.

꽤액 기차 소리였다. 멀리 산모퉁이를 돌아오는가 보다. 만도는 자리를 털고 벌떡 일어서며 옆에 놓아 둔 고등어를 집어 들었다. 기적 소리가 가까워질수록 가슴이 울렁거렸다. 대합실 밖으로 뛰어나가 폼이 잘 보이는 울타리 쪽으로 가서 발돋움을 했다. 땡땡땡……. 종이 울자, 잠시 후 차는 소리를 지르면서 달려들었다. 기관차의 옆구리에서는 김이 픽픽 품겨 나왔다. 만도의 얼굴은 바짝 긴장이 되었다. 시커먼 열차 속에서 꾸역꾸역 사람들이 밀려나왔다. 꽤 많은 손님이 쏟아져 내리는 것이었다. 만도의 두 눈은 곧장 이리저리 굴렀다. 그러나 아들의 모습은 쉽사리 눈에 띄지 않았다. 저쪽 출찰구로 밀려가는 사람의 물결 속에 두 개의 지팡이를 짚고 절룩거리면서 걸어 나가는 상이군인이 있었으나, 만도는 그 사람에게 주의가 가지는 않았다. 기차에서 내릴 사람은 모두 내렸는가 보다. 이제 미처 차에 오르지 못한 사람들이 폼을 이리저리 서성거리고 있을 뿐인 것이었다. 그놈이 거짓으로 편지를 띄웠을 리는 없을 건데……. 만도는 자꾸 가슴이 떨렸다. 이상한 일이다, 하고 있을 때였다. 분명히 뒤에서,

"아부지!"

부르는 소리가 들렸다. 만도는 깜짝 놀라며, 얼른 뒤를 돌아보았다. 그 순간 만도의 두 눈이 무섭도록 크게 떠지고, 입은 딱 벌어졌다.(중략)

"진수야!"

"예."

"니 우째다가 그래 됐노?"

"전쟁하다가 이래 안 됐심니꾜. 수류탄 쪼가리에 맞았심더."

"수류탄 쪼가리에?"

"예."

"음……."

"얼른 낫지 않고 막 썩어 들어가기 땜에 군의관이 짤라 버립디더. 병원에서예."

"……."

"아부지!"

"와?"

"이래 가지고 나 우째 살까 싶습니더."

"우째 살긴 뭘 우째 살아. 목숨만 붙어 있으면 다 사는 기다. 그런 소리 하지 마라."(중략)

진수는 가벼운 한숨을 내쉬며 아버지를 돌아보았다. 만도는 돌아보는 아들의 얼굴을 향해서 지그시 웃어 주었다.(하근찬, '수난 이대')

4 소설의 작가들도 말투가 전부 다른가요?

사람들은 저마다 말투가 다릅니다. 말의 속도가 빠른 사람과 느린 사람, 말이 부드러운 사람과 거친 사람, 말을 길게 하는 사람과 짧게 하는 사람, 세련된 단어를 쓰는 사람과 저속한 단어를 쓰는 사람 등이 있지요. 이렇게 말투가 다른 것은 각자의 본성과 살아온 환경이 다르기 때문입니다.

일상생활과 마찬가지로 소설도 작가들마다 문체가 다릅니다. 여기서 문체란 작가가 사용하는 독특한 언어 방식을 말해요. 작가들마다 특징적인 문체를 지니는 이유는 작가들의 취향이나 언어 사용 방식이 다르기 때문이지요. 또 작가가 이 세상을 어떻게 바라보느냐에 따라서 문체가 달라질 수도 있습니다.

1. 문체의 구성 요소

여러분, 생각해 보세요. 소설은 무엇으로 구성되어 있나요? 소설에는 뭐가 많이 나오나요? 그렇죠. 대화가 많이 나오죠. 그리고 또 뭐가 나오나요? 대화 아닌 부분이 나오지요. 대화가 아닌 부분을 뭐라고 하냐면 지문이라고 합니다. 그러면 소설의 문체는 크게 대화인 부분과 대화가 아닌 부분 두 가지로 구성된다는 것을 알 수 있겠지요.

다시 한 번 정리합니다. 소설의 문체는 크게 두 가지로 구성됩니다. 지문과 대화입니다. 지문은 서술자가 말하는 부분이고, 대화는 등장인물들이 말하는 부분입니다. 그러면 대화를 제외한 모든 문장들은 지문인가요? 맞습니다. 인물의 외모나 행동, 성격, 내면 심리, 사건과 배경 등을 묘사하거나 설명하는 부분이 전부 지문에 해당합니다. 그리고 이 지문을 또 두 가지로 나누면 서술과 묘사로 나눌 수 있습니다. 서술이란 서술자가 인물, 배경, 사건 등을 독자에게 직접 설명하는 부분입니다. 이 서술을 통해 사건의 진행을 빠르게 진행할 수 있습니다. 하루 종일 대화하는 분량을 한 문장으로 처리할 수 있겠지요. 그리고 묘사는 배경, 인물, 사건 등을 그림을 그리듯이 구체적으로 전달하는 방법입니다. 이러한 묘사는 독자들에게 사실적이고 생생한 이미지를 전달할 수 있습니다. 한편, 대화는 소설 속의 인물들이 주고받는 말입니다. 대화를 통해서는 사건을 전개시키고 인물의 행동이나 심리를 표현할 수 있습니다.

자, 그럼 예시 글을 통해 알아보도록 해요.

대화까지는 팔십 리의 밤길, 고개를 둘이나 넘고 개울을 하나 건너고 벌판과 산길을 걸어야 된다. 길은 지금 긴 산허리에 걸려 있다. 밤중을 지난 무렵인지

죽은 듯이 고요한 속에서 짐승 같은 달의 숨소리가 손에 잡힐 듯이 들리며, 콩 포기와 옥수수 잎새가 한층 달에 푸르게 젖었다. 산허리는 온통 메밀밭이어서 피기 시작한 꽃이 소금을 뿌린 듯이 흐뭇한 달빛에 숨이 막힐 지경이다. 붉은 대궁이 향기같이 애잔하고 나귀들의 걸음도 시원하다. 길이 좁은 까닭에 세 사람은 나귀를 타고 외줄로 늘어섰다. 방울 소리가 시원스럽게 딸랑딸랑 메밀밭께로 흘러간다. 앞장선 허 생원의 이야기 소리는 꽁무니에 선 동이에게는 확적히는 안 들렸으나, 그는 그대로 개운한 제멋에 적적하지는 않았다.

"장 선 꼭 이런 날 밤이었네. 객줏집 토방이란 무더워서 잠이 들어야지. 밤중은 돼서 혼자 일어나 개울가에 목욕하러 나갔지. 봉평은 지금이나 그제나 마찬가지지. 보이는 곳마다 메밀밭이어서 개울가가 어디 없이 하얀 꽃이야. 돌밭에 벗어도 좋을 것을, 달이 너무나 밝은 까닭에 옷을 벗으러 물방앗간으로 들어가지 않았나. 이상한 일도 많지. 거기서 난데없는 성 서방네 처녀와 마주쳤단 말이네. 봉평서야 제일가는 일색이었지……."

"팔자에 있었나 부지."

"아무렴."

하고 응답하면서 말머리를 아끼는 듯이 한참이나 담배를 빨 뿐이었다. 구수한 자줏빛 연기가 밤기운 속에 흘러서는 녹았다.(이효석, '메밀꽃 필 무렵')

이 소설은 이효석 작가의 소설 '메밀꽃 필 무렵'입니다. 매우 유명한 작품이라 여러분도 아실 겁니다. 이 소설도 크게는 두 가지, 즉 지문과 대화로 구성되어 있습니다. 지문과 대화를 파악하는 것은 쉽습니다. 대화 아닌 부분은 전부 지문입니다. 자, 이제 지문을 서술과 묘사 두 가지로 나눠 봅시다. 묘사인 부분이 어딜까요? 그렇지요. 달밤에 보이는 메밀밭 풍경을 그린 부분이 묘사입니다. '길은 지금~걸음도 시원하다' 대략 이 부분이 묘사이고 나머지는 서술입니다. 이해되시죠? 다시 한 번 정리합시다. 소설의 문체는 크게 두 가지, 지문과 대화로 구성되어 있고, 지문은 다시 서술과 묘사로 나눠진다는 것을 기억합시다.

5 소설을 감상하는 방법이 따로 있나요?

쉬는 시간에 말똥이가 막 잠을 자려는데 개똥이가 찾아와 물었습니다.

"말똥아, 자니? 저기 말이야. 소설은 어떻게 읽는 거야?"

"그것도 몰라? 눈으로 읽으면 되잖아."

"뭐? 너 그걸 말이라고 하니? 장난치지 말고, 거 뭐 무슨 감상 관점 어쩌고저쩌고 하던데."

"내재적, 외재적 하는 거 말이지?"

"응, 맞아 그거, 그거."

"짜아식, 지금부터 이 형님께서 하는 말을 잘 들어라."

"아이구, 네, 형님. 말씀하십시오."

여러분, 소설은 어떻게 읽으면 되나요? 그저 재미있게 읽으면 되는 거 아닌가요? 맞아요. 소설은 재미있게 읽어야지요. 다만, 학교 공부를 위해서는 작품 감상 관점이라는 걸 알아야 해요. '시'를 읽을 때도 마찬가지입니다. 시나 소설 등 문학 작품을 감상하는 관점(방식)에는 크게 두 가지가 있어요.

먼저 작품 자체만 읽는 것이 있습니다. 소설의 3요소에는 뭐가 있나요? 주제, 구성, 문체가 있지요. 그리고 구성의 3요소에는 뭐가 있나요? 인물, 사건, 배경이 있어요. 이러한 요소들을 중심으로 소설을 읽는 방법을 내재적 관점이라고 합니다.

다음으로 작품 외적인 요소를 고려하여 읽는 방법이 있습니다. 외적인 요소들에는 크게 세 가지가 있어요. 그 소설이 쓰일 당시의 시대적 배경, 소설을 쓴 작가의 여러 가지 요소들, 그리고 소설이 독자에게 어떤 영향을 미치는지 등을 고려하는 방법, 이렇게 세 가지 외적 요소들을 고려하여 읽는 방법을 외재적 관점이라고 합니다. 정리하자면 소설(시도 마찬가지)을 읽는 관점은 크게 내재적 관점과 외재적 관점이 있고요. 그리고 외재적 관점은 다시 시대 배경, 작가, 독자 등을 고려하는 것으로 세분화됩니다.

자, 그럼 두 관점에 대해 좀 자세하게 알아볼게요.

1. 작품 자체만 가지고 감상해야지!–내재적 관점

먼저 내재적 관점은 작품 자체만 가지고 감상하는 관점입니다. 다른 건 신경 쓰지 않는다는 말이지요. 시를 감상할 때는 운율, 시어, 표현법, 심상, 시상전개방식, 화자의 태도, 주제 등을 중심으로 감상하는 거고요. 소설을 감상할 때는 인물, 서술자, 사건, 배경, 구성 등을 중심으로 감상하는 겁니다. 이 내재적 관점은 다른 말로 절대주의적 관점이라고 불리기도 합니다.

2. 작가나 시대 상황 같은 것도 고려하며 읽어야지! –외재적 관점

그리고 외재적 관점은 표현론적 관점, 반영론적 관점, 효용론적 관점 이렇게 세 가지로 나눌 수 있다고 했지요.

2–1) 당연히 작품을 쓴 작가를 고려하며 읽어야지 – 표현론적 관점

먼저 표현론적 관점은 작품을 쓴 작가를 고려하여 작품을 감상해야 한다는 겁니다. 작품을 쓴 사람이 작가인데 어떻게 작가를 고려하지 않을 수 있냐는 것이지요. 작가의 사상, 학력, 출생지, 성장 환경, 사회 경험 등을 고려하여 감상해야 한다는 게 표현론적 관점입니다. 예를 들면 작품에 경상도 사투리가 사용되었다면 작가의 고향이 경상도라는 걸 고려하여 감상한다는 것이지요. 다음 작품을 읽으며 공부합시다.

김군! 거듭 말한다. 나도 사람이다. 양심을 가진 사람이다. 내가 떠나는 날부터 식구들은 더욱 곤경에 들 줄도 나는 알았다. 자칫하면 눈 속이나 어느 구렁(움푹 패어 들어간 땅)에서 죽는 줄도 모르게 굶어죽을 줄도 나는 잘 안다. 그러므로 나는 이곳에서도 남의 집 행랑어멈이나 아범이며, 노두에 방황하는 거지를 무심히 보지 않는다. 아! 나의 식구도 그럴 것을 생각할 때면 자연히 흐르는 눈물과 뿌직뿌직 찢기는 가슴을 덮쳐잡는다.

그러나 나는 이를 갈고 주먹을 쥔다. 눈물을 아니 흘리려고 하며 비애에 상하지 않으려고 한다. 울기에는 너무도 때가 늦었으며 비애에 상하는 것은 우리의 박약을 너무도 표시하는 듯싶다. 어떠한 고통이든지 참고 분투하려고 한다.

김군! 이것이 나의 탈가(자기 집에서 나감)한 이유를 대략 적은 것이다. 나는 나의 목적을 이루기 전에는 내 식구에게 편지도 하지 않으려고 한다. 그네가 죽어도, 내가 또 죽어도…….

나는 이러다가 성공 없이 죽는다 하더라도 원한이 없겠다. 이 시대, 이 민중의 의무를 이행한 까닭이다.

아아, 김군아! 말을 다하였으나 정은 그저 가슴에 넘치는구나!(최서해, '탈출기')

이 작품은 일제 강점기 때 간도로 이주한 사람들의 어려운 삶에 대해 이야기하고 있습니다. 화자인 '박'이 친구 '김'의 편지에 답하는 형식을 취하고 있습니다. 간도 생활의 어려움에 대해서 이야기하고, 사회주의 전선에 뛰어들게 된 이유에 대해 설명하고 있습니다. 우리는 이 작품을 이해할 때 작가인 최서해에 대해 고려할 필요가 있습니다. 최서해는 1901년에 함경북도에서 태어났습니다. 우리나라가 1910년부터 일제의 지배를 받았으니 어렸을 때부터 힘겨운 삶을 살았습니다. 따라서 최서해의 작품은 그가 직접 체험한 극단적인 가난의 어려움이 나타나 있습니다. 이 작품을 읽은 독자가 "이 작품에는 작가 최서해가 직접 겪은 힘든 삶이 잘 표현되어 있네."라고 감상한다면, 그것은 작품을 읽을 때 작가와 연결 지어 감상했다는 것을 알 수 있습니다. 이처럼 작품과 작가를 연결하여 감상하는 관점을 표현론적 관점이라고 합니다.

2-2) 작품에는 당시 시대 상황이 반영되게 마련이야 – 반영론적 관점

반영론적 관점은 시대적 상황을 고려하여 작품을 감상해야 한다는 겁니다. 작품은 결국 그 당시의 시대 배경이 반영될 수밖에 없다는 것이지요. 그러니까 일제 강점기를 소재로 쓴 시나 소설을 읽을 때는 일제 강점기를 고려하여 읽어야 된다는 것입니다. 작품에 주로 사용되는 시대적 배경은 개화기, 일제 강점기, 해방 이후 시대, 6 · 25전쟁, 독재 치하, 산업화 시기 등이 있습니다. 다음 작품을 읽으며 공부합시다.

"가자!"

철호가 그의 집 쪽으로 걸음을 옮겨 놓을 때마다 그만큼 그 소리는 더 크게 들려왔다.

가자는 것이었다. 돌아가자는 것이었다. 고향으로 돌아가자는 것이었다. 옛날로 되돌아가자는 것이었다. 그것은 그렇게 정신이상이 생기기 전부터 철호의 어머니가 입버릇처럼 되풀이하던 말이었다.

삼팔선. 그것은 아무리 자세히 설명을 해 주어도 철호의 늙은 어머니에게만은 아무 소용없는 일이었다.(중략)

철호의 어머니는 남한으로 넘어 온 후로 단 하루도 이 '가자'는 말을 하지 않는 날이 없었다.

그렇게 지내오던 그날, 6 · 25 사변으로 바로 발밑에 빤히 내려다보이는 용산 일대가 폭격으로 지옥처럼 무너져 나가던 날, 끝내 철호는 어머니를 잃어버리고 말았던 것이다.

"큰애야, 이젠 정말 가자. 데것 봐라. 담이 홀싹 무너졌는데, 삼팔선의 담이 데렇게 무너지는데, 야."

그때부터 철호의 어머니는 완전히 정신이상이었다. 지금의 어머니, 그것은 이미 철호의 어머니는 아니었다. 아무리 따져보아도, 그것이 철호 자기의 어머니일 수는 없었다. 세상에 아들딸마저 알아보지 못하는 어머니가 있을 수 있는 것일까? 그날부터 철호의 어머니는,

"가자! 가자!"

하고, 저렇게 쨍쨍한 목소리로 외마디 소리를 지를 뿐, 그 밖의 모든 것을 완전히 잃어버리고 있었다.(이범선, '오발탄')

이 작품은 한국 전쟁 뒤 고향을 떠난 월남 피난민들의 비참한 삶을 보여줍니다. 이 작품을 읽은 독자가 "이 작품을 읽어보니 한국 전쟁 이후 당시 월남민들의 비참한 삶을 이해할 수 있겠어."라고 감상한다면, 이것은 작품에 반영된 시대 상황을 고려하여 감상한 것입니다. 이처럼 작품을 읽을 때 작품이 쓰일 당시 시대 상황을 고려하여 감상한 것을 반영론적 관점이라고 합니다.

2-3) 작품이 독자에게 어떤 영향을 미치는지 고려하며 읽어야지 – 효용론적 관점

효용론적 관점은 작품이 독자에게 미치는 영향을 고려하여 작품을 감상해야 한다는 것입니다. 작품은 독자에게 어떤 영향들을 미칠까요? 먼저 지적 쾌락을 얻을 수 있습니다. 또 즐거움을 느낄 수 있습니다. 그리고 감동과 스릴을 느끼거나 교훈을 얻을 수도 있습니다. 이처럼 작품을 읽은 후 독자가 얻는 즐거움, 감동, 교훈, 지적 쾌락, 행동의 변화 등을 고려하면서 읽어야 된다는 것이 효용론적 관점입니다.

포레스티에 부인은 발길을 멈추었다.

"내 목걸이를 대체하려고 다이아몬드 목걸이를 샀다는 거니?"

"그래. 너는 그걸 알아차리지 못했어, 그렇지! 그 목걸이는 정말 똑같았어."

그리고 그녀는 당당하고도 순수한 기쁨에 미소 지었다.

포레스티에 부인은 몹시 흥분해서 그녀의 두 손을 잡았다.

"오! 가엾은 마틸드! 하지만 내 목걸이는 가짜였어. 그건 고작해야 500프랑밖에 안 되었는데……"(기 드 모파상, '목걸이')

이 작품은 허영심 때문에 빌린 가짜 목걸이를 잃어버리고, 가짜인 줄도 모르고 그것을 갚기 위해 불행한 삶을 사는 여인에 대한 이야기를 그린 모파상의 '목걸이'의 마지막 장면입니다. 만약에 여러분이 이 소설을 읽고, "아, 나는 이 여인처럼 허영심을 갖고 살면 안 되겠구나."라고 감상하였다면, 그것은 작품에서 어떤 교훈을 얻은 것입니다. 이처럼 작품이 독자에게 어떤 영향을 미치는지를 고려하며 읽는 것을 효용론적 관점이라고 합니다.

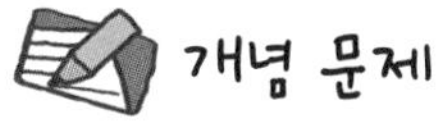

※ 다음 내용에 해당하는 작품 감상 관점을 보기에서 골라 번호를 쓰시오.

보기	
① 내재적 관점	② 표현론적 관점
③ 반영론적 관점	④ 효용론적 관점

1. 이 작품에 나오는 인물을 보고 나도 어려움이 있을 때 극복할 수 있겠다는 생각이 들었어.

2. 어려움을 극복한 등장인물은 작가의 체험이 어느 정도 표현된 것 같아.

3. 이 소설을 읽어 보니 당시 우리 민족이 정말 힘들게 살았다는 것을 알 수 있어.

4. 소설을 읽어 보니 작품의 배경과 주제가 어느 정도 들어맞는 것 같아.

수필, 희곡, 시나리오 차이점 제대로 알기

안녕하세요.
저희는 자유와 형식입니다.
문학을 자유롭게 느끼라는 의미에서 '자유'로,
또 문학은 어느 정도 형식을 갖춰야 한다는 의미에서
'형식'으로 캐릭터를 만들었다고 합니다.
문학 개념 공부 마지막 날입니다. 벌써 5일째네요.
오늘 공부를 마치면 이제 이틀 동안 문법 공부만 하면 됩니다.
수필, 희곡, 시나리오 각각의 개념과 특징 등에 대해 알아봅시다.
몇 편의 작품들도 감상할 거니까 즐거운 마음으로 참여해 주세요.
자, 그럼 저희와 함께 수필, 희곡, 시나리오에 대해 알아보도록 해요.
출발! 부웅.

1 수필은 정말 누구나 쓸 수 있을까?

자유와 형식이의 대화 내용입니다.

자유 : 형식아, 정말 수필은 아무나 써도 되는 거야?

형식 : 자유, 안녕! 그럼, 수필은 누구나 써도 되는 거야.

자유 : 아, 그래? 그럼 나도 수필을 써 봐야겠다.

형식 : 좋지! 어떤 소재로 쓸 건데?

자유 : 소재? 그냥 아무거나 생각나는 대로 쓸 건데?

형식 : 구체적으로 얘기해 봐. 무엇에 대해 쓸 건지.

자유 : 그냥, 하루 동안 일어난 일을 쭉 쓸 거야.

형식 : 음… 그건 수필이라고 보기엔 좀 곤란해.

자유 : 왜? 자유롭게 쓰는 것이 수필이라고 했잖아!

자유와 형식이의 대화를 잘 보셨나요. 자유롭게 쓰는 것이 수필이긴 하지만, 정말로 생각나는 대로 막 쓴다고 해서 그것을 수필이라고 보기에는 어려운 점이 있어요. 지금부터는 수필에 대해 같이 공부해 보도록 해요.

1. 수필은 어떤 특징이 있을까? – 수필의 특징

먼저 수필의 사전적 의미에 대해 알고 갑시다. 수필의 사전적 의미는 '형식에 구애됨이 없이 생각나는 대로 붓 가는 대로 견문이나 체험 또는 의견이나 감상을 적은 산문 형식의 글'입니다. 그럼 수필의 특징에 대해 알아볼게요.

첫째, 수필은 자유로운 형식의 글입니다. 수필은 시(詩)처럼 언어를 압축하여 표현하거나, 소설(小說)처럼 구성에 신경을 많이 써야 할 필요 없이 자유롭게 쓰는 글입니다. 자유로운 글이므로 여러분도 수필을 쓸 수 있습니다. 그렇다고 해서 정말로 아무렇게나 쓰고서 그것을 수필이라고 한다면, 그것은 안 될 일입니다. 형식이 없는 것 같으면서도 어느 정도의 형식은 갖추어야 비로소 수필이라고 할 수 있습니다.

둘째, 수필은 개성이 강한 글입니다. 수필은 글쓴이의 체험이나 사상을 바탕으로 표현되는 글이므로 글쓴이의 개성이 드러날 수밖에 없습니다. 똑같은 경험을 하더라도 그 경험에 대한 생각이나 느낌은 다릅니다. 왜냐하면 유전적인 요인, 성장 환경, 인생관 등이 다르기 때문이지요. 그러한 느낌을 바탕으로 글을 쓰다 보니 글에도 글쓴이의 개성이 반영되겠지요.

셋째, 수필은 소재(제재)가 정말 다양한 글입니다. 물론 시나 소설 등 다른 문학 갈래도 소재가 다양하지만 수필은 다양한 사람들이 저마다의 소재를 가지고 쓸 수 있으므로 특히나 소재가 다양하다고 할 수 있습니다.

넷째, 수필은 가장 대중적인 글입니다. 특별하게 전문성을 필요로 하지 않아 교수, 문학인 등이 아니더라도 누구나 쓸 수 있습니다. 그래서 수필은 작가가 제일 다양한 갈래의 장르입니다. 시, 소설, 희곡 등은 어느 정도 공부가 필요하고 전문성이 필요하지만 수필은 그렇지 않습니다.

다섯째, 수필은 사실적입니다. 수필은 작가가 실제 경험했던 일을 바탕으로 이야기를 쓰기 때문에 소설 등과 달리 허구적이지 않고 사실적입니다. 그래서 수필의 서술자는 작가와 일치합니다. 하지만, 소설은 작가와 서술자가 일치하지 않지요.

여섯째, 수필은 자기 고백적입니다. 수필을 쓰는 작가의 생각과 느낌이 솔직하게 잘 드러나기 때문에 그렇습니다.

2. 수필의 종류는 크게 두 가지야 – 수필의 종류

수필은 크게 경수필과 중수필로 나눕니다. 한자로 '경'은 가벼울 경(輕) 자를 쓰고, '중'은 무거울 중(重) 자를 씁니다. 경수필은 일상에서 경험한 일에 대한 생각이나 느낌 등을 편하고 가볍게 쓴 글입니다. 경수필은 개인적, 주관적인 경험이나 생각을 소재로 많이 다룹니다. 그러다보니 부드럽고 가벼운 문장을 활용하여 작가의 감정이나 정서를 주로 표현합니다.

중수필은 사회적인 문제 등 무거운 내용에 대한 작가의 생각을 담은 글입니다. 중수필의 소재로는 시사적인 문제나 사회적인 내용 등이 많이 사용됩니다. 예를 들면 환경 문제, 실업 문제 등이 사용되지요. 따라서 중수필은 무겁고 딱딱한 문장이 많고, 논리적 근거를 바탕으로 한 주장의 글이 많습니다. 단순하게 흥미로만 따지자면 경수필이 중수필보다 더 재미있는 경우가 많겠지요. 그래도 재미로만 글을 읽으면 발전이 없겠지요. 글을 읽으며 경수필과 중수필에 대해 알아봅시다.

2-1) 가벼운 수필은 이런 거야 – 경수필의 사례

얼마나 걸었을까. 극한 상황에서는 시간에 대한 감각도 무뎌진다. 어느덧 남봉에 붉은 기운이 퍼져 가고 있었다. 마침내 떠오르는 해의 찬란한 빛을 보는 내 눈에 눈물이 고였다. 그 눈물을 훔치려고 눈가에 손을 가져갔는데, 눈을 깜박하는 순간 눈물은 이미 얼어 있었다. 두 눈을 뜰 수가 없었다. 눈을 벌리기 위해 어쩔 수 없이 장갑 한 짝을 벗어야만 했다. 곱은 손으로 간신히 왼쪽 눈을 벌리자 속 눈썹이 모조리 뽑혀 나갔다. 오른쪽 눈까지 벌릴 용기가 나지 않았다. 속 눈썹이 아니라 살점이 떨어져 나갈 것만 같았다. 그렇게 왼쪽 눈만 뜬 채 사우스 콜까지 내려왔다.

사우스 콜부터는 한쪽 시력만으로 도저히 거리 감각이 유지되지 않았다. 사고가 날 것만 같았다. 오른쪽 눈을 벌리기 위해 장갑을 벗었다. 그때 강풍이 불어왔다. 장갑은 날개 달린 새처럼 하늘을 날았다. 한순간의 일이었다. 눈앞이 캄캄했다. 장갑을 잃어버린다는 것은 손을 잃어버린 것과 마찬가지였다. 프랑스의 등반가 모리스 엘조그는 안나푸르나에서 내려오다 장갑을 잃어버려 손가락을 잘라 내야 했다. 나 역시 오른쪽 손가락들을 잃게 되는구나. 첫 번째는 추락사고, 두 번째는 동상……. 또 이렇게 끝나는구나.

그때였다. 따망(네팔인, 등산안내자)이 바람에 휩쓸려 가는 장갑을 따라 전력질주하고 있었다. 자기 몸 하나 제대로 가누지 못하면서 남의 장갑을 잡기 위해 저렇듯 열심히 뛰고 있는 따망, 코끝이 시큰했다. 그는 환하게 웃으며 내게 장갑을 건넸다. 세상에서 가장 따뜻한 장갑이었다.

–박영석, '세상에서 가장 따뜻한 장갑'

이 글은 산악인 박영석(2011년 히말라야 안나푸르나산(8,091m) 등반 도중 실종)의 글입니다. 이 글을 보면 등반 도중 겪은 어려움을 바탕으로 한 자신의 생각이 서술되었습니다. 자신을 위해 희생하며 장갑을 가져다준 셰르파 따망에 대한 고마움이 표현되어 있지요. 이처럼 자신이 겪은 경험을 바탕으로 한 느낌이나 정서를 담은 글을 경수필이라고 합니다.

2-2) 무거운 수필도 읽어 봅시다 – 중수필의 사례

지조는 선비의 것이요, 교양인의 것이다. 장사꾼에게 지조를 바라거나 창녀에게 지조를 바란다는 것은 옛날에도 없었던 일이지만, 선비와 교양인과 지도자에게 지조가 없다면 그가 인격적으로 장사꾼과 창녀와 다를 바가 무엇이 있겠는가. 식견(識見)은 기술자와 장사꾼에게도 있을 수 있지 않는가 말이다. 물론 지사(志士)와 정치가가 완전히 같은 것은 아니다. 독립 운동을 할 때의 혁명가와 정치인은 모두 다 지사였고 또 지사라야 했지만, 정당 운동의 단계에 들어간 오늘의 정치가들에게 선비의 삼엄한 지조를 요구하는 것은 지나친 일인 줄은 안다. 그러나 오늘의 정치-정당 운동을 통한 정치도 국리민복(國利民福)을 위한 정책을 통해서의 정상(政商)인 이상 백성을 버리고 백성이 지지하는 공동 전선을 무너뜨리고 개인의 구복(口腹)과 명리를 위한 부동(浮動)은 무지조(無志操)로 규탄되어 마땅하다고 하지 않을 수 없다.(중략)

지조를 지키기란 참으로 어려운 일이다. 자기의 신념에 어긋날 때면 목숨을 걸어 항거하여 타협하지 않고, 부정과 불의한 권력 앞에는 최저의 생활, 최악의 곤욕을 무릅쓸 각오가 없으면 섣불리 지조를 입에 담아서는 안 된다. 정신의 자존(自尊)·자시(自恃)를 위해서는 자학과도 같은 생활을 견디는 힘이 없이는 지조는 지켜지지 않는다. 그러므로 지조의 매운 향기를 지닌 분들은 심한 고집과

기벽(奇癖)까지도 지녔던 것이다. 신단재(申丹齋) 선생은 망명 생활 중 추운 겨울에 세수를 하는데, 꼿꼿이 앉아서 두 손으로 물을 움켜다 얼굴을 씻기 때문에 찬물이 모두 소매 속으로 흘러 들어갔다고 한다. 어떤 제자가 그 까닭을 물으매, 내 동서남북 어느 곳에도 머리 숙일 곳이 없기 때문이라고 했다는 일화가 있다.(후략)

-조지훈, '지조론'

이 글은 1960년 3월에 발표한 작품입니다. 정치 일선에서 친일파들이 버젓이 행세를 하고 독재정권 아래 철새처럼 왔다갔다 하는 정치인의 모습을 냉철하게 비판하고 있는 교훈적인 글입니다. 이 글은 개인의 체험을 바탕으로 한다기보다는 사회적 문제에 대한 자신의 생각을 주장하는 글에 가깝습니다. 이러한 수필을 중수필이라고 합니다.

수필과 소설의 비교

수필과 소설의 차이점에 대해 설명할게요. 우선 글 속의 '나'가 작가인지에 대해 비교할게요. 수필은 '나'가 작가 자신인 반면, 소설의 '나'는 작가가 아니고 1인칭 서술자일 뿐입니다. 그리고 형식으로 비교를 하자면, 수필은 일정한 형식이 없지만 소설은 '발단-전개-위기-절정-결말'의 형식이 있습니다. 또 주제 전달 방식이 다릅니다. 수필은 글쓴이의 경험 등을 바탕으로 주제를 사실적, 직접적으로 전달하지만, 소설은 주제를 등장인물의 대화나 사건, 배경 등을 통해 간접적으로 전달합니다.

3. 수필도 감상법이 있나요? –수필 감상법

수필을 감상하기 위해서는 수필이 무엇인지에 대해 잘 알아야 합니다. 수필은 글쓴이의 체험을 바탕으로 한 생각, 그리고 사회에 대한 글쓴이의 생각 등을 표현한 글입니다. 따라서 글쓴이의 개성을 파악하며 읽어야 하고 글 속에 드러난 상황을 바탕으로 글쓴이의 처지를 이해하며 읽어야 합니다. 아울러 글에서 얻을 수 있는 교훈이나 깨달음을 파악하며 읽어야 합니다. 또 글쓴이의 인생관, 가치관, 생활 방식 등을 바탕으로 글쓴이의 생각을 이해하며 읽어야 합니다. 마지막으로 글쓴이의 생각과 여러분의 생각을 비교하고, 자신의 삶을 성찰해봐야 합니다. 두 편의 수필을 예로 들어 감상하는 방법에 대해 설명할게요.

사례1

초등학교 1학년 때였던 것 같다. 하루는 우리 반이 좀 일찍 끝나서 나는 혼자 집 앞에 앉아 있었다. 그런데 그때 마침 깨엿 장수가 골목길을 지나고 있었다. 그 아저씨는 가위만 쩔렁이며 내 앞을 지나더니 다시 돌아와 내게 깨엿 두 개를 내밀었다. 순간 그 아저씨와 내 눈이 마주쳤다. 아저씨는 아무 말도 하지 않고 아주 잠깐 미소를 지어 보이며 말했다.

"괜찮아."

무엇이 괜찮다는 것인지는 몰랐다. 돈 없이 깨엿을 공짜로 받아도 괜찮다는 것인지, 아니면 목발을 짚고 살아도 괜찮다는 것인지……. 하지만 그건 중요하지 않다. 중요한 건 내가 그날 마음을 정했다는 것이다. 이 세상은 그런대로 살 만한 곳이라고. 좋은 사람들이 있고, 착한 마음과 사랑이 있고, '괜찮아'라는 말처럼 용서와 너그러움이 있는 곳이라고 믿기 시작했다는 것이다.(중략)

참으로 신기하게도 힘들어서 주저앉고 싶을 때마다 난 내 마음속에서 작은 속삭임을 듣는다. 오래전 따뜻한 추억 속 골목길 안에서 들은 말,

"괜찮아! 조금만 참아. 이제 다 괜찮아질 거야."

아, 그래서 '괜찮아'는 이제 다시 시작할 수 있다는 희망의 말이다.

시각장애인이면서 재벌 사업가로 알려진 미국의 톰 설리번은 자기의 인생을 바꾼 말은 딱 세 단어, "Want to play?(함께 놀래?)"라고 했다. 어렸을 때 시력을 잃고 절망과 좌절감에 빠져 고립된 생활을 할때 옆집에 새로 이사 온 아이가 그렇게 말했다고 한다. 그 짧은 말이 자기가 다시 세상 밖으로 나올 수 있는 계기가 되었다고 했다.

–장영희, '괜찮아'

이 글을 읽으면서 우리는 이 글의 글쓴이가 장애를 갖고 있다는 것을 알 수 있습니다.(글쓴이의 처지 이해) 그런데 글쓴이는 엿장수 아저씨의 '괜찮아'라는 말을 듣고 세상에 대해 긍정적인 생각을 갖기 시작했다고 합니다.(교훈) 만약 여러분이 이 글을 읽고 여러분이 갖고 있는 어려움과 비교하여 용기를 얻는다면(자신의 삶과 비교), 얼마나 좋을까요? 수필 읽기를 통해 여러분은 즐거움과 지식과 교훈을 얻을 수 있습니다. 열심히 읽었으면 좋겠어요.

사례2

자연계는 언뜻 보면 늙고 병약한 개체들은 어쩔 수 없이 늘 포식자의 밥이 되고 마는 비정한 세계처럼만 보인다. 하지만 인간에 버금가는 지능을 지닌 고래들의 사회는 다르다. 거동이 불편한 동료를 결코 나 몰라라 하지 않는다. 다친

동료를 여러 고래들이 둘러싸고 거의 들어 나르듯 하는 모습이 고래 학자들의 눈에 여러 번 관찰되었다. 그물에 걸린 동료를 구출하기 위해 그물을 물어뜯는가 하면 다친 동료와 고래잡이배 사이에 과감히 뛰어들어 사냥을 방해하기도 한다.

고래는 비록 물속에 살지만 엄연히 허파로 숨을 쉬는 젖먹이 동물이다. 그래서 부상을 당해 움직이지 못하면 무엇보다도 물 위로 올라 와 숨을 쉴 수 없게 되므로 쉽사리 목숨을 잃는다. 그런 친구를 혼자 등에 업고 그가 충분히 기력을 되찾을 때까지 떠받치고 있는 고래의 모습을 보면 저절로 머리가 숙여진다. 고래들은 또 많은 경우 직접적으로 육체적인 도움을 주지 않더라도 무언가로 괴로워하는 친구 곁에 그냥 오랫동안 있기도 한다.

우리 사회의 장애인들에게도 휠체어를 직접 밀어 줄 사람들보다 그들이 스스로 밀고 갈 수 있도록 길을 비켜 주고 따뜻하게 함께 있어 줄 사람들이 필요한 것인지도 모른다. 그들이 당당하게 삶을 꾸릴 수 있도록 여건을 마련해 준 후 그저 다른 이들을 대하듯 똑같이만 대해 주면 될 것이다.

—최재천, '고래들의 따뜻한 동료애'

이 글은 장애인에 대한 글쓴이의 따뜻한 태도를 담고 있습니다. 먼저 글에 나타난 상황을 이해해야 합니다. 글쓴이는 고래가 다친 동료 고래를 위하는 모습을 설명하고 그것을 바탕으로 장애인에 대한 긍정적인 인식을 갖자고 주장합니다.(글의 상황과 글쓴이의 생각 이해) 따라서 여러분은 이 글을 읽고 장애인에 대해 갖고 있던 태도를 비교해봐야 합니다.(자신의 생각과 비교) 이처럼 수필을 읽어야 합니다. 아무런 생각 없이 읽으면 기억에도 오래 남지 않고, 교훈도 없이 읽게 됩니다.

여러분, 수필 읽는 방법 이해하셨나요? 지금부터는 다섯 편의 수필을 감상법에 따라 읽어 보세요. 교과서들에 수록된 수필 중에서 다섯 편을 골라 보았습니다. 특별하게 답이 제시되지는 않았으니, 자유롭게 써 보세요.

1편

나는 그믐달을 몹시 사랑한다.

그믐달은 요염하여 감히 손을 댈 수도 없고, 말을 붙일 수도 없이 깜찍하게 예쁜 계집 같은 달인 동시에 가슴이 저리고 쓰리도록 가련한 달이다.

서산 위에 잠깐 나타났다 숨어버리는 초승달은 세상을 후려 삼키려는 독부(毒婦)가 아니면 철모르는 처녀 같은 달이지마는, 그믐달은 세상의 갖은 풍상(風霜)을 다 겪고, 나중에는 그 무슨 원한을 품고서 애처롭게 쓰러지는 원부(怨婦)와 같이 애절하고 애절한 맛이 있다.

보름에 둥근 달은 모든 영화(榮華)와 끝없는 숭배를 받는 여왕(女王)과 같은 달이지마는, 그믐달은 애인을 잃고 쫓겨남을 당한 공주와 같은 달이다.

초승달이나 보름달은 보는 이가 많지마는, 그믐달은 보는 이가 적어 그만큼 외로운 달이다. 객창한등(客窓寒燈)에 정든 임 그리워 잠 못 들어 하는 분이나, 못 견디게 쓰린 가슴을 움켜잡은 무슨 한(恨) 있는 사람이 아니면 그 달을 보아 주는 이가 별로 없을 것이다.(중략)

어떻든지, 그믐달은 가장 정(情) 있는 사람이 보는 중에, 또는 가장 한 있는 사람이 보아 주고, 또 가장 무정한 사람이 보는 동시에 가장 무서운 사람들이 많이 보아준다.

내가 만일 여자로 태어날 수 있다 하면, 그믐달 같은 여자로 태어나고 싶다.

—나도향, '그믐달'

글의 내용 이해(상황이나 글쓴이의 처지)

→

내가 얻은 교훈이나 깨달음

→

2편

황희가 정승이 되었을 때, 공조판서로 있던 김종서는 천성이 뻣뻣하여 그 태도가 자못 거만하기 짝이 없었다. 의자에 앉을 때도 삐딱하게 비스듬히 앉아 거드름을 피우곤 했다. 하루는 황희가 하급 관리를 불러 이렇게 말했다. "김종서 대감이 앉은 의자의 한쪽 다리가 짧은 모양이니 가져가서 고쳐 오너라." 그 한마디에 김종서는 정신이 번쩍 들어서 사죄하고 자세를 고쳐 앉았다. 뒷날 그는 이렇게 말했다. "내가 육진(六鎭)에서 여진족과 싸울 때 화살이 빗발처럼 날아오는 속에서도 조금도 두려운 줄을 몰랐는데, 그때 황희 대감의 그 말씀을 듣고는 나도 몰래 등 뒤에서 식은땀이 줄줄 흘러내렸네." 정색을 한 꾸지람보다 돌려서 말한 그 한마디가 이 강골의 장수로 하여금 마음으로부터 자신의 교만을 뉘우치게 했다.

말의 힘은 이런 것이다. 돌려 말한 은근한 한마디가 시시콜콜히 설명하고 부연하는 장황한 요설보다 백배 낫다. 직접 대놓고 얘기하면 불쾌할 말도 살짝 모르눌러 넌지시 짚어 주면 정문일침(頂門一鍼)격으로 정신이 번쩍 든다. 그러나 이런 것도 말하는 이나 듣는 이나 모두 마음의 여유와 받아들일 자세를 갖추고 있을 때나 가능한 일이다.(중략)

추사 김정희의 글씨 가운데 "작은 창에 햇볕이 가득하여, 나로 하여금 오래 앉아 있게 한다."라고 쓴 것을 보았다. 세간도 없이 책상 하나 놓인 방 안으로 따스한 햇볕이 쏟아져 들어온다. 그 볕이 고마워서 말없이 오래도록 꼼짝 않고 앉아 있었다는 말이다. 문득 물질의 풍요는 비록 지금만 못했지만, 정신만은 넉넉하고 풍요로웠던 선인들의 체취가 그립다. 말을 아껴 언어가 지닌 맛을 음미할 줄 알았던 그 정신을 이제 어디 가서 찾을 수 있을까?

–정민, '울림이 있는 말'

글의 내용 이해(상황이나 글쓴이의 처지)

→

내가 얻은 교훈이나 깨달음

→

3편

가난한 제3세계에서는 곡식이 모자라 어린이를 비롯해서 수백만의 사람들이 굶주려 죽어 가는데, 산업화된 나라에서는 수백만이 넘는 사람들이 동물성 지방을 지나치게 섭취하여 심장병, 뇌졸중, 암과 같은 병으로 죽어 가고 있다.

미국 공중 위생국의 한 보고서에 따르면, 1987년 사망한 210만 명의 미국인 중에서 150만 명은 지방의 지나친 섭취가 사망의 주요 원인이 되었다고 한다. 특히, 미국에서 두 번째로 흔한 질병인 대장암은 육식과 직접 관계가 있다고 한다. 또 다른 보고서에 따르면, 고기 소비와 심장 질환 및 암 발생이 서로 관련이 깊다고 한다. 쇠고기 문화권에서 심장병 발생률이 채식 문화권에서의 발병률보다 무려 50배나 더 높다는 것이다. 그러니 오늘날 미국인들과 유럽인들은 말 그대로 '먹어서 죽는다'고 할 수 있다.

이와 같은 연구 사례를 읽으면서 내가 두려움을 느낀 것은, 요즘 우리나라에서도 어른 아이 할 것 없이 우리의 전통적인 식생활 습관을 버리고 서양식 식생활 습관을 그대로 모방하고 있다는 점이다. 병원마다 환자들로 초만원을 이루고 있는 원인이 어디에 있는지 우리는 곰곰이 생각해 보아야 한다. 먹어서 죽는 것은 미국인들과 유럽인들만이 아니다. 우리도 먹어서, 너무 기름지게 먹어서 죽을 수 있다.

-법정, '먹어서 죽는다'

글의 내용 이해(상황이나 글쓴이의 처지)

→

내가 얻은 교훈이나 깨달음

→

4편

초등학교 4학년 봄이었다. 그때 나는 단 한 번도 본 적이 없는 새를 보게 되었다. 내 고향 거제는 많은 철새가 날아오는 곳이라 나는 그곳을 찾는 새들을 거의 다 알고 있었다. 그런 내 앞에 새로운 새가 나타난 것이었다. 나는 그 새를 보는 순간 깜짝 놀랐다. 인디언 추장같이 생긴 그 새는 너무나 아름다웠다. 말 그대로 나는 한눈에 반하고 말았다. 나중에 알게 된 그 새의 이름은 후투티였다.(중략)

후투티 새를 보고 난 다음부터 나에게는 새를 유심히 관찰하는 습관이 생겼다. 처음에는 후투티 새를 보는 일에만 정신이 팔려 있었다. 하지만 시간이 지나면서 그 관심이 점점 더 확산되어 다른 새들도 좋아하게 되었다. 그때부터 내 삶은 새와 밀접한 관계를 갖게 된 것이다.(중략)

1967년, 경기 지역에 집중호우가 쏟아진 때였다. 그때 나는 새를 관찰하기 위해 개울가에 발을 담갔다가 그만 미끄러져 급류에 휘말리고 말았다. 섬에서 나고 자란 나는 수영만큼은 자신이 있었다. 하지만 급류 속에서는 나의 수영 실력도 별 효과가 없었다. 시간이 흐르면서 온몸에 힘이 빠지기 시작했다. 나는 죽을 힘을 다해 떠내려가는 지붕 위로 기어 올라가 살려 달라고 외치다가 정신을 잃고 말았다. 정신을 차려 보니 병원이었다. 여섯 시간을 떠내려가다가 겨우 구조되었다고 했다. 그야말로 구사일생(九死一生)으로 살아난 것이다.

그러나 죽을 뻔한 경험도 새에 대한 나의 관심을 가로막지는 못했다. 아니, 오히려 그 경험이 나를 더 강하게 만들었다. 나는 그때 목숨을 다시 얻은 것과 마찬가지라고 생각했고, 남은 생애를 다 바쳐서 새를 연구해야겠다고 마음먹었다. 지금까지 그 결심을 변함없이 실천하고 있다.

–윤무부, '후투티 새를 보고 반한 소년'

글의 내용 이해(상황이나 글쓴이의 처지)

→

내가 얻은 교훈이나 깨달음

→

5편

행랑채가 퇴락하여 지탱할 수 없게끔 된 것이 세 칸이었다. 나는 마지못하여 이를 모두 수리하였다. 그런데 그중에 두 칸은 앞서 장마에 비가 샌 지가 오래되었으나, 나는 그것을 알면서도 이럴까 저럴까 망설이다가 손을 대지 못했던 것이고, 나머지 한 칸은 비를 한 번 맞고 샜던 것이라 서둘러 기와를 갈았던 것이다. 이번에 수리하려고 본즉 비가 샌 지 오래된 것은 그 서까래, 추녀, 기둥, 들보가 모두 썩어서 못 쓰게 되었던 까닭으로 수리비가 엄청나게 들었고, 한 번밖에 비를 맞지 않았던 한 칸의 재목들은 완전하여 다시 쓸 수 있었던 까닭으로 그 비용이 많지 않았다.

나는 이에 느낀 것이 있었다. 사람의 몸에 있어서도 마찬가지라는 사실을. 잘못을 알고서도 바로 고치지 않으면 곧 그 자신이 나쁘게 되는 것이 마치 나무가 썩어서 못 쓰게 되는 것과 같으며, 잘못을 알고 고치기를 꺼리지 않으면 해(害)를 받지 않고 다시 착한 사람이 될 수 있으니, 저 집의 재목처럼 말끔하게 다시 쓸 수 있는 것이다.

이뿐만 아니라 나라의 정치도 이와 같다. 백성을 좀먹는 무리들을 내버려 두었다가는 백성들이 도탄에 빠지고 나라가 위태롭게 된다. 그런 뒤에 급히 바로잡으려 하면 이미 썩어 버린 재목처럼 때는 늦은 것이다. 어찌 삼가지 않겠는가.

-이규보, '이옥설(理屋說)'

글의 내용 이해(상황이나 글쓴이의 처지)

→

내가 얻은 교훈이나 깨달음

→

1. 다음 설명에 해당하는 수필의 특성을 보기에서 찾아 쓰시오.

글쓴이의 체험과 그 체험을 통해 얻은 생각과 느낌 등이 솔직하게 드러난다.

보기

① 비전문적　　② 자기 고백적
③ 개성적

(O, X) 문제

2. 중수필은 시사 내용이나 사회적인 문제에 대한 작가의 생각을 표현한 글입니다. (　)

3. 수필은 일상생활에서 접할 수 있는 모든 것을 소재로 쓸 수 있습니다. (　)

2 희곡과 대본은 같은 말인가요?

여러분, 연극 많이 보시나요? 아마 영화에 비해 연극은 많이 못 본 친구가 많을 겁니다. 혹시 초등학교 때 연극을 직접 해본 적은 있을지 모르겠네요. 연극은 영화에 비해 대중성은 떨어지지만, 여전히 즐겨 찾는 분들이 꽤 있습니다. 대표적으로 서울 대학로에서는 연극 공연이 많이 이뤄지고 있지요. 여러분도 우리 문학의 풍성함을 위해, 또 여러분의 정서 함양을 위해 연극을 가끔씩은 보았으면 좋겠습니다.

희곡과 시나리오는 모두 대본입니다. 대본이란 '연극의 상연이나 영화의 제작에 기본이 되는 각본'입니다. 연극배우나 영화배우들은 이 대본을 잘 외워야 합니다. 매우 많은 분량의 대본을 외우는 배우를 보면 정말 대단하다는 생각이 들어요. 그런데 희곡과 시나리오는 같은 대본인데 이름은 다릅니다. 왜 이름이 다를까요? 그것은 목적이 다르기 때문입니다. 희곡은 무대 상연을 목적으로 하고, 시나리오는 영화 상영을 목적으로 합니다. 잠깐! 상연과 상영은 구분하여 사용해야 합니다. 상연은 연극을 보여주는 것이고, 상영은 영화를 보여주는 것입니다. 이렇게 희곡과 시나리오의 큰 차이점을 알았으니, 각각의 내용들을 자세하게 알아볼까요?

1. 희곡은 어떤 특징들이 있을까? – 희곡의 특징

희곡도 시나 소설처럼 문학 작품입니다. 다만 희곡은 무대 상연을 목적으로 한 연극의 대본입니다. 그러다보니 소설이나 시나리오 등과는 다른 특성을 갖고 있습니다.

첫째, 시간적 · 공간적 제약을 받습니다. 소설은 글을 통해 표현하기 때문에 시간적 · 공간적 제약을 받지 않습니다. 과거, 현재, 미래를 자유롭게 넘나들 수 있고 다양한 공간을 왔다 갔다 할 수 있지요. 역사를 소재로 하는 소설에서는 궁궐, 전쟁터, 마을, 숲 등 다양하게 공간을 설정할 수 있지요. 글로 쓰기만 하면 되니까요. 하지만 희곡에서는 무대 장치를 해야 하니까 부담이 되지요. 시간도 들고 돈도 많이 들고요.

둘째, 희곡은 대사와 행동의 문학입니다. 소설에서는 글을 통해 인물이나 상황에 대한 설명이나 묘사가 가능하지만 희곡은 무대 위 인물들의 대사와 행동만으로 표현되는 문학입니다. 따라서 희곡은 소설처럼 작가가 직접적으로 묘사하거나 인물에 대한 해설을 하기가 어렵습니다.

셋째, 희곡은 현재 진행형의 문학입니다. 모든 사건들이 관객들의 눈앞에서 펼쳐지기 때문입니다. 배우들이 하는 대사나 행동 등을 관객들은 실시간으로 볼 수 있습니다. 소설에서는 현재 사건을 다루다가도 과거 사건으로 돌아갈 수 있지만, 희곡에서는 모든 사건들이 관객들의 눈앞에서 보여질 수밖에 없습니다. 설령 그것이 과거 사건이라 해도 마찬가지입니다.

넷째, 희곡은 대립과 갈등의 문학입니다. 앞에서 말한 것처럼 희곡은 시간적 · 공간적 제약을 갖고 있습니다. 이렇듯 모든 사건들을 다루기에는 힘들기 때문에 대립과 갈등이 되는 부분을 압축하여 집중적으로 보여줄 수밖에 없습니다. 왜냐하면 재미없는 부분까지 다뤘다가는 관객들이 등을 돌리고 나가버릴 수 있으니까요. 연극을 보다 보면 긴장되고 다음 내용이 궁금해지는데, 이것은 바로 희곡이 대립과 갈등을 중심으로 쓰인 연극의 대본이라서 그런 겁니다.

2. '막'과 '장'이 희곡에서 쓰는 말이었어?
– 희곡의 구성단위

희곡의 구성단위는 '막'과 '장'으로 되어 있습니다. 연극을 보다 보면, 조명이 꺼졌다가 켜지면 새로운 장면으로 바뀐 것을 볼 수 있습니다. 이것을 '장(場)'이라고 합니다. 그리고 무대의 막(휘장)이 내려갔다가 올라가는 것을 볼 수 있습니다. 이때 잠시 쉬기도 하는데 이것이 '막(幕)'입니다. 예를 들어 '제 2막 제 1장'이라고 한다면 두 번째 막의 첫 번째 장이 됩니다. 희곡은 인물들의 대사가 모여 장(場)을 이루고, 이 장(場)들이 모여 막(幕)을 이룹니다. 희곡은 단막극도 있지만 보통 3막 또는 5막으로 구성됩니다.

3. 희곡의 구성 요소는 무얼까? – 희곡의 구성 요소

희곡의 구성 요소는 크게 형식적 요소와 내용적 요소로 나눌 수 있습니다. 먼저 형식적 요소에 대해 알아봅시다. 해설, 대사, 지시문 이렇게 세 개가 있습니다. 먼저 해설은 무대 장치, 인물, 배경 등을 설명해주는 부분으로, 막이 오르기 전후에 필요한 것들을 설명합니다. 앞에 위치했다고 해서 '전치(前置) 지시문'이라고도 합니다. 우리 학생들은 이 해설과 지시문을 헷갈려 합니다. 쉽게 말해 해설은 대본의 맨 앞에 있는 설명이라고 보면 됩니다.

그리고 대사는 등장인물이 하는 말을 가리킵니다. 희곡에서 사건의 전개는 이 대사를 중심으로 이루어집니다. 이 대사에는 또 대화, 독백, 방백 등 세 가지가 있습니다. 대화는 등장인물들끼리 서로 주고받는 말입니다. 이것은 쉽지요. 다음으로 독백과 방백이 있는데, 이것을 좀 어려워하는 친구들이 있어요. 아주 쉬운 거니까 집중해서 보세요. 독백은 말 그대로 혼잣말입니다. 상대방 없이 등장인물이 혼자 하는 말입니다. 주로 자기반성을 하거나 어떤 것에 대한 설명이 필요할 때 사용합니다. 그리고 방백은 관객에게는 들리고 무대 위의 다른 인물에게는 들리지 않는 것으로 약속하고 하는 말입니다. 셰익스피어의 희곡에서는 많이 사용되었지만, 근대극 이후에는 그렇게 많이 사용되지는 않습니다.

마지막으로 지시문에 대해 알아봅시다. 지시문은 배경이나 효과, 인물들의 동작, 심리, 표정 등을 지시하고 설명하는 글입니다. 배우들은 이 지시문을 보고 작가의 의도대로 연기합니다. 예를 들면, '(기쁜 표정으로) 아빠, 합격이래요!'라는 대사가 있다고 칩시다. 여기서 괄호의 부분이 지시문이 됩니다. 여러분들은 이 지시문과 해설을 잘 구분해야 합니다. 해설은 전치 지시문으로 등장인물, 때, 장소 등을 설명하는 것이고, 대본 사이에 있는 삽입 지시문은 인물의 동작, 효과음 등을 지시합니다.

그럼, 사례를 통해 위 세 가지에 대해 알아보도록 하겠습니다.

(가)

[등장인물] 최명서 : 병들고 가난한 늙은이 명서 처

금녀 : 그들의 딸 이웃 여자 : 60여 세 우편배달부

[때] 192×년 이른 봄의 어느 날 초저녁부터 밤까지

—유치진, '토막(土幕)'

(나)

무대

숲을 뚫고 가는 산길이 산문(山門)에 들어간다. 원내(院內)에 비각, 그 뒤로 산신당, 칠성당의 기와지붕, 재 올리는 오색 기치가 펄펄 날린다. 후면은 비탈, 우변 바위틈에 샘에서 내려오는 물을 받는 물통이 있다.

재 올린다는 소문을 들은 구경꾼 떼들 산문으로 들어간다.

청청한 목탁 소리와 염불 소리, 이따금 북소리.

도념, 물지게에 걸터앉은 채, 멀거니 동리를 내려다보고 있다. 이따금 허공을 응시하다가는, 고개를 탁 떨어뜨리고 흐느낀다.

초부, 나무를 한 짐 안고 들어와 지게에 얹는다.

도념: 인수 아버지, 정말 바른 대루 얘기해 주세요. 우리 어머니 언제 오신다고 하셨어요?

초부: 내년 봄보리 베구 나면 오신다더라.

도념: 또 거짓말?

초부: 거짓말이 뭐니? 세상없어도 이번엔 꼭 데리러 오실걸.

도념: 바위틈에 할미꽃이 피기가 무섭게, 보리 베나 하구 동네만 내려다봤어요. 인수 아버지네 보리를 벌써 다섯 번째 베었지만 어디 오세요?

초부: 내년만은 틀림없을 게다.

도념: 동지, 섣달, 정월, 2월, 3월, 4월, 아이고 아직도 여섯 달이나 남았군요?

초부: 뭘, 세월은 유수 같다고 하지 않니?

도념: 여섯 달을 또 어떻게 기다려요?

초부: 눈 꿈쩍할 사이야.

도념: 또 봄보리 베구 나서 안 오시면 도라지꽃이 필 때 온다고 넘어갈라구?

초부: 이번만은 장담하마. 틀림없을 게다. (도념의 팔을 붙잡고 백화목 밑으로 끌고 가며) 이리 오너라. 내가 여섯 달을 빨리 기다리는 법을 가르쳐 주마.

도념: 그만둬요. 또 속일려구?

소부: 한 번만 더 속으려무나.

㉠소부, 도념을 나무에 세우고 머리 위에 세 치쯤 간격을 두고 도끼를 들어 금을 긋는다.

도념: (발돋움을 하며) 이거 너무 높지 않아요? 작년 봄에 그은 금은 두 치 밖에 안 됐어요.

소부: 높은 게 뭐니? 네가 이 금까지 자랄 땐 여섯 달이 다 가구, 뒷산에 꾀꼬리가 울구, 법당 뒤에 목련꽃이 화안히 필 게다. 그럼 난 또 보리를 베기 시작하마.

도념: 눈이 오나 비가 오나 하루 안 빠지구 아침이면 키를 재 봤어요. 그은 금까지 키는 다 자랐어두 어머니는 안 오시던데요, 뭐?

―함세덕, '동승(童僧)'

(가)는 유치진의 '토막'이라는 작품의 해설입니다. 이 부분에서는 인물, 배경 등에 대해 설명하고 있습니다. 그리고 (나)는 함세덕 작가의 '동승'이라는 작품입니다. 이 작품은 산에 있는 절을 배경으로 하여 어머니를 그리워하는 동승(童僧)이 끝내 절을 떠난다는 내용입니다. 이 작품의 '무대' 부분은 무대 지시문입니다. 무대에 대해 설명을 해주고 있습니다. 그리고 나머지 부분은 대사와 지시문으로 구성되어 있습니다.

초부와 도념이 주고받는 말이 대사입니다. 대사 중에서도 대화에 해당합니다. 인물들끼리 주고받는 말이니까요. 그리고 괄호 안에 있는 내용이나 ㉠의 내용이 지시문에 해당합니다. 이 지시문은 인물의 행동이나 표정 등을 지시합니다. 다시 정리하자면 해설은 첫머리에서 시간과 공간 배경, 인물, 무대 장치 등을 설명합니다. 그리고 지시문은 무대 지시문과 동작 지시문으로 나눠지는데, 무대 지시문은 막이 오른 후 무대 상황들을 지시하는 부분이고, 동작 지시문은 인물의 행동, 표정 등을 지시합니다. 동작 지시문은 주로 괄호 안에 서술합니다.

형식적 구성에 대해 잘 알아보셨나요? 희곡의 형식적 구성 요소는 해설, 대사, 지시문 세 가지가 있습니다. 해설, 대사, 지시문, 해대지! 암기하세요! 자, 이번에는 희곡의 내용적 요소에 대해 알아봅시다. 소설과 같아요. 소설 구성의 3요소가 뭔지 기억나세요? 인사배! 인물, 사건, 배경입니다. 희곡도 마찬가지로 인물, 사건, 배경입니다. 글의 형식만 다르지 내용은 소설이나 희곡이나 비슷해서 그렇습니다. 다 사람이 살아가는 내용을 담고 있어서 그렇지요.

먼저 인물에 대해 알아봅니다. 인물은 작품에 등장하는 인물로 대사와 행동 등을 통해 갈등이나 사건을 일으킵니다. 희곡의 등장인물은 의지적, 개성적, 전형적인 인물이어야 합니다. 왜냐하면 시간적, 공간적 제약이 있기 때문입니다. 그리고 사건은 등장인물이 벌이는 이야기입니다. 이 사건은 희곡의 주제와 관련이 있어야 합니다. 주제를 향해 갈등과 긴장이 생기는 사건이 있어야 합니다. 희곡이 사건들의 주제와 관련이 없으면 연극을 보는 관객들이 이상하게 생각하겠지요. 마지막으로 배경은 사건이 일어나는 시간과 장소가 제시되어야 합니다. 이러한 것은 무대 장치 등을 통해서 나타납니다.

4. 희곡의 구성 단계는 소설과 달라 – 희곡의 구성 단계

소설의 구성 단계를 복습해 볼까요? 소설의 구성 단계는 다섯 단계가 있다고 했지요. 발단, 전개, 위기, 절정, 결말 순입니다. 이제 다 외우셨으리라 믿어요. 희곡도 마찬가지로 다섯 단계가 있지만 소설과는 좀 달라요. 희곡의 단계는 발단, 전개, 절정, 하강, 대단원 순입니다. 발단, 전개까지만 소설과 명칭이 같지만 단계별 특징과 전체적인 명칭은 다릅니다. 각 단계별 특징을 보면 다음과 같습니다.

발단 : 인물과 배경 소개, 사건의 실마리가 드러남.
전개 : 갈등이 심화되고 긴장이 점점 고조됨.
절정 : 갈등이 최고조에 이름, 극적인 장면이 나타남.
하강 : 해결을 향해 나아감, 사건의 반전이 일어나기도 함.
대단원 : 갈등이 해소됨, 모든 사건이 마무리됨.

희곡은 소설과 공통적으로 '사건의 실마리-갈등 심화-갈등 고조-해결-마무리'와 같은 단계를 거치지만, 단계와 명칭은 다릅니다. 또 갈등이 최고조인 단계도 다르지요. 소설은 네 번째인 절정 단계에서 갈등이 최고조에 이르지만, 희곡은 세 번째인 절정 단계에서 갈등이 최고조에 이릅니다.

잠깐! '대단원의 막을 내린다'는 말에 대해 알고 갑시다. 가끔씩 대단원의 막을 내린다는 말을 듣습니다. 드라마가 끝나거나 올림픽이나 월드컵 등 주요 행사나 사건 등이 끝날 때 자주 쓰는 말인데, 원래 희곡에서 나왔습니다. '대단원'은 희곡의 마지막 구성 단계를 말하고, '막'은 희곡의 구성단위를 말합니다. 여러분, 연극 보면 마지막에 막이 내려옵니다. 그것이 대단원의 막을 내린다는 것입니다. 이제 아셨지요. 어디 가서 유식한 체 하셔도 됩니다.

5. 희곡과 희극은 뭐가 다르지? –희곡의 갈래(종류)

희곡은 기준에 따라 여러 가지로 나눌 수 있습니다. 먼저 성격상 갈래에 대해 설명할게요. 결말의 좋고 나쁨에 따라 희극, 비극, 희비극 등으로 나눌 수 있어요. 희극은 웃음을 중심으로 하여 인간 사회의 문제점을 경쾌하게 다룬 것입니다. 비극은 슬프게 끝난 희곡을 말합니다. 사랑이 파탄나거나, 사업이 실패하거나, 주인공이 죽거나 등으로 끝나지요. 희비극은 비극과 희극이 혼합된 것입니다. 주인공이 불행을 겪다가 작품의 전환점에서는 다시 희극의 상태로 돌아오는 내용 등을 담고 있습니다. 다음으로 내용상 갈래는 소재에 따라 심리극, 영웅극, 사극 등이 있고 형식상 갈래에는 단막극과 장막극이 있습니다. 단막극은 한 개의 막으로 이루어졌고, 장막극은 여러 개의 막으로 이루어졌습니다.

잠깐! 희곡과 희극이 헷갈리나요? 희곡과 희극을 잘 구분하지 못 하는 경우가 있습니다. 결론적으로 말하면, '희곡 〉 희극'입니다. '희곡–희극/비극/희비극'이니까요. 희곡은 모든 연극의 대본이고, 희극은 행복한 결말의 연극 대본입니다.

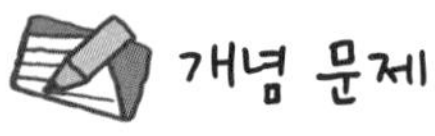

1. 희곡의 구성단위는 (　)과 (　)입니다.

2. 희곡의 구성 단계 중, 갈등이 최고조인 단계는?

3. 다음 인물의 대사의 구체적 종류는 무엇인가?

보기
명서 : (혼잣말로) 집 안이 허통한 것 같구나. 초상난 집같이…….

4. 희곡의 구성요소 중, 관객에게는 들리나 무대 위 다른 인물에게는 들리지 않는 것으로 약속하고 말하는 대사는?

5. 희곡의 구성 단계 5단계를 순서대로 쓰시오.

3 시나리오는 희곡과 어떻게 다른가요?

아무래도 책을 읽거나 연극을 보는 것보다 영화 보는 것을 더 즐기는 친구들이 많을 것 같아요. 영화를 보면 신나잖아요. 개인적으로 인상 깊은 영화를 꼽아 보라면, 반지의 제왕, 아바타, 광해, 명량, 7번방의 선물, 웰컴 투 동막골, 암살 등을 꼽을 수 있겠네요. 아무래도 액션, 모험물, 그리고 휴먼 드라마 장르를 좋아합니다. 깊이 생각하고 얘기한 것은 아니에요. 여러분의 취향과 다르다고 이상하게 생각하지는 마세요. 영화는 매우 멋진 장르입니다. 시나리오도 마찬가지고요. 지금부터 이 시나리오에 대해 알아보겠습니다.

1. 시나리오는 어떤 특징이 있을까? – 시나리오의 특징

시나리오는 영화 상영을 위해 만들어진 대본입니다.(희곡은 뭐라고 했지요? 연극 상연을 위한 대본이라고 했지요.) 시나리오도 다른 문학과 같이 작가에 의해 만들어진 허구적인 이야기입니다. 시나리오는 인물들의 대사와 행동으로 이야기가 진행됩니다. 그런데 희곡과는 달리 시간이나 공간의 제약을 덜 받습니다. 또 등장인물의 수에 제한을 받지 않습니다. 대규모 전쟁 장면을 보면 엄청난 인원의 엑스트라가 동원되기도 하지요. 요즘은 컴퓨터그래픽(CG)의 발달로 제약을 전보다 덜 받습니다. 다만 시간적, 비용적 제약을 받기는 합니다. 컴퓨터그래픽은 시간이 많이 걸리고 제작비용이 굉장히 많이 드니까요. 소설은 한 명의 작가가 쓰게 되는데, 영화는 대본 작성, 촬영, 편집 등의 과정을 거쳐야 합니다. 물론 소설 쓰기가 쉽다는 얘기는 아닙니다.

2. '신(scene)'이라는 말은 익숙하지? –시나리오의 종류와 구성 요소

시나리오는 크게 창작 시나리오, 각색 시나리오, 레제 시나리오 등 세 가지가 있습니다. 창작 시나리오는 처음부터 영화 제작을 위해 쓴 대본이고, 각색(脚色) 시나리오는 소설, 수필, 희곡 등을 시나리오로 쓴 것이고, 레제(lese) 시나리오는 문학 작품으로 읽기 위한 시나리오를 말합니다.

시나리오의 구성단위는 시퀀스(sequence)와 신(scene)입니다. 둘 중 어떤 것이 더 큰 단위일까요? 시퀀스가 더 큽니다. 영화는 수많은 장면(scene)들로 구성되어 있는데, 이러한 장면들을 연결하여 시퀀스를 설정합니다. 시퀀스는 독립성을 가지는 단위로, 책으로 따지면 하나의 장(chapter)에 해당됩니다. 그리고 이러한 시퀀스들이 모여 한 편의 영화 대본, 즉 시나리오가 이루어집니다.

3. 용어를 모르면 대본 읽기 힘들어 – 시나리오의 용어

시나리오는 영화 촬영이나 상영을 목적으로 하기 때문에 시나리오 작가, 감독, 배우 등이 공통적으로 볼 수 있는 전문 용어가 필요합니다. 일종의 신호인 셈이지요. 이들 용어를 통해 화면 연출이나 대사의 처리 방법, 효과음 등이 지시되니 서로 이러한 용어를 모르면 안 되겠지요. 우리 학생들도 시나리오를 잘 이해하기 위해서는 기본 용어들을 알 필요가 있습니다. 다음과 같이 시나리오 기본 용어 몇 가지를 정리해 봅시다.

S#(Scene Number) : 장면 번호

NAR.(Narration) : 등장인물이 아닌 화면 바깥에서 들려오는 설명 형식의 대사

E.(Effect) : 효과음. 말발굽 소리, 비명 소리, 자동차 소리, 트랜스포머 변신 효과음 등 다양함.

M.(Music) : 효과 음악. 영화 음악은 일반적으로 OST라고 함. 오리지널사운드트랙(Original Sound Track)의 약자. 영화에 쓰이는 음악은 아주 다양함.(영상에 어울리는 기존 곡을 사용하기도 하고, 영상과 어울리는 창작곡을

만들기도 함.)

O.L.(Over Lap) : 오버랩. 한 화면 끝부분에 다음 화면의 시작을 합치면서 부드럽게 화면을 바꾸는 기법.

C.U.(Close Up) : 클로즈업. 이것도 쉽지요. 어떤 대상이나 인물을 화면에 확대하는 것. 강조하기 위함. 공포 영화에서 인물의 놀라는 모습을 확대하여 보여주면 더 실감남. 아주 멀리 있는 장면만 보여주면 별로 안 무서움.

F.I.(Fade In) : 페이드인. 어두운 화면이 점점 밝아지는 것. 영화나 이야기가 시작되는 부분에 일반적으로 쓰임.

F.O.(Fade Out) : 페이드아웃. 밝은 화면이 점점 어두워지는 것. 시간의 경과를 보여줄 때 사용. 시퀀스의 마지막 부분에 사용됨.

PAN.(Panning) : 패닝. 카메라를 상하 좌우로 움직여 촬영하는 것. 움직이는 대상을 찍을 때 사용하는 기법. '런닝맨' 같은 방송 프로에서 많이 볼 수 있음. 움직이는 물체는 고정되고, 뒤의 배경은 변화되는 촬영 기법으로 인하여 속도감 있는 영상이 얻어짐.

Ins.(Insert) : 인서트. 삽입 화면. 추격 장면에서 쫓고 쫓기는 인물들의 클로즈업한 얼굴들을 삽입하여 보여주면 더 생생함.

Montage : 몽타주. 하나하나 찍은 여러 장면을 적당히 결합하여 효과 있는 하나의 화면을 만드는 것.

W.O.(Wipe Out) : 한 화면의 일부를 닦아내는 듯이 없애면서 다른

화면을 나타나게 하는 기법.

이제 시나리오 한 편을 감상해 보겠습니다.

S# 23. 다시 촌장 집 마당. 밤/외부

부락민들 사이사이로 간간이 보이는 적군의 모습들. 싸늘한 기운이 흐르고…….

영희: (겁에 질린 투로) 상위(上尉) 동지……. 아니 군대 없대서 왔는데……. 결정하는 것마다 와 이럽네까?

치성: (이를 악문다.)

택기: 열 발 안짝에 있습니다. 우린 셋이고 저게는 둘입니다. 확 까 치웁시다!

치성: 전사 동무, 그냥 내 뒤에 있으라우!

영희: 쫄랑거리며 일 맨들디 말구 가만 좀 있으라우.

상상: 수적(數的)으로 우리가 밀리는데 어떡해요? 그러게 그냥 지나쳐 가자니까 왜 여기까지 와 가지구……. 난 되는 게 없어.

현철: (무섭게 인민군을 노려보다 소리 지른다.) 야!

인민군 셋 침묵. 마을 사람들, 인민군과 국군을 번갈아 보다가,

달수: (인민군들에게) 안 들려요? 부르는 거 같은데.

달수: 저 (현철에게) 우리한테 말해요. 전해줄 테니.

치성: 와? 방아쇠에 손가락 집어넣었으면 땡겨야지……. 다른 볼 일 있네?

영희: 상위 동지, 거 괜히 세게 나가디 마시라요. 우린 총알도 없는데…….

현철: 여기서 이러지 말고 나가서 제대로 한번 붙자!

상상: 미쳤어요? 수적으로 밀린다니까.

현철: 죄 없는 부락 사람들 피해 주지 말고 일단 나가자!

석용: 우리 때문이면 괜찮아요.

촌장: (지그시) 석용아.

치성, 자신의 빈총이 의식됐는지 고민하다 이를 악물고 수류탄을 빼 든다.

치성: 내 말 잘 듣으라우! 괴뢰군 아새끼나 부락 사람이나 조금만 허튼짓 했단 그 즉시 직살하는 거야! 지금 한 말 허투루 듣디 말라!

영희와 택기도 눈치챘다. 총을 집어던지고 모두 수류탄을 꺼내 든다. 부락민들, 치성의 말뜻을 전혀 이해하지 못했는지 수군거리고만 있다.

—장진 외, '웰컴 투 동막골'

이 작품은 흥행에 성공했던 영화의 시나리오입니다. 동막골은 강원도의 두메산골입니다. 시나리오의 시대적 배경은 한국전쟁 기간입니다. 동막골에 국군, 인민군, 연합군이 한군데 모이면서 일어난 갈등과 그리고 화해의 과정을 그린 작품입니다. 본문의 내용은 수류탄이 뭔지도 모르는 부락민들의 순진한 모습이 나와 있습니다. 참 재미있게 봤던 작품인데 여러분은 아마도 못 봤을 것 같아요. 한번 보실래요? 시나리오를 보시면 알겠지만 인물들의 대사 부분은 희곡과 큰 차이가 없습니다. 하지만 연극과 영화가 큰 차이가 있듯이, 희곡과 시나리오도 큰 차이가 있지요. 다음 비교를 통해 알아보겠습니다.

4. 연극 대본과 영화 대본은 달라

– 희곡과 시나리오의 비교

희곡은 연극의 대본이고 시나리오는 영화의 대본이라는 것은 많이 반복해서 아시지요? 희곡은 연극 무대에서 공연을 해야 하기 때문에 시간적 · 공간적 제약을 받을 수밖에 없어요. 시간적인 제약을 이야기하자면 공연을 지속하는 데 한계가 있고 상연 시간도 제한을 받을 수밖에 없습니다. 그리고 공간도 아무데서나 연극을 상연할 수 없지요. 반면에 시나리오는 시간적 · 공간적 제약이 희곡에 비해 적습니다. 또 등장인물의 수는 희곡은 제한적이지요. 엄청 많이 무대에 올라가면 무대가 무너집니다. 반면에 시나리오는 인물의 수에 제한이 없습니다. 엄청나게 많은 인원도 촬영할 수 있어요.(다만 비용, 시간적인 제약은 따르겠지요.)

또, 희곡은 순간 예술이지만 시나리오는 영구 예술입니다. 희곡은 상연이 끝나면 없어지지만 시나리오는 필름으로 보존할 수가 있어요. 언제라도 다시 상영할 수 있다는 것이지요. 희곡은 매번 상연해야 하기 때문에, 매번 준비해서 상연하고 무대를 철수하면 없어지지요. 그리고 희곡은 행동의 예술이라 입체적인 반면에 시나리오는 영상 예술이니까 평면적입니다. 스크린이 평면이니까요.

개념 문제

1. 다음 시나리오 구성요소인 '시퀀스'와 '신' 중 더 큰 개념은 무엇인가?

2. 시나리오 용어 중, 화면을 점점 어둡게 하는 것을 의미하는 것은?

3. 시나리오는 희곡에 비해 입체적입니다. (O, X)

MEMO

음운, 단어, 음운 변동

안녕하세요. 저희는 깐깐이와 대충이입니다.
5일차까지 문학 개념 공부하느라 고생 많으셨어요.
오늘부터는 문법을 공부할 겁니다.
문법은 조금 더 깐깐하게 공부해야 합니다.
대충대충 해서는 안 됩니다.
그래서 저희 깐깐이와 대충이가 문법 안내를 담당하게 되었답니다.
여러분을 만나게 돼서 대단히 반갑습니다.
문법의 첫날인 오늘은 음운, 단어, 음운의 변동 등에 대해 공부할 겁니다.
'문법'이라는 말만 나오면 머리 아프다는 학생들이 많은데요,
저희와 함께 한걸음씩 가다보면 어느새 문법이 정리될 겁니다.
저희랑 같이 재미있게 공부해 봐요.
자, 그럼 복잡하지만 하고 나면 뿌듯한 문법의 세계로 들어가겠습니다.
출발! 부웅.

1 음운과 형태소는 기본!

대충이가 깐깐이에게 묻습니다.

"깐깐아, 깐깐아, 너 음운이 뭔지 알아?"

"그럼, 알쥐."

"그래? 음운이 뭔지 좀 가르쳐 주라."

"응, 음운은 쉽게 말해 자음과 모음을 말해."

"헉! 나도 그 정도는 안다고! 너, 나 무시하는구나."

"엇, 아니야. 대충아. 친구인 너를 어찌 무시하겠니?"

"알겠어. 좀 자세하게 좀 알려 줘."

"그래, 알겠어."

맞습니다. 깐깐이 말대로 자음과 모음을 음운이라고 합니다. 그런데 우리 학생들 음운이 뭔지 정확하게는 잘 모릅니다. 오늘 공부를 통해서 음운이 무엇이고, 또 형태소가 무엇인지 정확하게 공부합시다.

1. 자음과 모음을 합해서 뭐라고 하지? -음운

'달'과 '돌'

밤하늘의 달과 길 위의 돌. 두 단어 모두 'ㄷ'과 'ㄹ'은 같지만 'ㅏ'와 'ㅗ' 때문에 뜻이 달라집니다. 'ㅏ'를 쓰면 '달'이 되고, 'ㅗ'를 쓰면 '돌'이 됩니다.

또 하나 예를 들어 볼게요.

'손'과 '돈'

사람의 손과 막 쓰고 싶은 돈. 두 단어 모두 'ㅗ'와 'ㄴ'은 같지만 'ㅅ'과 'ㄷ' 때문에 뜻이 달라집니다. 'ㅅ'을 쓰면 '손'이 되고, 'ㄷ'을 쓰면 '돈'이 됩니다.

위의 사례를 통해 볼 때, 음운이란 말의 뜻을 구별해 주는 소리의 가장 작은 단위라는 것을 알 수 있습니다. 어떤 음운을 사용하느냐에 따라 말의 소리가 달라지고, 그에 따라 뜻도 달라지는 것이지요. 이제 음운이 뭔지 아시겠지요?

이번에는 음운의 종류에 대해 알아봅시다.

음운에는 자음과 모음이 있습니다. 자음과 모음, 여러분들 많이 들어보셨을 겁니다. 먼저 자음과 모음이 무엇인지에 대해 알아볼게요.

여러분들, 저를 따라서 '아~~'라고 발음해 보세요. 얼른 해 보세요.

그리고는 다시 '다~~'라고 발음해 보세요.

둘 다 하셨나요? 잘 하셨어요. 어떤 차이가 있나요? '아~~'라고 발음할 때에는 공기가 나오면서 장애를 받지 않습니다. 시원시원하게 발음됩니다. 하지만 '다~~'라고 발음할 때에는 공기가 나오다가 장애를 받습니다. 어떤 장애를 받았나요? 혀끝이 윗잇몸에 닿았다가 떨어지면서 소리가 나오지요. 'ㄷ아~~' 이렇게 소리가 납니다. 이처럼 허파에서 나오는 공기가 장애를 받으면서 나는 소리를 '자음'이라고 하고, 장애를 받지 않고 나는 소리를 '모음'이라고 합니다.

자, 이렇게 음운, 그리고 자음과 모음에 대해 알아보았어요. 이제는 자음과 모음에 대해 좀 더 자세하게 알아봅시다.

자음은 허파에서 나오는 공기가 목구멍, 입, 혀 등에 의해 장애를 받으면서 나는 소리입니다. 자음을 다른 말로 '닿소리'라고 합니다. 공기가 나오면서 어딘가에 닿으면서 나는 소리라는 말입니다. 어디에 닿을까요? 잇몸에도 닿고, 입천장에도 닿습니다. 자음은 모두 19개가 있습니다. 'ㄱ, ㄴ, ㄷ, ㄹ, ㅁ, ㅂ, ㅅ, ㅇ, ㅈ, ㅊ, ㅋ, ㅌ, ㅍ, ㅎ' 14개와 'ㄲ, ㄸ, ㅃ, ㅆ, ㅉ' 5개를 합하면 19개가 됩니다.

모음은 허파에서 나오는 공기가 목구멍, 입, 혀 등에 의해 장애를 받지 않고 나는 소리를 말합니다. 모음을 다른 말로 '홀소리'라고 합니다. 다른 소리의 도움을 받지 않고 홀로 나는 소리라서 이렇게 불립니다. 예를 들어, 'ㄱ'을 모음 없이 소리를 낼 수 있나요? 없습니다. 아마 이 글을 보고 해 보시는 분 있을지 모르지만 절대 안 됩니다. '그', '가', '과' 등 결국 모음의 도움을 받게 됩니다. 하지만 '아', '이', '위' 등의 모음은 자음의 도움 없이 홀로 소리를 낼 수 있습니다. 그래서 홀소리라고 합니다.

모음은 단모음과 이중모음으로 나누어집니다. 단모음은 10개가 있습니다. 'ㅣ, ㅔ, ㅐ, ㅏ, ㅜ, ㅗ, ㅓ, ㅡ, ㅟ, ㅚ' 이렇게 10개입니다. 단모음은 발음을 처음 시작할 때와 끝날 때 나는 소리가 같은 모음입니다. 즉,

발음할 때 입의 모양이 변하지 않습니다. 'ㅏ' 소리는 처음에도 'ㅏ'이고, 끝날 때도 'ㅏ'입니다. 이중모음은 11개가 있습니다. 'ㅑ, ㅕ, ㅛ, ㅠ, ㅒ, ㅖ, ㅘ, ㅝ, ㅙ, ㅞ, ㅢ' 등이 있어요. 이중모음은 발음을 시작할 때 나는 소리와 끝날 때 나는 소리가 다릅니다. 'ㅑ'를 천천히 발음해 보면, 처음에는 'ㅣ' 소리가 나다가 마지막에는 'ㅏ' 소리가 납니다. '이아'가 빨리 발음하면 '야'가 됩니다.

단모음과 이중모음의 차이 헷갈리시죠? 조금 쉽게 알 수 있는 방법을 알려드리면 단모음은 '털'이 하나이고, 이중모음은 '털'이 둘입니다. 'ㅏ'는 기둥 옆에 털이 하나지만, 'ㅑ'는 기둥 옆에 털이 둘입니다. 'ㅢ'만 제외하고 전부 털이 두 개입니다. 참 쉽지요. 이렇게 우리말의 음운은 자음이 19개, 모음은 21개, 합해서 총 40개입니다.

2. 뭐든 뜻이 있어야 해 –형태소

2–1) 형태소가 뭐지?

형태소란 뜻을 가진 가장 작은 말의 단위를 말합니다. 그러면 뜻이 없는 것은 형태소가 될 수 있을까요? 뜻이 없는 것은 형태소가 아닙니다.(단, 문법적인 뜻을 갖고 있는 형태소도 있습니다.) 예를 들어, 감나무는 '감'과 '나무'가 결합된 단어입니다. 이 '감나무'를 '감'과 '나무'로 나눴을 때, 각각 뜻을 가지고 있습니다. 하지만 '나무'를 '나'와 '무'로 나누면 아무런 뜻도 없어지게 되는 것이지요. 그래서 '감나무'는 '감'과 '나무', 이렇게 두 개의 형태소로 구성되어 있습니다. 문제를 하나 낼게요. '바위섬'은 몇 개의 형태소로 구성되었을까요? 네, 그렇습니다. '바위'와 '섬', 이렇게 두 개의 형태소로 구성되어 있습니다. 잘 했어요. 하나만 더 낼게요. '바다사자'는요? 네, '바다'와 '사자', 이렇게 두 개입니다.

2-2) 형태소와 단어의 차이는?

형태소는 몇 개의 음운이 결합해서 하나의 형태소를 이룹니다. '밤'은 'ㅂ,ㅏ,ㅁ'이라는 세 개의 음운이 결합한 형태소입니다. '숭늉'은 'ㅅ, ㅜ, ㅇ, ㄴ, ㅠ, ㅇ', 이렇게 6개의 음운이 결합한 형태소입니다. 단어는 이러한 형태소로 만들어집니다. 하나의 형태소가 하나의 단어가 될 수 있고, 둘 이상의 형태소가 하나의 단어가 될 수도 있습니다. 먼저 하나의 형태소가 단어가 되는 사례를 들어 볼게요. '밤', '똥', '감' 등의 1음절(글자)로 된 것이 있고 '사람', '바다', '우물' 등의 2음절(글자)로 된 것이 있습니다. 물론 3음절 이상으로 된 형태소도 있습니다. 다음으로 둘 이상의 형태소가 결합된 단어에 대해 알아볼게요. '겉옷'은 하나의 단어이지만, 형태소는 두 개입니다. '겉'과 '옷'이 각각 하나의 형태소입니다. '산새'도 '산'과 '새' 두 개의 형태소로 만들어진 단어입니다. 그럼 '산바람'은 '산'과 '바람'이라는 두 개의 형태소가 결합하여 하나의 단어가 된 것입니다.

2-3) 형태소의 종류

이번에는 형태소의 종류에 대해 알아봅시다. 형태소는 자립성 여부에 따라 자립 형태소와 의존 형태소가 있고, 실질적 의미 유무에 따라 실질 형태소와 형식 형태소가 있습니다. 자립이니 실질적 의미니 이게 무슨 말이냐고요? 머리 아프시죠. 아마 대부분 어려울 겁니다.

먼저 자립성 여부란 말은 다른 말의 도움 없이 스스로 설 수 있느냐라는 말입니다. '하늘이 푸르다'에서 '하늘이'에 주목해 봅시다. '하늘'은 자기 혼자서도 설 수 있지만, '-이'는 앞에 다른 말이 와야 합니다. 그래서 '하늘'은 혼자 설 수 있으니까 자립 형태소가 되고, '-이'는 혼자 설 수 없고 다른 말에 의존해야 하니까 의존 형태소가 됩니다. '피자를 먹다'에서 자립 형태소는 뭘까요? 이 문장은 '피자, 를, 먹, 다'로 나눌 수 있는데, 이 중에 혼자 설 수 있는 것은 '피자'입니다. 나머지는 전부 다른 말의 도움을 받아야 합니다. '먹'도 자기 혼자 설 수 없고, '-다'의 도움을 받아야 합니다.

다음으로 실질 형태소와 형식 형태소에 대해 공부합시다. 실질 형태소는 실질적인 뜻이 있는 형태소이고, 형식 형태소는 문법적인 뜻(문법적인 역할)이 있는 형태소입니다. 위 문장의 '하늘이 푸르다'는 '하늘,

이, 푸르, 다'로 나눠지는데, 이 중에 실질적인 뜻이 있는 것은 '하늘'과 '푸르'입니다. '하늘'은 '지평선이나 수평선 위로 보이는 무한대의 넓은 공간'이라는 실질적인 뜻을 가지고 있고, '푸르'는 '맑은 가을 하늘이나 깊은 바다, 풀의 빛깔과 같이 밝고 선명하다'는 실질적인 뜻을 가지고 있습니다. 하지만 '이'와 '다'는 실질적인 뜻이 없습니다. 다만 문법적인 뜻이 있습니다. '이'와 '다'는 다른 말과의 문법적인 관계만 나타내고 있습니다.

이해되셨는지 연습해 봅시다. 앞에서 언급한 '피자를 먹다'에서 실질 형태소는 무엇일까요? 네, 그렇습니다. '피자'와 '먹'입니다. 이 둘이 실질 형태소이고, '를'과 '다'는 문법적인 뜻을 가지고 있는 형식 형태소입니다. 모든 자립 형태소와 용언의 어간 등은 실질 형태소가 됩니다. 자립 형태소는 앞에서 설명했고요, 용언의 어간이란 동사와 형용사 중에서 실질적인 뜻이 있는 부분을 말합니다. 예를 들면, '달리다'에서는 '달리'가 실질적인 뜻이 있지요. 여기서 '달리'가 용언의 어간이 됩니다. 그럼, '빠르다'에서 어간은 뭘까요? 네, '빠르'입니다.

다음 문장의 형태소는 모두 몇 개인지, 그리고 자립 형태소, 의존 형태소, 실질 형태소, 형식 형태소가 무엇인지 전부 파악하여 쓰시오.

나는 아침에 밥을 먹었다.

형태소 : ( )개
자립 형태소 :
의존 형태소 :
실질 형태소 :
형식 형태소 :

2 단어를 꽉 잡자고!

여러분, 앞에서 음운과 형태소에 대해 알아보았어요. 이제는 단어에 대해 공부할까 합니다. 한번 공부할 때 정확하게 해 놓으면 나중에 편해집니다. 그러나 제 친구 대충이처럼 대충대충 공부하면 기억에도 잘 남지 않아서 또 공부하고 또 공부하게 됩니다. 설명을 잘 들으시고, 또 복습을 철저하게 하여 깐깐하게 공부합시다.

1. 형태소와 다른 단어 – 단어

산이 푸르다.

이 문장에 사용된 형태소는 '산, 이, 푸르, 다' 이렇게 4개입니다. '산'은 자립, 실질 형태소이고, '이'는 의존, 형식 형태소이고, '푸르'는 의존, 실질 형태소이고, 마지막으로 '다'는 의존, 형식 형태소입니다. 왜 그런지는 다 아시겠죠? 만약 모르신다면 형태소를 다시 정독하세요. 자, 이제 문제 냅니다. 이 문장에 사용된 단어는 모두 몇 개일까요? 알아맞혀 보세요.

네, 모두 3개입니다. '산, 이, 푸르다'. 이렇게 세 단어입니다.

앞에서 형태소를 열심히 공부했는데, 갑자기 헷갈리시죠? 아마도 헷갈릴 겁니다. 책을 놓고 그냥 쉬고 싶을지도 모릅니다. 그래도 힘을 내세요. 어려운 부분이라고 손을 놓으면 실력이 늘지 않습니다.

우선 단어의 개념을 정리해 봅시다. 단어란 '뜻을 가진 말 중에서 홀로 쓰일 수 있는 말의 최소 단위'를 말합니다. 먼저 '뜻을 가진 말'이 무엇인지 생각해 봅시다. 위의 '산이 푸르다'에서 뜻을 지닌 말이 무엇일까요? 먼저, '산'. 뜻을 가진 말입니다. '이'는 실질적인 뜻은 없지만 문법적인 뜻을 가지고 있습니다. 그리고 '푸르다'는 뜻을 가지고 있습니다.

다음으로, '홀로 쓰일 수 있는 말'이 무엇인지 봅시다. 먼저, '산'. 홀로 쓰일 수 있습니다. 단어입니다. 그리고 '이'는? 문법적인 뜻을 가지고 있지만 홀로 쓰일 수는 없습니다. (여기서, 중요합니다. '이'는 자립적으로 쓰이는 말인 '산' 뒤에 붙어서 문법적인 기능을 하는 말인데, 이것도 단어로 인정합니다. 이거, 엄청 중요합니다. '철수가'에서 '가'도 단어이고, '자장면을'에서 '을'도 단어입니다. 정리하자면, '이', '가', '을' 같은 종류들은 항상 앞에 홀로 쓰일 수 있는 단어와 붙어 쓰여 쉽게 분리될 수 있기 때문에 단어로 인정한다는 공통된 특징이 있어요.) 그리고 '푸르다'는 뜻을 가지고 있지만 '푸르'나 '다'로는 둘 다 홀로 쓰일 수 없습니다. 그래서 이 경우에는 '푸르다'가 합쳐져야 홀로 쓰일 수 있으니 '푸르다'가 하나의 단어가 됩니다. 왜 '산이 푸르다'라는 문장이 단어가 3개인지 아시겠죠?

2. 단어의 종류

2-1) 단일어와 복합어

단어는 단일어와 복합어로 나눌 수 있습니다.

단일어는 하나의 실질 형태소만 있는 것을 말합니다. 사과(과일), 하늘, 구름 등은 하나의 실질 형태소만 있는 말이니 단일어입니다. 하나의 형태소만 있다 보니 더 이상 나눌 수가 없지요. 만약 더 나누면 아무런 뜻이 없어져 버립니다. '하늘'을 '하'와 '늘'로 나누면 아무런 뜻이 없어지고 동사나 형용사에서 하나의 실질 형태소(어간)와 형식 형태소(어미)로 이루어진 말도 단일어입니다. 예를 들어, '가다'는 실질 형태소인 '가'와 형식 형태소인 '다'로 이루어졌습니다. 이런 경우도 단일어입니다. 다른 사례로는 '뛰다', '예쁘다', '덥다' 등이 있습니다.

복합어는 말 그대로 '복'잡하게 '합'해진 것입니다. 왜 복잡하자면, 둘 이상의 형태소로 이루어져서 그렇습니다. 사람이 많으면 복잡해지듯이 형태소도 많아지면 복잡해집니다. 복합어는 단일어와 달리 형태소를 나눌 수 있습니다.(물론 단일어도 동사나 형용사와 같은 용언은 실질 형태소와 형식 형태소로 나눌 수 있습니다. 예를 들어, '놀다'는 '놀'(실질 형태소)과 '다'(형식 형태소)로 나눌 수 있어요.)

2-2) 복합어 = 파생어+합성어

복합어는 다시 파생어와 합성어로 나눌 수 있습니다.

파생어는 실질 형태소와 형식 형태소로 이루어진 단어입니다. 실질 형태소는 단일어이고, 형식 형태소는 접사입니다. 접사는 단일어에 의미를 더하거나 품사를 바꾸어 주는 형태소를 말합니다.

접사는 다시 접두사와 접미사로 나눠집니다. 단일어 앞에 붙으면 접두사, 단일어 뒤에 붙으면 접미사가 되지요. 접두사는 단일어에 새로운 뜻을 더해 주는 역할을 합니다. '풋사과'는 '사과'라는 단일어에 접두사 '풋'을 붙여 만들어진 단어입니다. 그런데 이 '풋'이라는 접두사가 붙으면서 '아직 덜 익은'이라는 새로운 뜻이 더해졌습니다. 그리고 접미사는 뜻을 더해 주기도 하면서 품사를 바꾸는 역할도 합니다. 예를 들어, '먹보'는 명사입니다. 그런데 이 단어는 원래 '먹다'라는 동사의 어간인 '먹'에 접미사 '보'가 붙어서 명사가 되지요. 접미사에는 이런 변신의 역할이 있다는 것, 잊지 마세요.

정리해 보자면, 파생어는 '어근+접미사'나 '접두사+어근'의 형태를 보입니다. 여기서 어근이란 단어에서 실질적인 의미를 지닌 부분을 말합니다. '군소리'에서는 '소리'가 어근이 되고, '놀이'에서는 '놀'이 어근이 됩니다. 그럼 접두사와 접미사가 붙은 파생어의 종류들을 살펴보겠습니다.

접두사가 붙은 파생어 : ① 군소리 ② 새하얗다 ③ 맨손 ④ 치솟다, ⑤ 맏아들 등

접미사가 붙은 파생어 : ⑥ 놀이 ⑦ 물음 ⑧ 대장장이 ⑨ 마음씨, ⑩ 깨뜨리다 ⑪ 먹이다 ⑫ 먹히다 등

[접사 설명]

① '군-' : '쓸데없는'의 뜻을 더하는 접두사

② '새-' : '매우 짙고 선명하게'의 뜻을 더하는 접두사

③ '맨-' : '다른 것이 없는'의 뜻을 더하는 접두사

④ '치-' : '위로 향하게' 또는 '위로 올려'의 뜻을 더하는 접두사

⑤ '맏-' : '맏이'의 뜻을 더하는 접두사

⑥ '-이' : 명사를 만드는 접미사

⑦ '-음' : 명사를 만드는 접미사

⑧ '-장이' : '그것과 관련된 기술을 가진 사람'의 뜻을 더하는 접미사

⑨ '-씨' : '태도' 또는 '모양'의 뜻을 더하는 접미사

⑩ '-뜨리다' : '강조'의 뜻을 더하는 접미사

⑪ '-이-' : '사동'의 뜻을 더하는 접미사

⑫ '-히-' : '피동'의 뜻을 더하는 접미사

자, 이제 합성어에 대해 알아보겠습니다. 합성어는 실질 형태소끼리 이루어진 단어입니다. 합성어 입장에서는 실질 형태소가 하나밖에 없는 파생어는 상대가 안 될 수 있겠지요. 합성어에는 실질 형태소만 있으니까요. '어디서 실질 형태소 하나 가지고 단어 행세를 하려고 해!' 이러지 않을까요? 농담입니다. 합성어의 예를 들겠습니다. '밤낮'은 '밤'과 '낮'이라는 각각 실질적인 뜻이 있는 형태소가 결합한 합성어입니다. 봄에 내리는 비인 '봄비'의 '봄'과 '비'도 각각 실질적인 뜻이 있습니다. 또 '뛰놀다'는 '뛰다'와 '놀다'라는 단일어로 이루어진 합성어입니다. 그리고 '덮밥'은 '덮다'의 '덮'과 '밥'이라는 실질 형태소끼리 이루어진 합성어입니다.

2-3) 통사적 합성어와 비통사적 합성어

합성어는 다시 통사적 합성어와 비통사적 합성어로 나눌 수 있습니다. 힘드시죠. 뭘 이렇게 많이 나누냐고요? 그만 좀 나누자고요? 이해합니다. 조금만 더 힘내서 읽어 봅시다.

통사적 합성어는 우리말의 일반적인 단어 배열법과 맞게 이루어진 합성어이고, 비통사적 합성어는 우리말의 일반적인 단어 배열법과 맞지 않게 이루어진 합성어입니다. '본받다'와 '늦더위'를 예로 들어 설명할게요. '본받다'는 통사적 합성어이고, '늦더위'는 비통사적 합성어입니다. 둘 중에서 우리말의 일반적인 단어 배열법과 맞는 단어는 '본받다'가 되겠지요. '본받다'는 '본을 받다'의 준말입니다. 우리말에서는 '본 받아라'라는 말이 사용되고 조사 '을'이 생략될 수 있어요. 그러니까, '본받다'는 우리말의 단어 배열법과 일치하는 단어입니다. 그런데,

'늦더위'는 '늦은 더위'의 준말입니다. 여기서 '은'은 어미인데, 어미는 생략될 수 없어요. 예를 들어, '밥을 먹어'가 '밥 먹어'는 되지만 '밥을 먹'은 말이 안 되잖아요. 조사는 생략이 되지만, 어미 생략은 안 됩니다.

1. 다음 중 파생어를 고르시오.

① 돌다리 ② 부슬비 ③ 늦더위
④ 작은형 ⑤ 부채질

2. 다음 중 통사적 합성어를 고르시오.

① 부슬비 ② 오르내리다 ③ 높푸르다
④ 걸어가다 ⑤ 꺾쇠

3 품사, 품사!

여러분, 이제 품사에 대해 공부합시다. 먼저 품사의 뜻을 정확하게 이해합시다. 품사란 '단어를 형태, 기능, 의미에 따라 나눈 갈래'를 말합니다. 또 뭘 나누네요. 제가 일부러 그런 것 아니니 이해하시고 잘 들어보세요. 차근차근 해 봐요.

형태에 따른 종류 : 불변어와 가변어
기능에 따른 종류 : 체언, 용언, 관계언, 수식언, 독립언
의미에 따른 종류 : 명사, 대명사, 수사, 동사, 형용사, 조사, 관형사, 부사, 감탄사

1. 형태에 따른 종류 - 불변어와 가변어

단어를 형태에 따라서 불변어와 가변어로 나눌 수 있습니다. 불변어는 형태가 변하지 않는 단어이고, 가변어는 형태가 변하는 단어입니다. 불변어에는 '책상', '선생님', '야구', '아!', '하나' 등이 있습니다. 이 단어들은 어떤 문장에서 쓰이든 형태가 변하지 않습니다. '불변어는 형태가 변하지 않는다'만 알면 됩니다.

가변어는 형태가 변합니다. '달리다'라는 단어는 '달리고', '달려라', '달려서' 등처럼 형태가 변합니다. 어떤 문장에서 쓰이느냐에 따라 형태가 달라집니다. 동사나 형용사가 형태가 변하는 말입니다.

그리고 '-이다'라는 서술격 조사가 있는데, 이것도 가변어에 해당합니다.(원래 조사는 불변어에 속합니다. '은, 는, 이, 가'라는 조사는 형태가 안 변하지만, '-이다'라는 서술격 조사만 형태가 변합니다.) '이것은 밥이다'라는 문장에서 '밥이다'라는 단어가 '밥이니', '밥이고' 등으로 형태가 변합니다. '이다'가 '이니', '이고'로 변하는 것이지요. 불변어와 가변어로 나누는 것, 쉽지요?

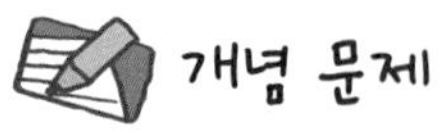

※ 다음 문장에서 불변어만 골라 쓰시오.

나는 국어가 매우 좋다.

2. 기능에 따른 종류 – 체언, 용언, 관계언, 수식언, 독립언

이제 기능에 따른 종류에 대해 공부합시다. 먼저 '기능'이 무슨 말인지 명확하게 알아야 해요. '기능'이란 단어가 문장에서 어떤 기능을 하는지를 말하는 것입니다. 어떤 단어는 문장에서 몸통처럼 쓰일 수도 있고, 어떤 단어는 다른 단어를 꾸며 줄 수도 있고, 또 어떤 단어는 단어와 단어를 연결시켜 주는 기능을 할 수도 있습니다. 이렇게 기능(역할)에 따라 체언, 용언, 관계언, 수식언, 독립언 등으로 나눌 수 있습니다. 하나씩 살펴보시죠.

먼저 체언입니다. 체언은 문장에서 몸통의 역할을 합니다. 몸통이라고 해서 반드시 주어 역할만 하는 것은 아닙니다. 이 체언은 여러 가지 조사와 결합하여 주어, 목적어, 보어, 관형어, 부사어, 서술어 등으로 사용됩니다. 예를 들어, '사과'는 체언입니다. 명사이지요. 이 '사과'는 문장에서 다양하게 사용될 수 있습니다. '사과는 맛있다.'에서는 주어로 사용되었고, '나는 사과를 먹었다.'에서는 목적어로 사용되었고, '내가 제일 좋아하는 과일은 사과이다.'에서는 서술어로 사용되었고, '그녀의 얼굴은 사과처럼 붉어졌다.'에서는 부사어로 사용되었습니다. 이처럼 체언은 문장에서 다양하게 사용될 수 있는데, 적지 않은 학생들이 체언은 주어로만 사용되는 것으로 알고 있습니다. 체언에는 명사, 대명사, 수사 등이 있습니다.

둘째는 용언입니다. 용언은 뜻을 가지고 있으면서 문장 안에서 서술어의 기능을 합니다. 문장 주체의 움직임, 성질, 상태 등에 대해 서술하게 됩니다. 용언은 어간과 어미로 구성되어 있습니다. 실질적인 뜻이 있는 부분이 어간이고, 문법적인 뜻이 있는 부분이 어미입니다. '오르다'라는 단어에서 실질적인 뜻을 갖고 있는 부분은 '오르'이니 이 부분이 어간이 되고, '다'는 어미가 됩니다. 그런데 이 용언은 문장에 따라 형태가 변합니다. 이것을 '활용'이라고 합니다. (앞에서 배웠던 체언은 활용이 될까요? 안 됩니다.) 용언은 주로 서술어로 사용되지만, 어미가 변화함에 따라 문장 성분이 달라지는 경우도 있습니다.

예를 들어, '나는 밥을 먹다'에서 '먹다'는 서술어로 사용되었지만, ' 혼자 달리기는 어렵다.'에서는 '달리기'가 주어 역할을 합니다. 이 문장에서 '달리기'는 동사인 '달리다'의 '달리'에 명사형 어미 '기'가 붙은 것입니다. 용언에는 동사, 형용사가 있습니다.

셋째, 수식언입니다. 수식언은 말 그대로 꾸며주는 말입니다. 무엇을 꾸며줄까요? 바로 앞에서 배웠던 체언이나 용언을 꾸며줍니다. 체언을 꾸며주는 말과 용언을 꾸며주는 말이 다릅니다. 체언을 꾸며주는 말을 '관형사'라고 하고 용언을 꾸며주는 말을 '부사'라고 합니다. '새 옷을 샀다.'에서 '새'는 체언인 '옷'을 꾸며주는 역할을 합니다. 그러니까 관형사입니다. 한편, '하늘이 무척 푸르다.'에서 '무척'은 '푸르다'를 꾸며주는 역할을 합니다. 그러니까 부사입니다. 수식언에는 관형사, 부사가 있습니다.

넷째, 관계언입니다. 관계언은 말 그대로 다른 단어들 간의 관계를 나타내 줍니다. 단어를 의미에 따라 나눌 때, 조사는 문장 내에서 여러 성분들을 연결해 주는 기능을 합니다. 이 조사를 기능에 따라 나눌 때의 명칭을 관계언이라고 합니다.

다섯째, 독립언입니다. 독립언은 독립적으로 쓰이는 말로, 다른 단어에 얽매이지 않습니다. 감탄사가 독립언에 속합니다.

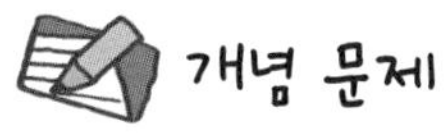

※ 다음 문장을 읽고, 각 단어의 품사를 쓰시오.(기능에 따른 종류대로)

하늘이 매우 푸르다.

3. 의미에 따른 종류 – 명사, 대명사, 수사, 동사, 형용사, 조사, 관형사, 부사, 감탄사

운동장에 차들이 가득 차 있다고 합시다. 그 많은 차들을 분류하라고 하면 먼저 뭘 해야 할까요? 그렇지요. 기준을 먼저 정해야 합니다. 먼저 생산국을 기준으로 국산차와 수입차로 나눌 수 있고 배기량을 기준으로 대형차, 중형차, 소형차, 경차 등으로 나눌 수 있어요.

또 용도에 따라 상용차와 승용차 등으로 나눌 수 있어요. 이처럼 단어도 어떤 기준을 가지고 나눌 수 있어요. 앞에서 형태와 기능에 따라 나눠 보았는데, 이번에는 의미에 따라 나눠 보겠습니다.

단어들은 의미(뜻)에 따라 9개로 나눌 수 있어요. 여기서 의미란 비슷한 성질을 말합니다. 사과, 해, 책상, 달리다, 함께, 무척. 이들 단어에서 사과, 해, 책상 등은 사물의 이름을 뜻한다는 공통점이 있습니다. 그래서 이들을 묶어서 명사라고 합니다. 이처럼 많은 단어들을 비슷한 성질을 가진 것끼리 묶어서 나눈 것을 통상 9품사라고 부릅니다. 이제 하나씩 알아볼게요.

3-1) 명사

명사는 어떤 대상의 이름을 나타내는 품사입니다. 그 대상은 사람, 사물, 현상 등 다양합니다. 이 명사도 몇 가지로 나눌 수 있습니다.

특정한 사람이나 물건에 쓰이는 이름은 고유 명사이고, 일반적인 사물에 두루 쓰이는 이름은 보통 명사입니다. '산'은 두루 쓰이는 이름이므로 보통 명사이고, '백두산'은 특정한 산의 이름을 의미하므로 고유 명사에 해당합니다.

여러분의 이름은 뭘까요? 고유 명사입니다. 특정하잖아요. '야구단'은 보통 명사이고, 'LG트윈스'는 고유 명사입니다. 한편, 자립적으로 쓰이느냐, 그 앞에 반드시 꾸미는 말이 있어야 하느냐에 따라 자립 명사와 의존 명사로 나눌 수 있습니다. '호빵'은 자립할 수 있으므로 자립 명사이지만, '것'은 앞에 어떤 말이 와야 하므로 의존 명사입니다. '먹을 것', '입을 것' 등처럼 말입니다. 의존 명사의 종류로는 '리, 지, 데, 따름, 뿐, 바, 것, 개' 등이 있습니다.

3-2) 대명사

대명사는 이름을 대신 나타내는 말입니다. 사람, 사물, 현상 등의 이름을 대신 나타내는 것이지요. 말할 때마다 이름을 부르면 매우 번거롭겠지요. 하지만 대명사를 사용하면 편리하고 경제적입니다.

대명사는 인칭 대명사와 지시 대명사로 나뉩니다. 인칭 대명사는 '나', '저', '우리' 같은 1인칭, '너', '너희', '자네' 같은 2인칭, '이', '그', '저' 같은 3인칭이 있습니다. 그리고 '누구', '아무' 같은 부정칭(정해지지 않은 대상)과 미지칭(모르는 대상을 가리킴)이 있습니다. 지시 대명사는 사물이나 장소를 대신 나타내는 말로서 '이것', '그것', '저것', '여기', '저기', '거기' 등이 있습니다.

3-3) 수사

수사는 사물의 수량이나 순서를 나타내는 말입니다. 수량을 나타내는 양수사와 순서를 나타내는 서수사가 있습니다.

수 '량'이니 '양' 수사, 순 '서'이니 '서'수사입니다. 양수사에는 '하나', '둘', '셋' 등과 '일', '이', '삼' 등이 있습니다. 서수사에는 '첫째', '둘째', '셋째' 등이 있습니다.

3-4) 동사

동사는 문장에서 사람이나 사물의 동작이나 움직임을 나타내는 말입니다. 주로 서술어로 사용되고, 어미 결합에 제약이 거의 없습니다. '먹다'는 '먹고, 먹으니, 먹어서, 먹어라, 먹으세, 먹는다, 먹었다, 먹이'처럼 다양한 어미와 결합할 수 있습니다. 그리고 조사와도 결합이 가능합니다. '먹는다는 것'처럼 '먹는다'에 조사 '는'이 결합할 수 있습니다. 또 높임을 나타내는 어미와 결합하여 높임 표현이 가능합니다. '가다'에 높임을 나타내는 어미 '시'를 결합하여 '가시다'처럼 표현할 수 있습니다.

다음 표는 동사의 종류에 대한 내용인데, 중요한 내용이니 암기하기 바랍니다.

종류	예 문	뜻
자동사	말이 달린다.	목적어가 필요 없음
타동사	말이 여물을 먹는다.	목적어가 필요함
주동사	동생이 옷을 입는다.	주체가 동작을 함
사동사	엄마가 동생에게 옷을 입힌다.	주체가 남에게 동작을 하게 함
능동사	경찰이 범인을 잡았다.	주체가 제 힘으로 동작을 행함
피동사	도둑이 경찰에게 잡혔다.	주체가 남에 의해 동작을 당함

한편, 동사 중에 몇몇 특정한 어미와만 결합이 가능한 동사가 있습니다. 맞추기가 까다로운 동사들이죠.

예를 들어, '데리다'는 '데리고'와 '데려(데려 와)'는 가능하지만, '데리니', '데려서'는 안 됩니다. 이런 동사를 불완전동사라고 합니다. 불완전동사는 성격이 까다로워 몇몇 어미와만 결합한다는 것 잊지 마세요.

3-5) 형용사

형용사는 대상의 성질이나 상태를 나타내는 말입니다. 성질을 나타내는 단어로는 '빠르다', '기쁘다' 등이 있고, 상태를 나타내는 단어에는 '있다', '없다', '많다', '적다' 등이 있습니다. ("어, 이것도 형용사였어?"라고 생각할 만큼 형용사는 다양합니다.) 형용사도 동사와 마찬가지로 어미와 결합하여 활용합니다.

다만, 동사처럼 거의 모든 어미와 결합하지는 않습니다. 형용사는 현재를 나타내는 어미 '-는'이나 '-ㄴ'과 결합할 수 없습니다. '먹는다'는 되지만 '빠른다'는 가능하지 않습니다. 그리고 명령형 어미와도 결합이 안 되기 때문에 '예뻐라'는 말이 안 되지요. 또 청유형 어미와도 안 되기 때문에 '예쁘자'도 말이 안 됩니다.

그래서 동사인지 형용사인지 구별이 어려울 때는 명령형 어미나 청유형 어미를 붙여서 어색하지 않으면 동사, 어색하면 형용사라고 생각하면 됩니다. 물론, 여러분이 일상에서 느끼는 감각으로만 접근하시면 안 됩니다.

3-6) 조사

조사의 '조(助 도울 조)'는 도와주다는 뜻입니다. 그래서 조사는 체언처럼 몸통도 아니고, 용언처럼 서술의 기능을 하지 않습니다. 조사는 다른 말과의 문법적 관계를 나타내거나 특별한 의미를 더해 주는 역할을 합니다.

주로 체언 뒤에 붙지만 용언의 어미 뒤나 부사 뒤에 붙기도 합니다. 체언 뒤에 붙는 것은 '내가', '사람이', '선물을' 등이 있고, 어미 뒤에 붙는 것은 '산다는 것은 즐겁다.'에서 밑줄 친 '는'이 어미 '다' 뒤에 붙는 경우입니다.

그리고 부사 뒤에 붙는 경우는 '빨리도 왔다.'에서 밑줄 친 '도'는 '빨리'라는 부사 뒤에 붙은 것이지요. 조사는 홀로 쓰일 수 없지만 단어로 인정합니다. '조사는 단어로 인정한다!'를 잊지마세요. 그리고 조사는 기본적으로 불변어에 해당하지만 서술격 조사인 '이다'만 가변어에 해당합니다. '-이니', '-이고' 등으로 형태가 변하니까요.

조사는 크게 격 조사, 접속 조사, 보조사로 나눌 수 있습니다. 격 조사는 체언 뒤에 붙어서 문장 안에서 일정한 자격을 갖게 하는 말이고, 접속 조사는 단어들을 같은 자격으로 연결해 주는 말이고, 보조사는 어미나 문장 성분 등에 붙어서 특별한 의미를 더해 주는 말입니다.

- **격 조사** 주격 조사(-이/-가/-께서/-에서), 목적격 조사(-을/-를), 보격 조사(-이/-가), 서술격 조사(-이다), 관형격 조사(-의), 부사격 조사(-에/-에서/-에게/-(으)로/-(으)로서/-같이), 호격 조사(-아/-야/-여)
- **접속 조사** -와/-과/-고/-며
- **보조사** -은/-는/-도/-만/-까지/-마저/-조차/-부터/-마다/-(이)야/-(이)나/-(이)나마

3-7) 관형사

관형사는 체언 앞에서 체언을 꾸며주는 말입니다. 체언이 뭐라고 했나요? 명사, 대명사, 수사라고 배웠지요. 관형사는 크게 지시 관형사, 수 관형사, 성상 관형사가 있습니다.

지시 관형사는 사물을 가리키는 관형사로, '이', '그', '저' 등이 있습니다. '이 사람', '그 물건', '저 분' 등으로 사용됩니다. 수 관형사는 사물의 수를 표현하는 관형사로, '한', '두', '세' 등이 있습니다. '한 개', '세 사람' 등으로 사용됩니다. 마지막으로 성상 관형사는 사물의 성질이나 모양을 나타내는 말로, '새', '헌', '무슨' 등이 있습니다. '새 제품', '헌 신발', '무슨 동물' 등으로 사용됩니다.

3-8) 부사

부사는 주로 용언을 꾸며주는 말로 용언의 뜻을 더욱 분명하게 합니다. 용언을 주로 꾸미지만, 다른 말 앞에 올 수도 있습니다. 부사는 문장 전체를 꾸밀 수도 있고, 다른 부사를 꾸밀 수도 있고, 관형사나 체언을 꾸밀 수도 있습니다. 그리고 부사는 다른 품사와 달리 문장 내에서 위치가 자유로운 편입니다. 이 친구는 일종의 자유 이용권을 가지고 있습니다. 마음대로 돌아다녀도 됩니다.

부사는 크게 성분 부사와 문장 부사로 나눌 수 있습니다. 성분 부사는 문장의 한 성분을 꾸며 주고, 문장 부사는 문장 전체를 꾸며 줍니다. '한라봉이 매우 맛있다.'에서 '매우'는 '맛있다'라는 한 문장 성분(서술어)을 꾸며 주니까 성분 부사입니다. 그렇지만, '제발 네가 합격했으면 좋겠다.'에서 '제발'은 문장 전체를 꾸며 주니까 문장 부사에 해당합니다.

3-9) 감탄사

감탄사는 말하는 사람의 놀람, 느낌, 부름이나 대답 등을 나타내는 말입니다. 감탄사는 형태가 변하지 않으며, 문장의 다른 성분에 얽매이지 않으므로 독립언이라고 합니다.

감탄사는 대개 감정 표현, 의지 표출을 하는 데 쓰이고, 입버릇이나 의미 없는 표현일 경우도 있습니다. 주로 독백이나 대화에 많이 사용됩니다. 감탄사의 사례로 아, 이야, 오호라, 예, 음, 에끼, 후유, 에구머니, 아뿔싸, 여보세요, 이봐, 천만에, 에헴 등이 있습니다.

※ 다음 문장을 읽고, 품사의 명칭들을 각각 쓰시오.(의미에 따른 종류대로)

아, 방학이 되니 매우 기쁘구나.

4 음운이 변동한다고?

대충이가 깐깐이한테 말한다.

"깐깐아, 우리 '떡.볶.이.' 먹으러 가자."

"애, 대충아. '떡뽀끼'라고 발음하면 되는데, 왜 그렇게 힘들게 발음해?"

"무슨 소리야? 난 표기된 대로 발음하려고 애쓰는데. '떡.볶.이.'가 이상해?"

"그래, 진짜 이상해. 그냥 너 편하게 발음해. 그게 훨씬 좋겠어. 어색하단 말야."

"알았어. 근데 말이야. 깐깐아, 음운의 변동이 뭐야?"

"아, 음운의 변동? 음운의 변동은 발음하는 과정에서 음운이 변화하는 거야."

"아, 그렇구나. 그러면 '국민'이 발음하는 과정에서 '궁민'으로 변화하는 것을 음운의 변동이라고 하는 거야?"

"그래, 맞아. 잘 하는구나."

"헤헤, 고마워. 깐깐아."

여러분, 이제 음운의 변동에 대해 공부하겠습니다. 음운이 무엇인가요? 자음과 모음입니다. 그런데 이 음운이 언제 변동할까요? 발음을 할 때 변동합니다. '국물'을 발음하면 '궁물'로 소리가 납니다. 어묵 먹으면서 '아줌마, 국!물! 주세요.'라고 발음하면 힘들겠지요. 자, 음운의 변동이 무엇인지 아시겠죠. 사전적으로는 '두 음운이 만날 때 그 환경에 따라 발음이 달라지는 현상'입니다. 좀 복잡하지요. 조금 더 쉽게 정의하면, 음운의 변동이란 '두 음운이 서로 만날 때, 소리내기 좋게 음운이 달라지는 현상'입니다. 다음 사례를 가지고 설명할게요.

(표기) (발음)

1. 고구려 ----------〉 고구려

2. 신라 ----------〉 실라

3. 백제 ----------〉 백쩨

자, 위의 고구려, 신라, 백제는 우리 역사의 삼국 시대 나라 이름입니다. 그런데 고구려, 신라, 백제 모두 표기와 발음이 같지는 않습니다. 고구려는 똑같이 '고구려'로 발음됩니다. 발음하는 과정에서 어려움이 없으니까 그렇습니다. (일부러 '고꾸려'라고 발음하면 안 됩니다.) 그런데 신라와 백제는 발음하는 과정에서 음운이 변화합니다. 신라를 '신라'라고 발음하는 것보다 '실라'라고 발음하는 것이 훨씬 쉽기 때문에 그렇습니다. 백제도 '백제'보다는 '백쩨'라고 발음하는 것이 훨씬 쉽습니다. 음운의 변동이 무엇인지 개념 잡으셨죠. 이제 음운 변동의 종류에 대해 알아보겠습니다.

1. 음절의 끝소리 규칙

음절의 끝소리 규칙을 공부하기 전에 '음절'과 '끝소리'가 뭔지 공부해야 합니다. 말뜻도 모르고 공부만 열심히 하면 금방 잊어 버립니다. '음절'은 '말소리의 최소 단위'입니다. 그러면 위의 '신라'와 '실라' 중에서는 무엇이 말소리일까요? 네, '실라'가 말소리입니다. 이제 '실라'의 최소 단위는 무엇입니까? '실'과 '라'입니다. 이제 '끝소리'에 대해 알아볼게요. '밥'을 슬로비디오로 발음하면 'ㅂ', 'ㅏ', 'ㅂ' 순으로 발음됩니다. (그렇다고 일부러 '브아압'이라고 발음할 필요는 없습니다.) 그래서 '밥'의 첫소리는 'ㅂ', 가운데 소리는 'ㅏ', 끝소리는 'ㅂ' 입니다. 여러분, 이제 음절의 끝소리 규칙에 대해 알아봐도 될 것 같아요. 음절의 끝소리 규칙이란 끝소리(받침을 말함)에는 'ㄱ, ㄴ, ㄷ, ㄹ, ㅁ, ㅂ, ㅇ'의 7개 자음 중 하나만 오는 현상을 말합니다. 7개 중 'ㄱ' 하나만 예를 들어 볼게요. 다음 사례를 보세요.

떡 → [떡], 부엌 → [부억], 밖 → [박], 몫 → [목], 동녘 → [동녁]

위의 사례를 보면, 다섯 단어의 마지막 음운 'ㄱ, ㅋ, ㄲ, ㄳ, ㅋ'이 발음하는 과정에서 음절의 끝소리가 모두 'ㄱ'로 변화하는 것을 알 수 있습니다. 이처럼 발음의 과정에서 해당 자음의 대표 자음으로 발음되는 현상이 음절의 끝소리 규칙입니다.

2. 자음 동화

'동화'의 뜻은 '다르던 것이 서로 같게 됨'입니다. 이를 통해 볼 때,

자음 동화란 다른 자음들이 만날 때, 서로 같아지거나 비슷해지는 것이라는 것을 알 수 있습니다. 예를 들어 '신라'를 '실라'로 발음할 때, 앞 음절의 'ㄴ'이 뒤 음절의 'ㄹ'의 영향을 받아서 'ㄹ'로 바뀌는데 이러한 경우를 자음 동화라고 합니다.

이 자음 동화는 몇 가지 기준에 의해 나눌 수 있습니다. 동화의 종류에 따라 비음화와 유음화가 있고, 동화의 방향에 따라 순행 동화, 역행 동화, 상호 동화가 있고, 동화의 정도에 따라 완전 동화, 불완전 동화가 있습니다.

먼저 동화의 종류에 따른 비음화와 유음화에 대해 알아보겠습니다. 비음화는 비음이 아닌 자음(ㄱ, ㄷ, ㅂ)이 비음(ㄴ, ㅁ, ㅇ)을 만나 비음처럼 발음되는 것을 말합니다.(비음은 발음할 때 공기가 코로 나오면서 내는 소리입니다.) 먼저, '밥물'이 '밤물'로 발음되는 경우를 보면, 앞 음절의 끝소리인 'ㅂ'이 뒤 음절인 'ㅁ'의 영향을 받아서 비음인 'ㅁ'으로 변합니다. 그리고 '국물'이 '궁물'로 발음되는 경우를 보면, 'ㄱ'이 'ㅁ'의 영향을 받아서 비음인 'ㅇ'으로 변합니다. 마지막으로, '닫는'이 '단는'으로 변하는 경우를 보면, 'ㄷ'이 'ㄴ'의 영향을 받아서 비음인 'ㄴ'으로 변합니다.

다음으로, 유음화는 유음이 아닌 자음이 유음을 만나 유음으로 동화되는 것을 말합니다.(유음은 혀끝을 잇몸에 가볍게 대었다가 떼거나, 잇몸에 댄 채 공기를 그 양옆으로 흘려보내면서 내는 소리로 'ㄹ'이 해당됩니다.) '칼날'이 '칼랄'로 발음되는 경우를 보면, 뒤 음절의 첫소리인 'ㄴ'이 앞 음절의 끝소리 'ㄹ'의 영향을 받아서 'ㄹ'로 동화되는 것을 볼 수 있습니다. '신라'가 '실라'로 변하는 것도 마찬가지입니다.

다음으로, 동화에 방향에 따른 순행 동화, 역행 동화, 상호 동화에 대해 공부합시다. 순행 동화는 뒤의 음이 앞의 음의 영향을 받아 그와 비슷하거나 같게 소리 나는 현상입니다. '종로'가 '종노'로 발음되는 경우를 보면 뒤의 'ㄹ'이 앞의 'ㅇ'의 영향을 받아서 'ㄴ'으로 바뀌었습니다. 선배가 아닌 후배가 바뀌었으니, 순행 동화입니다. 거꾸로 앞의 음이 바뀌면 역행 동화입니다. '밥물'이 '밤물'로 바뀐 경우를 보면 앞의 음인 'ㅂ'이 'ㅁ'으로 바뀌었습니다. 상호 동화는 앞뒤가 같이 바뀐 것을 말합니다. '국립'이 '궁닙'으로 바뀐 것을 보면 'ㄱ'과 'ㄹ'이 다 바뀌었습니다. 서로 변화했으니 상호 동화입니다.

마지막으로 동화의 정도에 따른 완전 동화와 불완전 동화에 대해 알아볼게요. 완전 동화는 '신라→실라' 사례를 가지고 설명할게요. 'ㄴ'이 'ㄹ'의 영향을 받아 똑같은 'ㄹ'로 바뀌었습니다. 영향을 주는 자음과 같은 소리로 변한 것이지요. 이런 경우를 똑같은 소리로 바뀌었다고 해서 완전 동화라고 합니다. 불완전 동화는 똑같은 소리로 바뀌지 않고 비슷한 소리로 변화되는 것을 말합니다. '먹는'이 '멍는'으로 바뀐 경우가 여기에 해당합니다. 똑같은 소리로 바뀌면 완전 동화, 비슷한 소리로 바뀌면 불완전 동화입니다. 아시겠지요?

3. 구개음화

'구개(口蓋)'는 입의 덮개를 말합니다. 입천장인 것이지요. 여러분, 혀로 입천장을 대 보세요. 잇몸 바로 위쪽은 오돌토돌하면서 딱딱합니다. 다시 입천장 저 안쪽을 혀로 대 보세요. 조금 부드럽습니다. 이때, 딱딱한 부분을 경구개(경硬 단단할 경), 부드러운 부분을 연구개(연軟 연할 연)라고 합니다. '구개음'은 소리를 낼 때 나오는 공기가 경구개 부분에 닿으면서 나는 소리입니다. 'ㅈ, ㅊ'이 여기에 해당합니다. '즈! 츠!'라고 발음하면 공기가 딱딱한 입천장을 때리는 것을 느낄 수 있어요. 자, 이제 '구개음화'가 무엇인지 아시겠지요? 구개음이 아닌 것이 구개음으로 발음되는 것을 구개음화라고 합니다.

좀 더 자세하게 설명하면, 구개음이 아닌 자음 'ㄷ, ㅌ'이 모음 'ㅣ'를 만나 경구개음인 'ㅈ, ㅊ'으로 소리 나는 현상이 바로 '구개음화'입니다. 예를 들어 볼게요. '해돋이'는 '해도지'로 발음됩니다. 잘 살펴보시면 'ㄷ'이 모음 'ㅣ'를 만나 경구개음인 'ㅈ'으로 바뀌었습니다. 또 하나 예를 들면 '밭이'는 '바치'로 발음됩니다. 'ㅌ'이 모음 'ㅣ'를 만나 경구개음인 'ㅊ'으로 변화하는 것을 알 수 있습니다.

4. 된소리되기

'된소리'에는 'ㄲ', 'ㄸ', 'ㅃ', 'ㅆ', 'ㅉ' 등이 있습니다. 그냥, '끄뜨쁘쓰쯔'로 외우세요. 된소리의 사전적 뜻은 '후두(喉頭) 근육을 긴장하거나 성문(聲門)을 폐쇄하여 내는 음'입니다. 어려우면 사례만 알아도 됩니다. '된소리되기'란 두 개의 안울림소리가 서로 만났을 때 뒤의 소리가 된소리로 발음되는 현상입니다. 다른 말로 경음화 현상이라고도 합니다. ('안울림소리'는 성대를 진동시키지 않고 내는 소리입니다.)

다음 사례를 봅시다. '국밥 → [국빱], 역도 → [역또], 입고 → [입꼬], 젖소 → 전소 → [전쏘]'를 보면, 각 단어의 뒤 음절의 첫소리인 'ㅂ, ㄷ, ㄱ, ㅅ'이 각각 'ㅃ, ㄸ, ㄲ, ㅆ'으로 변한 것을 볼 수 있습니다. 이 중에 '국밥→국빱'을 보면, 'ㄱ'과 'ㅂ'은 둘 다 안울림소리입니다. ('그', '브'할 때 성대가 떨리지 않지요.) 자, 두 개의 안울림소리가 만났을 때 뒤의 'ㅂ'이 'ㅃ'로 소리가 납니다. 이해되시지요. 된소리되기 현상이 성립하려면, 항상 첫음절의 끝소리와 뒤 음절의 첫소리에 안울림소리가 와야 합니다.

5. 'ㅣ' 모음 역행 동화

'ㅣ' 모음 역행 동화는 모음 'ㅏ, ㅓ, ㅗ, ㅜ'가 뒤에 오는 'ㅣ'의 영향을 받아서 'ㅐ, ㅔ, ㅚ, ㅟ'로 바뀌는 현상입니다. 순행과 역행은 자음 동화를 설명하면서 공부했습니다. 후배(뒤 음운)가 바뀌면 순행, 선배(앞 음운)가 바뀌면 역행이라고 했어요. '아기'를 '애기'로 발음하는 경우를 많이 들어보셨지요? '애기 몇 살이에요?'라고들 하잖아요. 이것을 살펴보면 'ㅏ'가 뒤에 오는 'ㅣ'의 영향을 받아 'ㅐ'로 바뀌었습니다. 'ㅣ' 모음 역행 동화의 또 다른 사례는 '어미'를 '에미'로, '죽이다'를 '쥑이다'로, '고기'를 '괴기'로 바꾸는 것이 있습니다. 그런데 이들은 표준 발음으로 인정하지는 않습니다. 냄비나 멋쟁이 등 일부 단어 말고는 표준 발음이 아니니 가급적 표준 발음을 활용하는 것이 좋겠지요.

6. 모음조화

모음조화는 비슷한 느낌을 가지는 모음들끼리 어울리는 현상을 말합니다. 한 단어 안에서 양성 모음은 양성 모음끼리, 음성 모음은 음성 모음끼리 어울리는 것이지요. 양성 모음은 'ㅏ', 'ㅗ' 등처럼 밝고 경쾌한 느낌을 주고, 음성 모음은 'ㅓ', 'ㅜ' 등처럼 어둡고 무거운 느낌을 줍니다. '퐁당퐁당 돌을 던지자'하면 밝고 경쾌하지만, '퐁덩퐁덩 돌을 던지자'하면 왠지 이상한 느낌을 줍니다. '아장아장'을 '아정아정'하면 좀 이상하지요. 모음 조화를 지키지 않아서 그런 겁니다. 그래서 '아정아정'은 표준어가 아닙니다. 하지만 '오뚝이, 오순도순, 깡충깡충' 등 일부 단어는 표준어로 인정됩니다. 오히려 '오뚝이, 깡총깡총'은 표준어가 아닙니다. 헷갈리는 경우가 많으니 꼭 사전을 찾아봐야 합니다.

7. 두음 법칙

음운의 변동은 발음을 쉽게 하는 과정에서 음운이 바뀌는 것이라고 했어요. 두음 법칙도 마찬가지입니다. 두음(頭音)은 '단어의 첫소리'입니다. 두음 법칙은 단어 첫머리에서 발음하기 어려운 자음을 발음하기 쉽게 고치는 것을 말합니다. 받침에 사용되는 'ㄺ, ㅄ, ㄳ' 등을 첫 음절의 첫 소리에 발음할 수는 없으니까 단어 첫머리에는 이러한 자음들은 올 수 없습니다.(이걸 발음하면 신이지요, 신!) 또 '두음'에는 'ㄹ'도 올 수 없습니다. 그래서 '로인'을 '노인'으로, '로동'을 '노동'으로 표기하고 발음합니다.(그러나 북한은 두음 법칙을 지키지 않는 경우가 있습니다. 북한은 '로동'이라고 해요.) 그리고 '야, 여, 요, 유' 등 앞에 'ㄴ'이 올 수 없습니다. 그래서 '녀자'를 '여자'로 바꿉니다. 원래는 '계집 녀(女)'이거든요. 또 '년세'를 '연세'로 바꿔서 표기하거나 발음합니다. '아니, 이 녀자가 왜 이래?' 또는 '할아버지 죄송하지만 년세가 어떻게 되세요?' 라고 말하면 이상하겠지요.

8. 사잇소리 현상

'사잇소리'는 두 개의 형태소 '사이'에 어떤 '소리'가 들어가는 것입니다. 예를 들어, '밤길'을 발음하면 '밤낄'이 됩니다. 그런데 '밤길'은 '밤'과 '길'이라는 두 개의 형태소로 이루어져 있습니다. 발음하는 과정에서 '밤'과 '길' 사이에 'ㄱ'이 하나 더 들어가서 '밤낄'이 됩니다. 사이에 소리가 들어가는 것이지요. 이제 '사잇소리 현상'이 무엇인지 감은 잡히시죠? 사잇소리 현상은 두 형태소가 만난 합성어를 발음할 때 사잇소리가 삽입됩니다. 여러 경우가 있으니 하나씩 살펴보겠습니다.

① '봄비'처럼 울림소리('ㅁ')와 안울림소리('ㅂ')가 만날 때 뒤의 예사 소리('ㅂ')가 된소리('ㅃ')로 변하여 '봄삐'로 발음됩니다.
→ **정리** 울림소리와 안울림소리가 만날 때 뒤의 예사소리가 된소리로 바뀜

② '앞일'처럼 뒷말이 'ㅣ' 모음으로 시작될 때 'ㄴ'이 첨가되어 '암닐'로 발음됩니다.
→ **정리** 뒷말이 'ㅣ' 모음일 때 'ㄴ'이 첨가되는 것

③ '잇몸'처럼 앞말이 모음('이')으로 끝나고 뒷말이 'ㄴ, ㅁ'으로 시작될 때('몸'은 'ㅁ'으로 시작) 'ㄴ' 소리가 첨가되어 '인몸'으로 발음됩니다.
→ **정리** 앞말이 모음으로 끝나고, 뒷말이 'ㄴ, ㅁ'으로 시작될 때 사이에 'ㄴ' 소리가 첨가

9. 음운의 축약

음운의 축약은 말 그대로 발음을 할 때 두 음운이 하나로 줄어드는 것을 말합니다. 음운의 축약은 자음의 축약과 모음의 축약이 있습니다. 자음 축약은 '국화'를 가지고 설명할게요. 국화는 '구콰'로 소리 납니다. 발음의 과정에서 '국'의 'ㄱ'과 '화'의 'ㅎ'이 만나 'ㅋ'으로 변합니다. 두 개가 전혀 다른 한 개로 줄었으니 축약입니다. (물론 탈락도 두 개가 한 개로 줄어들긴 하지만, 탈락은 두 음운 중 한 개가 없어집니다.) 자음 축약의 사례는 '낙하(나카)', '많다(만타)' 등이 있습니다. 모음 축약의 경우는 '보아'를 '봐'로, '아이'를 '애'로, '모이어'를 '모여'로 바꾸는 사례들이 있습니다. 이 중 '보아'를 가지고 설명하면, 'ㅗ'와 'ㅏ'가 만나 'ㅘ'로 줄어들어 소리가 납니다.

10. 음운의 탈락

음운의 탈락은 발음의 과정에서 두 음운 중 한 음운이 없어지는 현상입니다. 축약이 두 개가 다른 하나로 줄어든 경우라면, 탈락은 두 개 중 하나는 남고 하나는 없어지는 것입니다. 음운의 탈락 역시 자음의 탈락과 모음의 탈락이 있습니다. 자음 탈락의 예를 들면, '딸님'이 '따님'으로 변하는 경우가 있습니다. '딸'의 'ㄹ'과 '님'의 'ㄴ' 중 'ㄹ'이 탈락했습니다. 다른 사례로는 '솔나무→소나무', '바늘질→바느질', '낫아→나아', '둥글니→둥그니' 등이 있습니다. 모음 탈락의 예를 들면, '쓰+었다'가 '썼다'로 변합니다. 'ㅡ'와 'ㅓ' 중에 'ㅡ'가 탈락한 것입니다. 다른 사례로는 '가+아서'가 '가서'로, '푸+어도'가 '퍼도'로, '담그+아'가 '담가'로 변한 것들이 있습니다.

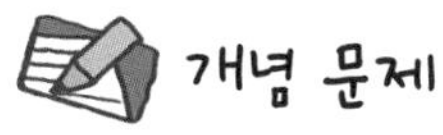

※ 다음 각 음운의 변동에 해당하는 것을 보기에서 골라 쓰시오.

보기

1. 음절의 끝소리 규칙 2. 자음 동화 3. 구개음화
4. 된소리되기 5. 'ㅣ' 모음 역행 동화 6. 모음 조화
7. 두음법칙 8. 사잇소리 현상 9. 음운의 축약
10. 음운의 탈락

1. 락원 → 낙원
2. 미닫이 → 미다지
3. 무엇 → 무얻
4. 각도 → 각또
5. 좋고 → 조코
6. 먹었다(○), 먹았다(×)
7. 가았다 → 갔다
8. 나뭇잎 → 나문닙
9. 독립 → 동닙
10. 토끼 → 퇴끼

문장 성분,
문장의 짜임,
문장 표현 제대로 알기

와! 마지막 날!

여러분, 안녕하세요.
저희는 깐깐이와 대충이입니다.
6일차부터 저희가 진행하고 있습니다.
드디어 마지막 날입니다.
여기까지 달려온 여러분들이 자랑스럽습니다.
문장 성분, 문장의 짜임, 그리고 여러 가지 문장 표현에 대해 공부할 겁니다.
그러면서 문법을 마무리 짓겠습니다.
드디어 마지막 고지입니다. 6일차까지 하셨으니 이 정도야 문제없으리라 생각합니다.
자, 그럼 복잡하지만 하고 나면 뿌듯한 문법의 세계로 들어가겠습니다.
출발! 부웅.

1 문장 성분

6일차 수업에서 음운과 단어 그리고 음운 변동에 대해 공부하시느라 정말 고생 많으셨어요. 여러분들, 대단합니다. 이제 문법이라는 녀석에 대해 좀 더 자세하게 알아보도록 해요. 이 장에서는 문장 성분을 먼저 공부할게요.

1. 어절, 구, 절에 대해 알고 가자

문장이나 문장 성분에 대해 공부하기 전에 먼저 알아야 할 것이 있어요. 바로 어절, 구, 절입니다. 이 세 가지, 무지 헷갈립니다. 정확하게 알아 두세요.

먼저, '어절'입니다. 어절은 쉽게 말하면 띄어쓰기 단위입니다. 그러면 '나는 아침에 일찍 학교에 갔다.'는 몇 어절인가요? 5어절이지요. 이 문장을 더 자세히 볼게요. '나는', '아침에', '학교에'는 각각 명사에 조사 '는', '에', '에'가 붙어서 어절이 되었고요, '일찍'과 '갔다'는 단어 그대로가 어절입니다. 다른 문장으로 또 연습합시다. '깐깐이와 대충이는 수업이 끝나고 분식점에서 떡볶이를 먹었다.'는 몇 어절인가요? 7어절입니다. 어절의 사전적 뜻은 문장을 구성하고 있는 각각의 마디입니다. 단어와 조사, 어간과 어미 등이 결합하여 이루어진 것이죠. 여러분들은 그냥 쉽게 어절은 띄어쓰기 단위라는 것만 알아도 괜찮습니다.

다음으로, '구'에 대해 알아봅시다. 구는 둘 이상의 단어가 모여 절이나 문장의 일부분을 이루는 단위입니다. '구'는 역할에 따라 명사구, 동사구, 형용사구, 관형사구, 부사구 등으로 나뉩니다. 이 중에 한 가지만 예를 들어 볼게요. '세월이 화살처럼 빠르게 흐른다.'라는 문장에서 '화살처럼 빠르게'는 '흐른다'를 꾸며주므로 부사어의 역할을 합니다. 그러나 한 단어가 아니고 두 개의 단어가 부사어의 역할을 하기 때문에 '부사구'라고 합니다. 문제 하나 낼게요. '남루한 사람이 나를 찾아 왔다.'에서 '남루한 사람'은 무슨 구일까요? 네, 명사구입니다. 바로 주어 역할을 하기 때문이지요.

마지막으로, '절'에 대해 알아봅시다. 불교의 그 '절'이 아닙니다. 앗,

썰렁하시죠. '절'은 주어와 서술어는 있지만 독립하지 못하고 다른 문장의 한 성분으로 쓰이는 것을 말합니다. '강아지가 귀엽다.'는 엄연한 문장입니다. '강아지가'가 주어이고 '귀엽다'가 서술어니까요. 그런데 이 문장을 하나의 성분으로 품고 있는 문장을 만들어 볼게요. '깐깐이는 귀여운 강아지를 안고 왔다.'라는 문장에서 '귀여운 강아지'가 목적어 역할을 합니다. 이처럼 주어와 서술어를 갖추고 있으면서 다른 문장에서 하나의 성분으로서의 역할을 하는 것을 '절'이라고 합니다. 아셨지요?

2. 문장의 구성 요소 – 문장 성분

문장의 사전적 뜻은 '생각이나 감정을 말과 글로 표현할 때 완결된 내용을 나타내는 최소의 단위'입니다. 깁니다, 길어요. 이것을 좀 줄이면 '생각이나 감정을 표현하는 최소의 단위'가 되겠습니다. 이때, '최소의 단위'가 뭘까요? 문장이 되려면 적어도 이런 것 정도는 있어야 한다, 그런 거죠. 문장은 주어와 서술어를 갖춰야 하지만 때로는 이런 것이 생략될 수도 있습니다. 친구들과 중국 음식 배달시킬 때, 메뉴를 물어보면 "난 짬뽕.", "난 짜장." 그러잖아요. 이것은 친구들이 짬뽕이고, 짜장이라는 말은 아니지요. "나는 짬뽕을 시킬 거야."라는 말을 줄인 거죠. 그리고 문장은 말이 아닌 글의 경우, 문장의 끝에 '.', '?', '!' 등의 부호를 씁니다. 형식적으로 문장이 끝났음을 알려주는 표시(부호)입니다. '밥 먹었니?', '아니', '뭐 먹고 싶니?', '피자', '또?', '맛있잖아!'처럼 말입니다.

이제 문장 성분에 대해 공부합시다. 문장 성분이란 문장을 구성하는 요소들을 말합니다. 간단하지요? 문장을 구성하는 요소에는 총 7가지가 있어요. 주어, 서술어, 목적어, 보어, 관형어, 부사어, 독립어 등이 있습니다. 이 7가지를 문장 속에서의 역할에 따라 주성분, 부속 성분, 독립 성분으로 묶을 수 있어요. 주어, 서술어, 목적어, 보어 등은 주성분이고 관형어, 부사어는 부속 성분이고, 독립어는 독립 성분입니다. 자, 이제 성분별로 공부를 해 봅시다.

2-1) 주성분 – '주술목보'로 외우시오!

주성분은 문장에서 반드시 필요한 성분입니다. 주어, 서술어, 목적어, 보어가 있는데, 이 친구들이 왜 필요한지 알아봅시다. 주어는 반드시 필요합니다. '밥을 먹었다.'에서는 누가 밥을 먹었는지 모르고, '매우 푸르다.'는 무엇이 매우 푸른지 알 수가 없고, '사장이 되었다.'는 누가 사장이 되었는지 알 수 없기 때문에 문장에서 주어는 반드시 필요합니다.

그리고 서술어도 없으면 안 되지요. '깐깐이는 밥을.'이라는 문장은 서술어가 없기 때문에 문장이 성립이 안 됩니다. 깐깐이가 밥을 먹었는지, 굶었는지, 차렸는지, 버렸는지 전혀 알 수가 없어요.

또 목적어도 반드시 필요합니다. 물론 '호랑이가 달린다.'처럼 목적어가 필요 없는 문장도 있습니다. 하지만 '친구가 먹었다.'에서는 무엇을 먹었는지 통 알 수가 없어요. 그래서 '내 밥을', '빵을', '1등을' 등의 목적어가 꼭 필요해요.

그리고 '되다', '아니다'라는 서술어 앞에 보어는 반드시 있어야 해요. '그는 아니다.'라는 문장은 뭐가 아닌지 모르잖아요. '그는 범인이 아니다.', '그는 사람이 아니다.' 등처럼 보어가 필요합니다. '대충이는 장군이 되었다.', '대충이는 회장이 되었다.'처럼 '되다' 앞에도 꼭 보어가 와야 합니다.

주의사항! '주술목보'가 문장의 필수 성분이긴 하지만, 하나의 문장에 4개의 성분이 반드시 모두 들어가야 하는 것은 아닙니다. 자, 이제 주성분의 요소들을 하나씩 정리해 봅시다.

주어

주어는 말 그대로 문장의 주인입니다. 문장에서 '누가', '무엇이'에 해당하는 부분입니다. 주어는 문장의 필수 성분이지만 경우에 따라 생략이 가능합니다. '(나는) 밥 먹고 왔어.'라는 문장을 보면 주어가 생략될 수 있는데, 대화 과정에서 이미 알고 있는 정보에 대해서는 생략될 수 있습니다. 친구가 뭐 먹을 거냐고 물어볼 때 '나는 햄버거를 먹을 거야.'보다는 '햄버거.'라고 답변하는 것이 훨씬 효율적이겠죠. 대화할 때 계속 주어를 말하는 것도 참 피곤합니다.(가끔 보면 여친이 남친한테 '○○이 아파요, ○○이 배고파요. ○○이가 도시락 준비했어요.'처럼 말하는 경우가 있지요.)

주어에는 '이', '가', '께서' 등과 같은 주격조사가 붙는데, 경우에 따라 조사가 생략될 수 있습니다. 예를 들어 '나는 집에 가고 싶어.'를 '나 집에 가고 싶어.'로 표현합니다. 그리고 주어에는 보조사 '은/는, 도, 만'이 붙을 수도 있습니다. '너도 백점이야?', '너만 백점이야?', '너는 백점이야?' 등을 봤을 때 말하는 사람의 의도에 따라 각각 다른 보조사를 사용합니다. 이 중에 '너도 백점이야?'라는 말을 들으면 기분이 참 그렇겠지요.

서술어

문장에서 서술어는 매우 중요합니다. 서술어를 잘 알아야 해요. '서술'이라는 말은 설명한다는 말입니다. 그러면 서술어는 주어의 동작, 상태, 성질 등을 설명하는 말이 되겠지요. 서술어는 '어찌하다', '어떠하다', '무엇이다'의 형태로 나타납니다. 각각 동작, 상태, 성질을 나타내는 말이지요. '강아지가 달린다'에서 '달린다'는 동작, '코가 빨갛다'에서 '빨갛다'는 상태, '그는 고수이다'에서 '고수이다'는 성질을 나타냅니다.

이제 서술어의 형태에 대해 알아보시죠. 서술어는 용언 즉, 동사와 형용사의 형태가 있고, 체언에 서술격 조사 '이다'를 결합한 형태가 있습니다. '아기가 웃는다.'에서 '웃는다'는 동사 서술어이고, '물이 맑다'에서 '맑다'는 형용사 서술어이고, '깐깐이는 천재이다'에서 '천재이다'는 '체언+이다'의 서술어 형태입니다.

서술어의 자릿수

잠시 서술어의 자릿수에 대해 알고 넘어갑시다. 서술어의 자릿수가 뭘까요? 복잡해 보이지만 하나도 복잡하지 않습니다. 서술어마다 필요한 문장 성분이 몇 개냐에 따라 자릿수가 달라집니다. 서술어 외에 문장 성분이 하나만 필요하면 한 개, 두 개 필요하면 두 개, 세 개 필요하면 세 개가 됩니다. 뭐가요? 자릿수가요.

'달리다'라는 서술어는 필요한 문장 성분이 뭘까요? 네, 주어 하나만 있으면 됩니다. 말이 달리든, 깐깐이가 달리든 달리는 주체 하나만 있으면 되지요. '노랗다'라는 서술어의 자릿수는 역시 하나입니다. 하늘이 노랗다, 해바라기가 노랗다 등 하나만 있으면 되지요.

그럼, '먹었다'의 자릿수는 몇 개인가요? 두 개입니다. 누가 먹었는지, 무엇을 먹었는지 먹는 주체와 먹는 대상이 있어야 하지요. '누가 무엇을 먹었다'의 형식이겠지요. 주어와 목적어가 필요하네요. 주어만 있어도, 목적어만 있어도 안 됩니다. '밥을 먹었다.'는 누가 먹었는지 모르고, '형이 먹었다.'는 무엇을 먹었는지 모르겠죠. '형이 밥을 먹었다.'라고 해야 완성됩니다. 그리고 서술어 '같다'는 두 개가 필요합니다. '무엇이 무엇과 같다'의 형태로 되어야 합니다. 주어와 부사어가 필요하지요.

그러면, '주다'는 자릿수가 몇 개 필요할까요? 세 개 필요합니다. '누가 무엇을 누구에게 주다'가 되어야 하니까요. '대충이가 깐깐이에게 선물을 주었다.'라는 문장을 예로 들 수 있겠습니다.
서술어의 자릿수 개념 다 잡으셨지요? 다시 한 번 정리합시다.
한 자리 서술어는 주어 하나만 있으면 되고, 두 자리 서술어는 주어와 목적어, 주어와 보어, 주어와 부사어가 필요하고, 세 자리 서술어는 주어, 목적어, 부사어가 필요합니다.

목적어

목적어는 동사가 나타내는 행위의 대상이 되는 말입니다. '먹는다'의 대상은 찌개, 밥, 피자 등의 음식들이고, '잡았다'의 대상은 도둑이나 나뭇가지 등이 되지요. 이 목적어가 있는 동사를 타동사라고 합니다. 목적어는 '무엇을', '누구를'에 해당하고요, 목적격 조사 '을'과 '를'이 붙어 표현되지만 조사가 생략될 수도 있습니다. '나 너(를) 좋아해.'처럼 말입니다. 그리고 아셔야 할 것은 목적어라고 해서 반드시 '을'이나 '를'만 붙는 게 아니고 '은/는', '도', '만' 등과 같은 보조사가 붙을 수도 있다는 것입니다. '나 피자도 먹었어.'에서 '을'과 '를'이 없다고 목적어가 없다고 생각하면 곤란합니다. 그런 경우가 많습니다.

보어

보어는 보충해 주는 말입니다. 주어와 서술어 사이에서 서술어의 의미를 보충하는 역할을 합니다. 이 보어가 없으면 문장 성립이 안 되는 경우가 있으므로 보어가 주성분이 되는 것입니다. 보충해주는데 왜 주성분이냐고 생각하면 안 됩니다. 서술어가 되는 용언 중에 '되다'와 '아니다'의 앞에는 '무엇이'가 필요합니다. '무엇이 되다', '무엇이 아니다' 처럼 말입니다. 이때의 '무엇이'에 해당하는 말이 보어입니다. 보어는 체언에 조사 '이/가'가 붙어서 표현됩니다. 보어가 있는 문장을 예로 들면, '물이 포도주가 되다.', '그는 정치인이 아니다.' 등이 있습니다.

2-2) 부속 성분

부속 성분은 주성분처럼 반드시 필요한 문장 성분이 아닙니다. 부속 성분은 다른 문장 성분을 꾸며 주는 역할을 합니다.(꾸며 주다=수식하다) 부속 성분에는 관형어와 부사어가 있습니다. '군인이 걷는다.'라는 문장보다는 '멋진 군인이 씩씩하게 걷는다.'라는 문장이 훨씬 의미가 살지요. 이때, '멋진'은 '군인'을 꾸며 주는 관형어이고, '씩씩하게'는 '걷는다'를 꾸며 주는 부사어입니다.

관형어

관형어에서 '관'은 왕관처럼 머리에 쓰는 물건을 의미합니다. 이 '관'이 사람을 꾸며 주듯이 관형어도 주어나 목적어 앞에서 이들을 꾸며 줍니다. 주어나 목적어는 주로 체언(명사, 대명사, 수사)으로 이루어집니다. 관형어의 형태는 먼저 관형사가 있습니다. (관형사는 품사의 한 종류이고, 관형어는 문장 성분의 한 종류입니다.) '새 옷', '헌 신발' 할 때 '새'와 '헌'은 관형사입니다. 또 체언에 관형격 조사 '의'가 결합되어 나타납니다. '도시의 밤', '가을의 풍경'에서 '도시의'와 '가을의'가 관형어입니다. 그리고 이건 좀 어려운데, 관형절에 의해 나타나는 경우입니다. '아버지는 내가 원하는 유학을 보내 주었다.'에서 '내가 원하는'은 '유학'을 꾸며 주는데 이것이 바로 관형절입니다.

부사어

관형어가 체언(주어, 목적어)을 꾸민다면, 부사어는 주로 서술어(용언 : 동사, 형용사)를 꾸미는 문장 성분입니다. 부사어는 대개 용언을 수식하는 경우가 많지만, '매우 잘'에서처럼 다른 부사를 수식하기도 하고 '바로 거기'에서와 같이 체언을 수식하기도 합니다. 그냥 간단하게 관형어는 체언을 꾸며 주고, 부사어는 용언을 꾸며 준다고 이해하셔도 되겠어요.

부사어는 부사, 부사와 보조사의 결합, 체언과 부사격 조사의 결합 등의 형태를 갖고 있습니다. 부사에는 '매우, 설마, 무척, 결코' 등이 있습니다. 이 부사 자체가 부사어의 역할을 하는 것이지요. 부사와 보조사의 결합은 '몹시도'로 설명할게요. '몹시'라는 부사에 보조사 '도'를 붙인 겁니다. '그 해 겨울은 몹시 추웠다.'보다는 '그 해 겨울은 몹시도 추웠다.'가 더 강조되는 효과가 있습니다. 체언과 부사격 조사의 결합은 '그는 학교에 간다.'에서 '학교에'는 '학교'라는 체언에 부사격 조사 '에'가 붙은 것입니다.

부사어에는 문장 전체를 꾸미는 문장 부사어와 문장 속의 특정한 성분을 꾸미는 성분 부사어가 있습니다. 그리고 부사어는 문장의 주성분은 아니지만 어떤 서술어가 있는 문장에서는 필수 성분이 될 수 있습니다. 문장에서 빠져서는 안 되는 이런 부사어를 '필수 부사어'라고 합니다. 필수 부사어를 필요로 하는 동사에는 '주다, 삼다, 두다' 등이 있고, 형용사에는 '같다, 다르다, 닮다' 등이 있습니다. '주다'라는 동사를 가지고 예를 들겠습니다. '영희가 철수에게 선물을 주다.'라는 문장에서 '철수에게'라는 부사어가 빠지면 누구에게 선물을 주었는지 알 수 없으므로 '철수에게'는 반드시 있어야 합니다.

2-3) 독립 성분

독립 성분은 다른 성분들과 관계를 맺지 않고 따로 떨어져 있습니다. 문장의 주성분이나 부속 성분과 직접적인 관련을 맺지 않는 것이지요. 주로 감탄, 부름, 대답 등에 해당하는 말입니다. '어머나, 가구가 멋지다!', '깐깐아, 대충이 좀 봐.', '이야, 우리 팀이 이겼어.'에서 '어머나', '깐깐아'. '이야' 등이 독립 성분입니다. 독립 성분에는 독립어가 있습니다.

독립어

독립어는 다른 문장 성분과 직접적인 관련이 없는 성분으로 문장 전체를 꾸미는 역할을 합니다. 감탄사, 체언에 호격조사가 결합된 형태 또는 접속 부사 등이 독립어가 됩니다. 감탄사는 쉽지요. '아', '야호' 등이 있습니다. '아, 벌써 방학이 끝났구나.'처럼 사용되지요. '체언+호격조사'의 형태는 '친구야', '주여' 등이 있습니다. 접속 부사는 '그러나', '그런데' 등이 있습니다. '산에 왔다. 그러나 바다가 보고 싶다.'에서 '그러나'가 접속 부사로 독립어에 해당합니다. 접속 부사가 독립어라는 것은 잘 알지 못했죠? 이번에 확실하게 알아 두세요.

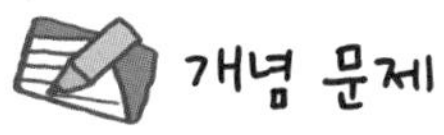

※ 다음 문장의 밑줄 친 부분의 문장 성분이 무엇인지 보기에서 골라 쓰시오.

보기
주어, 서술어, 목적어, 보어, 관형어, 부사어, 독립어

1. 대충이는 깐깐이에게 선물을 주었다.

2. 대충이는 미남이다.

3. 대충이는 시장이 되었다.

4. 대충이는 불고기를 먹었다.

5. 야, 이거 대충이 갖다 줘라.

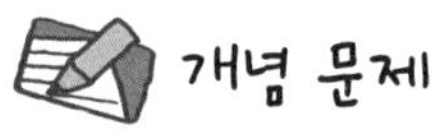

※ 다음 문장을 읽고 어떤 문장 성분이 빠졌는지 쓰시오.

1. 호랑이가 먹었다.

2. 나는 아니다.

3. 가방을 샀다.

4. 나는 선물을 드렸다.

5. 콜라는 몸에.

2 문장의 짜임

이번에는 문장의 짜임에 대해 알아보겠습니다. 짜임이라는 말은 구성이라는 말입니다. 구성이라는 말은 '몇 개 요소가 이루어져 전체를 짜 이루는 것'입니다. 그러면 문장의 짜임을 공부할 때는 문장이 어떤 요소로 이루어져 있는지 살펴보면 답이 나옵니다. 문장은 크게 홑문장과 겹문장으로 나뉩니다. '주어+서술어' 관계가 한 번 있으면 홑문장이고, 둘 이상이면 겹문장입니다. 홑문장과 겹문장을 자세히 살펴보겠습니다.

1. 홑문장

홑문장은 주어와 서술어가 각각 하나씩 있는 문장입니다. 다른 문장 성분들은 아무리 많아도 상관이 없습니다. 관형어, 부사어, 독립어 등이 많이 있어도 문장 안에 주어와 서술어가 하나씩 있으면 그것은 홑문장이 됩니다.

1. 나는 걷는다.
2. 나는 밥을 먹는다.
3. 아, 나는 밥을 아주 많이 먹는다.

1번은 주어, 서술어만 있으니 홑문장인지 쉽게 알 수 있어요. 2번은 주어, 목적어, 서술어로 이루어져 있으니 홑문장입니다. 3번은 독립어, 주어, 목적어, 부사어, 부사어, 서술어로 이루어져 있습니다. 성분들이 많지만 주어와 서술어는 하나씩만 있으니 역시 홑문장입니다. 홑문장 파악하는 것은 어렵지 않지요?

2. 겹문장

겹문장은 서술어가 두 개 이상 나타납니다. 그리고 주어와 서술어의 관계가 두 번 이상 맺어진 문장을 말합니다. 그럼 주어는 한 번만 나와도 될까요? 네, 주어는 둘 이상 나와도 되지만, 하나만 있어도 됩니다. '나는 학교에 가서 공부를 했다.'라는 문장은 서술어는 '가서'와 '했다' 둘이지만, 주어는 '나는' 하나입니다. 이 문장은 '나는 학교에 갔다'와 '나는 공부를 했다'라는 홑문장이 합쳐진 문장입니다.(두 문장의 주어가 같은 경우

하나의 주어가 생략되어, 주어 하나만 나타나기도 합니다.) 주어와 서술어의 관계가 두 번 있으니까 겹문장이 됩니다.

겹문장은 다시 이어진 문장과 안은 문장으로 나눠집니다. 이어진 문장은 문장들이 이어진 걸 말합니다. 연결어미에 의해 문장들이 결합한 것이죠. '깐깐이는 학교에 갔고, 대충이는 공원에 갔다.'라는 문장은 '깐깐이는 학교에 갔다.'와 '대충이는 공원에 갔다.'는 문장이 연결어미 '고'를 통해 이어진 것입니다. 안은 문장은 속에 다른 문장을 안고 있는 겉문장을 말합니다. '나는 그가 범인임을 알았다.'라는 문장은 '그가 범인이다.'라는 문장이 '나는 ( )을 알았다.'라는 문장 속에 목적어라는 문장 성분으로 안겨 있습니다. 자, 이제 좀 더 구체적으로 살펴보겠습니다.

2-1) 이어진 문장

이어진 문장은 다시 '대등하게 이어진 문장'과 '종속적으로 이어진 문장'으로 나눠집니다. 자꾸 나눠서 여러분한테 좀 미안하네요. 그래도 할 건 해야겠지요.

대등하게 이어진 문장

대등하게 이어진 문장은 문장들이 서로 대등하게 연결된 문장입니다. 주로 문장들을 나열하거나 대조하는 등의 문장들입니다. 어떤 방법으로 연결을 하는지 잘 알아야 합니다. '-고', '-(으)며', '-지만', '-(으)나' 등의 연결 어미를 사용합니다. '-고', '-(으)며'는 나열하는 연결 어미이고, '-지만', '-(으)나'는 대조하는 연결 어미입니다. 연결 어미를 잘 아는 것이 중요합니다.

1. 깐깐이는 만화를 보고, 대충이는 책을 읽는다.

2. 나는 피곤했지만, 숙제를 끝냈다.

3. 깐깐이는 팝콘을 먹으며 영화를 본다.

4. 대충이는 기분이 나빴으나 친절하게 대했다.

1번은 '깐깐이는 만화를 본다.'와 '대충이는 책을 읽는다.'라는 문장이 나열되며 이어졌고, 2번은 '나는 피곤했다.'와 '나는 숙제를 끝냈다.'라는 문장이 대조되며 이어졌습니다. 3번은 '깐깐이는 팝콘을 먹는다.'와 '깐깐이는 영화를 본다.'라는 문장이 나열되며 이어졌고, 4번은 '대충이는 기분이 나빴다.'와 '대충이는 친절하게 대했다.'라는 문장이 대조되며 이어졌습니다. 여러분들, 대조 관계도 대등하게 이어진 문장이라는 것을 꼭 아셔야 합니다.

종속적으로 이어진 문장

종속적으로 이어진 문장은 둘 이상의 문장이 연결될 때, 연결 어미에 의해 한 문장이 다른 문장에 종속적으로 이어진 문장입니다. 종속적으로 이어진 문장에서는 앞 문장과 뒤 문장 중 어떤 문장이 핵심일까요? 뒤 문장이 핵심입니다. 예를 들어, '깐깐이는 밥맛이 없어서 밥을 안 먹었다.'라는 문장은 '깐깐이는 밥맛이 없었다.'와 '깐깐이는 밥을 안 먹었다.'가 종속적으로 이어진 문장입니다. 이 중에 뒤 문장이 핵심입니다. 그러면 '대충이는 공부를 하고자 도서관에 갔다.'에서 핵심은 무엇일까요? 네, '대충이는 도서관에 갔다.'입니다. 공부를 할 목적으로 도서관에 간 것이죠.

종속적이라는 말은 원인, 조건, 양보, 의도 등의 관계를 말합니다. (종속의 사전적 뜻은 '자주성이 없이 주가 되는 것에 딸려 붙음'입니다.) 예를 들어, '배가 부르니, 잠이 온다.'라는 문장은 '배가 부르다.'라는 문장이 '잠이 온다.'라는 문장의 원인이 됩니다. 잠이 오는 원인이 배가 부른 것 때문이죠. 종속적 연결 어미에는 원인('-아/(어)서', '-니까'), 조건('-(으)면'), 양보('-을지언정'), 의도('-(으)려고'), 목적('-려고', '-고자'), 미침('-ㄹ수록') 등이 있습니다. 뭘 잘 알아야 한다고요? 네, 연결 어미를 잘 알아야 합니다. 이제 다른 사례들을 들면서 설명하겠습니다.

1. 버스가 늦게 와서 지각을 했다.('오+아서'→와서)
2. 네가 백점 맞으면, 아빠가 폰을 바꿔 줄게.
3. 달을 보니까, 고향 생각이 난다.
4. 그 사람은 거짓말을 잘 하므로, 늘 조심해야 한다.
5. 나는 여행을 가려고 돈을 모았다.

1번은 '버스가 늦게 왔다'가 '(나는) 지각을 했다'에 종속되어 있고, 2번은 '네가 백점 맞는다.'가 '아빠가 폰을 바꿔 준다.'에 종속되어 있고, 3번은 '달을 본다.'가 '고향 생각이 난다.'에 종속되어 있습니다. 그리고 4번은 '그 사람은 거짓말을 잘 한다.'가 '그 사람을 늘 조심해야 한다.'에 종속되어 있고, 5번은 '나는 여행을 간다.'가 '나는 돈을 모았다.'에 종속되어 있습니다.

2-2) 안은 문장

안은 문장이 있으면 또 어떤 문장이 있을까요? 어렵다고요? 잘 모른다고요? 그러면 안은 사람이 있으면 어떤 사람이 있나요? 네, 당연히 안긴 사람이 있지요. 쉽지요. 통상 안은 사람이 큰가요, 안긴 사람이 큰가요? 네, 안은 사람이 더 큽니다. 마찬가지로, 문장도 안은 문장이 안긴 문장보다 더 크답니다. 안은 문장 속에 안긴 문장이 있어요. 어떻게요? 안겨 있지요. 안긴 문장은 안은 문장 속에서 문장 성분의 역할을 합니다. 정리할게요, 안은 문장은 다른 문장을 하나의 문장 성분으로 포함한 문장이고, 안긴 문장은 안은 문장 안에서 하나의 문장 성분으로 쓰이는 문장입니다. 자, 이제 안긴 문장의 종류에 대해 알아봅시다.

안긴 문장의 종류

안긴 문장은 역할에 따라 명사절, 관형절, 부사절, 서술절, 인용절로 나뉩니다. 여기서 우리는 '절'에 대해 알고 가야 합니다. '절'은 주어와 서술어를 갖고 있어서 문장과 유사하지만, 문장과 달리 독립된 문장이 아니고, 더 큰 문장의 일부를 이루는 것입니다. 그러면 명사절은 무엇일까요? 주어와 서술어를 갖춘 단어들이 명사처럼 쓰일 때 명사절이라고 합니다. 관형절은 주어와 서술어를 갖춘 단어들이 관형어처럼 쓰입니다. 자세하게 알아보죠.

명사절은 명사 역할을 하는 절입니다. 명사는 문장에서 어떤 역할을 하나요? 주어로도 쓰이고, 목적어로도 쓰이고, 부사어 등으로 쓰입니다. 마찬가지로 명사절도 문장에서 주어, 목적어, 부사어 등의 역할을 합니다. 다음 사례를 보세요.

1. 주어로 쓰인 명사절 : <u>그가 경찰임</u>이 밝혀졌다.

2. 목적어로 쓰인 명사절 : 엄마는 내가 대학에 합격하기를 기다린다.

3. 부사어로 쓰인 명사절 : 그 시험은 그가 합격하기에 어려웠다.

1번에서는 '그가 경찰이다'라는 안긴 문장이 명사 역할을 하고 있습니다. 문장 성분으로는 '누가'에 해당하는 주어 역할을 하고 있지요. 2번에서는 '내가 대학에 합격하다.'라는 안긴 문장이 명사 역할을 하고 있습니다. 문장 성분으로는 '무엇을'에 해당하는 목적어 역할을 하고 있습니다. 3번에서는 '그가 합격하다.'라는 안긴 문장이 명사 역할을 하고 있는데, 문장 성분으로는 '무엇에'에 해당하는 부사어 역할을 하고 있습니다.

서술절은 서술어 역할을 하는 절입니다. 서술어는 문장 내에서 설명하는 역할을 한다고 앞에서 배웠었죠? 이 서술절을 안은 문장은 주어가 두 개처럼 보입니다. 예를 들면, '그는 마음이 착하다.'에서 '그는'과 '마음이'가 모두 주어처럼 보여요. 그래도 이 문장 전체의 주어는 '그는'입니다. 그런데 이 문장은 '그는 어떠하다'의 형식입니다. '어떠하다'는 서술어이지요. 따라서 '마음이 착하다'는 전체 문장에서 '어떠하다'에 해당하는 서술어 역할을 합니다. 분명히 '마음이 착하다'는 '주어+서술어' 관계이지만, 문장 전체에서는 서술어로 쓰인 것이죠. 사례를 좀 들어볼게요.

1. 사슴은 뿔이 아름답다.

2. 그 친구는 머리가 영리하다.

3. 대충이는 성격이 좋다.

1번에서는 '뿔이 아름답다.'라는 절이 전체 문장에서 서술어 역할을 하고 있고, 2번에서는 '머리가 영리하다.'라는 절이 서술어 역할을 하고 있고, 3번에서는 '성격이 좋다.'라는 절이 서술어 역할을 하고 있습니다.

관형절은 관형어의 역할을 합니다. 관형어의 역할이 뭔가요? 벌써 잊으셨나요? 관형어는 체언(명사, 대명사, 수사)을 꾸며 주는 역할을 합니다. 그러면 관형절은 체언을 꾸며주는 절이 되겠죠? 관형절은 하나의 절이 관형사형 어미와 결합한 형태이니, 이 관형사형 어미에 신경을 써야 합니다. '-는', '-(으)ㄴ', '-(으)ㄹ', '-던' 등이 관형사형 어미입니다. 어떤 형태로 나타나는지 살펴보시죠.

1. 치킨은 내가 즐겨 먹는 간식이다.
2. 그 노래는 그녀가 좋아한 곡이다.
3. 그것은 동생이 먹을 빵이다.
4. 파리는 내가 자주 가던 도시이다.

1번은 '내가 즐겨 먹는'이라는 절이 '간식'을 꾸며 주는 관형어 역할을 하고 있습니다. 관형사형 어미 '-는'이 붙었네요. 2번은 '그녀가 좋아하다'라는 절이 '곡'을 꾸며 주고 있습니다. 관형사형 어미 '-(으)ㄴ'이 붙었습니다. 3번은 '동생이 먹을'이 '빵'을 꾸며 주고 있습니다. 관형사형 어미 '-(으)ㄹ'이 붙었습니다. 4번은 '내가 자주 가던'이 '도시'를 꾸며주는 관형어 역할을 하고 있습니다. 관형사형 어미 '-던'이 붙었습니다.

부사절은 부사어의 역할을 합니다. 부사는 무엇을 꾸며 주나요? 네, 용언입니다.(용언은 동사와 형용사를 말합니다.) 부사가 용언을 꾸며 주듯이 부사절도 용언, 즉 서술어를 꾸며줍니다. 형태는 '-게', '-이', '-도록' 등이 결합하여 나타납니다.

1. 깐깐이는 성격이 깐깐하게 보인다.
2. 헬기가 소리도 없이 다가왔다.
3. 대충이는 연필이 닳아지도록 그림을 그렸다.

1번은 '성격이 깐깐하다'라는 문장이 '-게'와 결합하여 '보인다'를 꾸며 주고 있습니다. 2번은 '소리도 없다'라는 문장이 '-이'와 결합하여 '다가왔다'를 꾸며 주고 있고, 3번은 '연필이 닳아지다'라는 문장이 '-도록'과 결합하여 '그렸다'를 꾸며 주고 있습니다.

인용절은 남의 말이나 글에서 직접 또는 간접으로 따온 절입니다. 여기서는 무엇을 알아야 하냐면 인용격 조사인 '라고'와 '고'가 어떻게 붙는지를 정확하게 알아야 합니다. 직접 인용된 문장에는 '라고'가 붙고, 간접 인용된 문장에는 '고'가 붙습니다.

1. 철수는 "요즘 운동하는 게 즐거워요."라고 말했다.
2. 철수는 요즘 운동하는 게 즐겁다고 말했다.

1번은 '라고'를 활용하여 직접적으로 인용한 문장이고, 2번은 '고'를 활용하여 간접적으로 인용한 문장입니다.

개념 문제

※ 다음 문장이 홑문장이면 '홑'을 쓰고, 겹문장이면 '겹'을 쓰시오.

1. 그는 오늘 아침에 서울을 떠났다.

2. 그는 아침에 길 잃은 강아지를 보았다.

개념 문제

※ 다음 문장이 이어진 문장이면 '이'를 쓰고, 안은 문장이면 '안'을 쓰시오.

1. 대충이가 전국 1등을 했다는 소식이 뉴스에 나왔다.

2. 그는 열심히 공부하였지만, 1등을 하지는 못 했다.

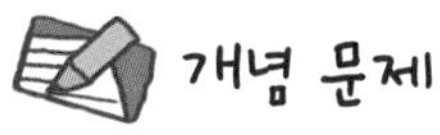

개념 문제

※ 다음 이어진 문장이 대등하게 이어진 문장인지, 종속적으로 이어진 문장인지 파악하여 쓰시오.(대등하면 '대', 종속적이면 '종'을 쓰시오.)

1. 형은 축구를 좋아하고, 동생은 야구를 좋아한다.

2. 그녀는 운동을 꾸준히 해서 몸짱이 되었다.

개념 문제

※ 다음 문장의 밑줄 친 안긴 문장이 어떤 절인지 쓰시오.

1. 깐깐이는 목이 쉬도록 노래를 불렀다.

2. 목이 긴 그녀는 날씬해 보인다.

3. 그는 호흡이 짧다.

3 문장 표현

정말 문법은 힘들고 또 힘들지요. 복잡하기도 하고 외울 것도 많습니다. 그래도 한번 공부해 놓으면 평생 써 먹습니다. 여러분들이 나중에 말하거나 글을 쓸 때 이 문법이 아주 중요합니다. 격식 있는 말과 글을 표현하려면 힘들어도 꾹 참고 마무리합시다. 이제는 여러 가지 문장 표현들에 대해서 알아보겠어요.

1. 종결 표현

문장을 끝맺는 방식은 말하는 사람의 의도에 따라 다섯 가지로 나뉩니다. 의도가 무엇이냐면, 말하는 사람은 듣는 사람에게 어떤 요구를 할 수도 있고, 지시를 내릴 수도 있고, 뭔가를 물어볼 수도 있고, 또 자신의 생각을 평범하게 나타낼 수도 있다는 것입니다. 이러한 의도에 따라 나눠진 다섯 가지는 평서문, 의문문, 명령문, 청유문, 감탄문 등입니다. 먼저 우리에게 친숙한 '책'을 가지고 예를 들어볼게요.

1. 책을 잡는다.(평서문)
2. 책을 잡았니?(의문문)
3. 책을 잡아라.(명령문)
4. 책을 잡자.(청유문)
5. 책을 잡는구나!(감탄문)

위의 문장들은 '잡다'라는 동사를 활용하여, 말하는 사람의 의도에 따라 다섯 가지로 표현된 것입니다. 1번은 말하는 사람이 있는 그대로의 사실을 얘기한 것입니다. 2번은 듣는 사람에게 질문하여 어떤 대답을 요구하는 문장입니다. 책을 잡았는지, 잡지 않았는지 확인하기 위함입니다. 3번은 듣는 사람에게 명령의 의도를 담고 있는 문장입니다. 4번은 듣는 사람에게 같이 행동할 것을 요청하는 문장입니다. 5번은 말하는 사람의 놀람을 나타내고 있습니다. 공부 안 하던 자녀가 책을 잡는다면 얼마나 놀라울까요. 여러분들은 이 대목에서 '문장의 종결 방식에는 다섯 가지가 있다'는 것을 꼭 알고 넘어가야 합니다. 이제 좀 더 자세히 볼게요.

평서문은 말하는 사람이 듣는 사람에게 명령, 요구 등의 의도 없이 자신의 생각을 평범하게 나타낸 문장입니다. 평범하게 서술해서 평서문입니다. 쉽지요. 평서문의 표현 방식은 용언의 어간이나 서술격 조사 '이다'에 '-다', '-네', '-오' 등을 붙이는 것입니다.

[용언의 어간에 붙는 사례]

'꽃이 피다.', '꽃이 피네.', '비가 오오.' 등

[서술격 조사 '이다'에 붙는 사례]

'이것은 밥이다.', '이것은 밥이네.', '이것은 밥이오.' 등

의문문은 말하는 사람이 듣는 사람에게 질문하여 대답을 요구하는 문장입니다. 의문문의 표현 방식은 용언의 어간이나 서술격 조사 '이다'에 '-니', '-느냐', '-ㄴ가', '-니까' 등을 붙이는 것입니다.

[용언의 어간에 붙는 사례]

'어디에 있니?', '밥을 먹느냐?', '집에 들어가는가?', '당신은 잘 생겼습니까?'

[서술격 조사 '이다'에 붙는 사례]

'이것이 네 성적이니?', '이것이 음식인가?', '여기가 공원입니까?'

명령문은 말하는 사람이 듣는 사람에게 어떤 행동을 하도록 요구하는 문장입니다. 명령문의 주어는 반드시 듣는 사람이 됩니다. '깐깐이

가 다음 문단을 읽어라.'는 명령문인데 '깐깐이가'가 주어가 됩니다. 그리고 서술어는 동사만 사용됩니다. '푸르러라.'처럼 형용사는 명령문에 쓰이지 못 합니다. 명령문은 듣는 사람에게 직접 명령하는 직접 명령문과 말하는 현장에는 없는 누군가에게 명령하는 간접 명령문이 있습니다. 명령문의 표현 형태는 동사의 어간에 '-아(어)라', '-게', '-오', '-ㅂ시오.' 등이 붙는 형태입니다. 자, 다음 사례를 살펴보세요.

1. 반찬 좀 골고루 먹어라.
2. 이 돈 10조 원을 대충이에게 전달하게.
3. 자기 집 앞에 쌓인 눈을 치우시오.
4. 전투에 임하면 용감히 싸우십시오.

청유문은 말하는 사람이 듣는 사람에게 어떤 행동을 함께하기를 요청하는 문장입니다. 함께하기를 요청한다는 것이 중요합니다. 청유문과 관련하여 몇 가지 알아두어야 할 것이 있습니다. 청유문의 주어는 '우리'와 같이, 말하는 사람과 듣는 사람이 함께인 경우여야 합니다. '우리 밥 먹자.'는 맞지만, '너 밥 먹자.'나 '나 밥 먹자.'는 문법에 맞지 않는 표현입니다.(이런 문장을 자주 구사하면 좀 이상한 사람이 되겠지요.) 그리고 청유문은 서술어로 동사만 사용합니다. 형용사인 '푸르다'를 사용하여 '우리 푸르세.'라고 표현하면, 문법에 어긋난 표현이 됩니다. 또 청유문은 시간을 나타내는 '-었-', '-더-', '-겠-' 등과 함께 나타나지도 않습니다. '우리 밥 먹었세.', '공원으로 놀러 가겠자.'라는 표현은 영 이상합니다. 청유문의 표현 형식은 동사 어간에 '-자', '-자꾸나', '-

세', '-시다' 등이 붙어서 나옵니다. 다음 사례를 보면 쉽게 이해가 될 것입니다.

1. 우리 놀러 가자.

2. 우리 놀러 가자꾸나.

3. 우리 놀러 가세.

4. 우리 놀러 갑시다.

감탄문은 말하는 사람 자신만의 감정을 표현하는 문장입니다. 그러다 보니 주변을 의식하지 않고 거의 독백하는 느낌으로 자신의 느낌을 표현하지요. 감탄문의 표현 형식은 용언의 어간이나 서술격 조사 '-이다'에 '-도다'나 '-(로)구나' 등이 붙습니다. 사례를 보세요.

1. (시험을 앞두고) 올 것이 왔도다!

2. 벌써 가을이로구나!

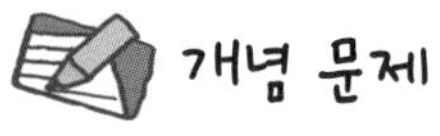

※ 다음 보기의 평서문을 다양한 형태의 문장으로 바꾸어 쓰시오.

보기
대충이는 빨리 달린다.

의문문 :

청유문 :

명령문 :

감탄문 :

2. 높임 표현

높임 표현이란 문장의 주체나 객체를 높이거나, 그리고 대화하는 상대방을 높이거나 낮추는 표현 방법입니다. 높임 표현이라고 해서 반드시 높이는 표현만 있는 것은 아닙니다. 어떻게 높이고, 어떻게 낮추는지 잘 공부해 보시지요. 높임 표현은 여러 언어 가운데 우리말이 가장 잘 발달되어 있습니다. 다른 나라 말은 높임 표현이 발달하지 않다 보니, 외국인이 한글을 처음 배울 때 에피소드가 꽤 많지요. 시부모님한테 "어머님, 밥 먹었어?"라고 말 하는 경우가 있다고 해요. 그것은 우리말의 높임 표현에 익숙하지 않아서 그런 거지요. 우리도 어려운데 외국인들은 얼마나 헷갈리겠어요. 높임 표현은 누구를 높이느냐에 따라 주체 높임법, 객체 높임법, 상대 높임법 등으로 나눌 수 있습니다.

2-1) 주체 높임법 – 주어를 높여라

주체 높임법은 말하는 사람이 서술의 주체를 높이는 것입니다. 그런데 서술의 주체가 뭐지요? 서술의 주체는 바로 주어입니다. 그러니 주체 높임법은 무엇을 높일까요? 네, 주어를 높이는 방법입니다. 주어가 말하는 사람보다 나이나 지위 등이 높을 때 사용합니다. 자신보다 나이가 어리거나 지위가 낮은 사람에게는 높임법을 쓰지 않지요.(물론 요즘 일부 회사에서는 사장이 직원에게 높임 표현을 한다고는 합니다. 또 교육적 차원에서 선생님이나 부모님이 학생이나 자녀에게 높임 표현을 하는 경우도 있습니다.)

주체 높임법의 표현 방식은 주어에 높임을 나타내는 주격 조사 '께서'나 접미사 '-님'을 사용합니다. '선생님께서', '어머니께서' 등으로 쓰입니다. 그리고 서술어에 높임을 나타내는 선어말 어미 '-(으)시'를 사용합니다. '가다'를 '가시다'로, '앉다'를 '앉으시다'로 표현하는 경우를 보면 알 수 있습니다. 또 '잡수시다', '주무시다', '계시다' 등 높임을 나타내는 특별한 단어를 사용하는 경우도 있습니다. '선생님이 교무실에 있다.' 대신에 '선생님께서 교무실에 계시다.'로 사용하는 것이지요. 주체 높임법의 사례를 몇 가지 보시죠.

1. 회장님께서 귀국길에 선물을 사 오셨다.(오+시+었+다)
2. 할아버지께서 맨손으로 호랑이를 잡으셨다.(잡+으시+었+다)
3. 할머니께서 진지를 잡수시다.(잡수시+다)

1번에서는 주체인 회장을 높이기 위해 '-님'이라는 접미사와 '께서'라는 조사를 사용하였고, '오다'에 높임을 나타내는 어미 '시'를 사용하였습니다. 2번에서는 주어인 할아버지를 높이기 위해 '께서'라는 조사를 사용하였고, '잡다'에 높임을 나타내는 어미 '-(으)시'를 사용하였습니다. 3번에서는 주어인 할머니를 높이기 위해 역시 '께서'를 사용하였고, '진지'와 '잡수시다'라는 높임을 나타내는 단어를 사용하였습니다.

직접 높임과 간접 높임

직접 높임법은 주어를 직접 높이는 표현입니다. 그런데 백화점에 가서 판매원들이 하는 말을 듣다 보면 높임 표현을 과도하게 사용할 때가 있습니다. '고객님, 어서 오십시오.'라는 표현은 괜찮은데, 다음과 같은 표현들은 좀 지나친 표현들입니다. '이 옷은 신상이십니다.', '이 제품은 신혼부부에게 적당하십니다.', '이 향수는 향이 참 좋으십니다.' 등. 이러한 표현들은 높임 표현을 잘못 사용한 표현들입니다. 언론에서 가끔 지적하지만 판매 현장에서는 여전히 많이 사용되고 있습니다.

자, 이제는 '간접 높임법'에 대해 알아보겠습니다. 간접 높임법은 주어 자체를 높이는 것이 아니고 주어와 관련된 것을 높일 때 사용합니다. 예를 들어, '이어서 교장 선생님의 말씀이 있으시겠습니다.'와 '이어서 교장 선생님의 말씀이 계시겠습니다.'라는 표현 중, 적절한 것은 무엇일까요? 전자가 올바른 표현입니다. '말씀'은 주어 자체가 아니고 주어와 관련된 것입니다. 따라서 전자처럼 표현해야 합니다.

또 하나 예를 들어 볼게요. '할아버지께서는 아직 귀가 밝으십니다.'라는 표현에서는 직접 높임과 간접 높임이 모두 사용되었습니다. 우선 주어인 할아버지에 '께서'라는 높임을 나타내는 조사를 사용하였으므로 직접 높임이 사용되었습니다. 그리고 주어와 관련된 '귀'를 높이기 위해 '밝다'에 높임을 나타내는 어미 '-(으)시'를 사용하였으므로 간접 높임이 사용되었습니다.

압존법

과장이 사원에게 "김 대리 어디 갔냐?"라고 물을 때, 사원은 어떻게 대답해야 할까요? '네, 김 대리님 거래처에 가셨습니다.'라고 해야 할까요? '네, 김 대리 거래처에 갔습니다.'라고 해야 할까요? 이런 경우에는 후자가 맞습니다. 전자처럼 답변했다가는 언어 예절도 모르는 사람이라고 낙인찍힐지 모릅니다. 왜 그렇지요? 김 대리가 사원보다 높긴 하지만 말을 듣는 과장보다는 낮기 때문에 그렇습니다. 군대에서 소대장이 이등병에게 김 병장 어디 갔냐고 물을 때는 어떻게 해야 합니까?

'네, 김 병장 매점에 갔습니다.'라고 대답해야 합니다. 아셨지요. 이처럼 문장의 주어가 말하는 사람보다는 높지만, 말을 듣는 사람보다는 낮을 때 주어에 대해 높임 표현을 하지 않는 것을 압존법이라고 합니다. 압존법은 쉽게 말해 존댓말을 누르는 표현입니다.

2-2) 객체 높임법 –목적어나 부사어를 높여라

주체 높임법이 주어를 높이는 것이라면 객체 높임법은 무엇을 높일까요? 바로 목적어와 부사어를 높입니다. '그는 사장님을 모시고 갔다.'라는 문장에서는 '모시다'라는 높임을 나타내는 단어를 사용했는데, 이 문장에서 높임의 대상은 '사장님'입니다. 그런데 '사장님'은 주어가 아니고 목적어입니다. 이렇게 객체 높임법은 목적어를 높일 수 있습니다.

그리고 '깐깐이는 선생님께 선물을 드렸다.'라는 문장에서는 누가 높임의 대상인가요? 네, 맞아요. '선생님'입니다. '선생님께'의 성분은 무엇인가요? '드렸다'라는 서술어를 꾸며주고 있으므로 부사어입니다. 이 높임 문장은 바로 부사어를 높이고 있는 것이죠. '선생님'을 높이기 위해 '께'라는 부사격 조사를 사용하고, '드리다'라는 높임을 의미하는 특별한 단어를 사용하고 있습니다.

자, 정리합시다. 객체 높임법은 문장의 객체를 높인다, 구체적으로는 목적어나 부사어를 높인다, 이해되셨죠. 객체 높임법의 사례를 다시 한 번 보겠습니다.

1. 김 과장은 사장님을 모시러 댁으로 갔습니다.
2. 이 피자를 선생님께 갖다 드려라.

1번에서는 객체(목적어로 사용)인 사장님을 높이기 위해 '모시다'와 '댁'이라는 높임을 나타내는 단어를 사용하였습니다. 2번에서는 객체(부사어로 사용)인 선생님을 높이기 위해 '께'라는 부사격 조사와 '드리다'라는 높임을 나타내는 단어를 사용하였습니다.

2-3) 상대 높임법 -높일 수도 있고, 낮출 수도 있고

상대 높임법은 말하는 사람이 말을 듣는 사람을 높이거나 낮추는 방법입니다. '높임'이라는 단어가 있다고 해서 상대 높임법도 무조건 높이는 것만 있다고 생각하면 안 됩니다. 우리가 말을 하다 보면 자신보다(나이나 지위 등이) 높은 사람도 만나고 낮은 사람도 만납니다. 그래서 상대 높임법은 상대방을 높이거나 낮춰 말하는 방법이 모두 해당됩니다. 이 부분, 중요하니까 잊지 마세요.

상대 높임법은 종결 어미에 따라 달라지는데, 크게 격식체와 비격식체로 나눠지고 높임의 정도에 따라 여섯 가지로 나눠집니다. 격식체는 격식을 차릴 때 사용되는 표현입니다. 회의, 회사, 군대 등 공식적이고 객관적인 자리에서 많이 사용됩니다. 아무래도 격식체는 딱딱한 느낌을 주지요. 비격식체는 격식을 많이 따지지 않을 때 사용합니다. 대화 상대와 가까울 때 주로 사용합니다. 아무래도 부드럽고 친근함을 나타낼 때 사용합니다. 친구나 가족들끼리는 비격식체를 많이 사용하지요. 상대 높임법을 더 자세하게 이해하기 위해 다음 표를 참고하세요.

구분		종결어미					예시 문장(명령형 기준)
		평서형	의문형	명령형	청유형	감탄형	
격식체	아주 높임 (하십시오체)	-ㅂ니다	-ㅂ니까	-ㅂ시오 -십시오	-ㅂ니다	-ㅂ니다	이 일을 하십시오.
	예사 높임 (하오체)	-오	-오	-오 -시오 -구려	-ㅂ시다 -십시다	-구려	이 일을 하시오.
	아주 낮춤 (하게체)	-네	-ㄴ가 -나	-게	-세	-구먼	이 일을 하게.
	아주 낮춤 (해라체)	-다	-냐 -니 -지	-어라 -렴	-자	-구나 -어라	이 일을 해라.
비격식체	두루 높임 (해요체)	-어요	-어요	-어요 -지요 -시지요 -시죠	-어요 -시지요 -시죠	-어요 -군요	이 일을 해요.
	두루 낮춤 (해체)	-어	-어	-어 -지	-어	-어 -군	이 일을 해.

개념 문제

※ 다음 문장에 사용된 높임 표현을 보기에서 골라 쓰시오.

보기
주체 높임법, 객체 높임법, 상대 높임법

1. 할머니께서는 눈이 참 고우시다.

2. 깐깐아, 우리 공부 더 하고 갈래?

3. 김 대리는 사장님을 모시고 공항으로 갔다.

3. 사동 표현과 피동 표현

3-1) 사동 표현

'사동 표현.' 뭔가 생소한 단어로 와 닿나요? 그러나 겁먹지 않으셔도 돼요. 어렵지 않습니다. 집중해서 한번 알아봅시다. 사동 표현을 공부하기 전에 주동과 사동에 대해 먼저 알아야 합니다. 주동은 주어가 직접 동작을 주동하는 것입니다. 주어가 동작하는 거니까 주동입니다. '아기가 밥을 먹다.'에서 주어인 '아기'는 직접 밥을 먹는 동작을 합니다. 그런데 사동은 주어가 남에게 동작하도록 시키는 것을 나타내는 표현입니다. '엄마가 아기에게 밥을 먹이다.'라는 문장은 엄마가 아기에게 밥을 먹게 합니다. 남에게 어떤 동작을 하게 하는 것, 이것이 사동입니다.

사동 표현 방식은 먼저 동사의 어간에 사동 접미사를 붙이는 경우가 있습니다. 사동 접미사는 총 7개가 있는데 이렇게 외우면 됩니다. 이히리기우구추. 깐깐이도 학교 다닐 때 이렇게 공부했습니다. '이, 히, 리, 기, 우, 구, 추' 어때요? 외울 수 있지요. 그리고 또 다른 사동 표현 방식은 동사의 어간에 '-게 하다'를 붙이는 방식과 명사에 '-시키다'를 붙이는 방식입니다. '엄마가 아기에게 밥을 먹게 하다.'라는 문장은 동사 어간 '먹-'에 '-게 하다'를 붙인 표현이고, '선생님께서 학생들을 화해시켰다.'라는 문장은 명사 '화해'에 '-시키다'를 붙인 표현입니다. 다음은 사동 접미사를 활용한 7가지 사례입니다. 왼쪽이 주동사이고, 오른쪽이 사동 접미사를 붙인 사동사입니다. 순서대로 '이히리기우구추' 사동 접미사가 사용되었습니다.

먹다-먹이다, 읽다-읽히다, 살다-살리다, 맡다-맡기다, 자다-재우다, 돋다-돋구다, 늦다-늦추다

그리고 주동 표현이 사동 표현으로 바뀌는 것을 다음 문장들을 보면서 확실하게 공부합시다. 위의 문장으로 공부해 보시죠.

주동 표현 : 아기가 밥을 먹는다.
(주어) (목적어) (주동사)
사동 표현 : 엄마가 아기에게 밥을 먹인다.
(주어) (부사어) (목적어) (사동사)

자, 주동 표현과 사동 표현을 같이 보면, 주동 표현의 주어는 사동 표

현에서는 부사어로 바뀌고, 주동사도 사동사로 바뀌게 되며, 사동 표현에서 새로운 주어가 생깁니다.

3-2) 피동 표현

앞에서 사동 표현에 대해 이해하고 오셨나요? 정확하게 이해가 안 됐다면 다시 확실하게 공부하고 이쪽으로 건너오세요. 공부는 처음 할 때 정확하게 해야 합니다. 피동 표현을 공부하기 전에 능동과 피동의 차이에 대해 알아야 해요. 능동은 주어가 동작을 자기 힘으로 하는 것입니다. 자기 힘으로 하는 것. 아시겠죠. 그러면 피동은 뭐가 될까요? 피동은 주어가 다른 주체에 의해 동작을 당하는 것입니다. 능동과 피동 표현의 단골 사례를 예로 들어 볼게요. '경찰이 도둑을 잡았다.'와 '도둑이 경찰에게 잡혔다.'라는 문장이 있다고 합시다. 앞 문장에서는 경찰이 자기 힘으로 도둑을 잡는 동작을 하는 거니까, 능동 표현입니다. 뒤 문장에서는 주어인 도둑이 경찰에게 잡힘을 당했죠. 그러니까 피동 표현입니다.

피동 표현의 방식은 먼저 동사 어간에 피동 접미사가 붙는 방식이 있습니다. 피동 접미사는 4개입니다. '이히리기'입니다. 아까 사동 접미사는 몇 개였나요? 7개죠. 피동은 4개입니다. 사동은 '이히리기우구추', 피동은 '이히리기'. 외우셔야 합니다. 그리고 능동사의 어간에 '-어(/아)지다', '-게 되다'와 명사에 '-되다'를 붙여서 표현하는 방식이 있습니다. '신발끈이 풀어지다.'를 보면, '풀다'에 '-어지다'를 붙여서 피동 표현을 하였고, '동생 때문에 학교까지 달리게 되었다'를 보면 동사 '달리다'에 '-게 되다'가 붙어서 피동 표현이 됩니다. 또 '수능 원서가 접수되었다'라는 문장에서는 명사 '접수'에 '-되다'가 붙어서 피동 표현이 되었습니다. 다음은 피동 접미사를 활용한 4가지 사례입니다. 왼쪽이 능동사이고, 오른쪽이 피동 접미사를 붙인 피동사입니다. 순서대로 피동 접미사 '이히리기'가 사용되었습니다.

보다-보이다, 잡다-잡히다, 물다-물리다, 안다-안기다

그리고 능동 표현이 피동 표현으로 바뀌는 것을 다음 문장들을 보면서 확실하게 공부합시다. 위의 문장으로 공부해 보시죠.

능동 표현 : 경찰이 도둑을 잡았다.
(주어) (목적어) (능동사)

피동 표현 : 도둑이 경찰에게 잡혔다.
(주어) (부사어) (피동사)

자, 능동 표현과 피동 표현을 같이 보면, 능동 표현의 주어는 피동 표현에서는 부사어로 바뀌고, 능동 표현의 목적어는 피동 표현에서 주어로 바뀝니다. 그리고 능동 표현의 능동사는 피동 표현에서는 피동사로 바뀝니다.

1. 다음 보기의 문장을 사동 표현으로 바꾸시오.

보기
(보기) 눈이 녹다. → (조건: 주어를 '깐깐이는'으로 하고, 사동 접미사를 활용할 것)

2. 다음 보기의 문장을 피동 표현으로 바꾸시오.

보기
(보기) 경찰이 범인을 쫓다. → (조건: 피동 접미사를 활용할 것)

4. 부정 표현

여러분이 커서 직장을 다니게 되면 직장의 윗분이 술을 권할 때가 있습니다. 만약 여러분이 몸이 안 좋아 마시고 싶지 않을 때는 어떻게 말해야 하나요? "저, 부장님 저는 술 안 마십니다."와 "저, 부장님 저는 술 못 마십니다." 둘 중에서는 뒤 문장처럼 얘기해야 합니다. 앞 문장처럼 얘기했다가는 예의가 없는 사람으로 찍힐지도 모릅니다. 왜 그런지는 차차 알아보도록 하죠.

부정 표현은 '안'과 '못'을 사용하여 '그렇지 않음'을 나타내는 표현입니다. '나는 밥을 먹었다.'라는 문장을 부정 표현으로 바꾸면 어떻게 되나요? '나는 밥을 안 먹었다.'와 '나는 밥을 못 먹었다.'로 표현할 수 있습니다. 이처럼 '안'과 '못'을 사용하여 부정의 의미를 표현하는 것을 '부정 표현'이라고 합니다. 우리는 이 부분에서 '안' 부정문과 '못' 부정문을 공부해야 하고, 긴 부정문과 짧은 부정문에 대해서도 공부해야 합니다. 부정 표현의 종류를 나누자면, 부정의 내용에 따라 '안' 부정문과 '못' 부정문으로 나누고, 부정의 방식(문장의 길이)에 따라 '긴 부정문'과 '짧은 부정문'으로 나눌 수 있습니다.

4-1) '안' 부정문

'안' 부정문은 단순한 부정이나 문장의 주체(주어)의 의지에 의한 부정을 나타냅니다. 예를 들어볼게요. '비가 안 왔다.'라는 문장은 단순한 부정입니다. 비가 오지 않은 사실을 부정문으로 표현한 것이지요. 그리고 '대충이는 공부를 하기 싫어서 공부를 하지 않았다.'처럼 일부러 안 하는 경우에는 '안' 부정문을 사용합니다. 그렇다면 '안' 부정문에는 어떤 종류가 있을까요? 짧은 '안' 부정문과 긴 '안' 부정문이 있습니다. 다음을 보시죠.

1. 대충이는 공부를 안 했다.
2. 대충이는 공부를 하지 않았다.

1은 '안'을 사용한 짧은 부정문이고, 2는 '-지 않다(아니하다)'를 사용한 긴 부정문입니다. 혹시 여러분, 왜 '짧은 부정문'이고 왜 '긴 부정문'인지 다 아시죠? 문장 길이가 짧으면 '짧은 부정문'이고 길면 '긴 부정문'입니다.

4-2) '못' 부정문

'못' 부정문은 문장의 주체(주어)의 능력 부족이나 바깥의 원인에 의한 불가능함을 나타내는 문장입니다. 예를 들어, '깐깐이는 그 문제를 풀지 못 했다.'라는 표현에서는 깐깐이의 능력 부족으로 문제를 풀지 못했음을 알 수 있습니다. 또 다른 사례로는 '비행기는 기상 악화로 이륙하지 못 했다.'라는 문장에서는 비행기가 외부 원인인 기상 악화로 인해 이륙하지 못 했음을 알 수 있습니다. '못' 부정문에는 짧은 '못' 부정문과 긴 '못' 부정문이 있습니다. 다음을 보세요.

1. 깐깐이는 밥을 못 먹었다.
2. 깐깐이는 밥을 먹지 못하였다.

깐깐이가 밥을 먹지 못 한 것은 크게 두 가지 원인 때문입니다. 하나는 깐깐이가 속이 안 좋거나, 입안이 헌 경우 등으로, 깐깐이의 능력이 부족해서 밥을 먹지 못 할 수 있습니다. 또 하나는 밥이 없거나, 급한 일이 생겼거나 외부 요인으로 인해 밥을 먹지 못할 상황이 발생할 수도 있습니다. 1은 '못'을 사용한 짧은 부정문이고, 2는 '-지 못하다'를 사용한 긴 부정문입니다. 이것 역시 왜 짧은 부정문이고 긴 부정문인지 알 것이라고 생각합니다.

1. 다음 보기의 문장을 짧은 부정문으로 바꾸시오.(조건: 주체의 능력 부족)

보기
그는 사진을 찍는다.

2. 다음 보기의 문장을 긴 부정문으로 바꾸시오.(조건: 주체의 의지 반영)

보기
깐깐이는 거짓말을 한다.

5. 시간 표현

5-1) 시제

우리의 모든 삶은 시간과 관련이 있습니다. 그러한 시간들은 과거, 현재, 미래로 표시되지요. 지금부터 이 시간과 관련된 문법을 공부하겠습니다. 국어에서 시제란 어떤 일이 일어난 시간적 위치를 표시하는 방법입니다. 이 시제를 공부하기 전에 먼저 몇 가지 단어를 공부해야 합니다. 발화시는 말하는 사람이 말을 하는 시점입니다. 사건시는 사건이 일어난 시점입니다. 시제는 이 발화시와 사건시의 관계에 따라 과거 시제, 현재 시제, 미래 시제로 나눠집니다.

과거 시제

사건시가 발화시보다 앞서는 시점입니다. 사건이 일어난 시점이 말하는 시점보다 앞선 시제를 말합니다. 현재보다 앞서서 일어난 사건을 나타낼 때 사용합니다.

과거 시제 표현 방법은 첫째, 서술어에 과거를 나타내는 어미인 '-었-/-았-', '-였-', '-더-', '-었었-/-았었-' 등을 사용하여 나타냅니다. '먹었다'는 '먹다'에 '-었-'을 넣어서 표현한 것입니다. '달렸다', '막았다' 등이 사례가 되겠네요. 그리고 '-었었-/-았었-'을 사용하는 경우가 있습니다. 이 표현은 '현재는 그렇지 않다'는 의미를 갖고 있습니다. 예를 들어, '옛날에는 좋았었다.'라는 표현은 '지금은 좋지 않다.'는 의미를 드러내기도 하지요.

둘째, 관형사형일 때는 관형사형 어미 '-은/-ㄴ'을 사용하여 나타냅니다. '깐깐이가 먹은 음식'에서는 '먹다'라는 동사에 관형사형 어미 '-은'을 사용한 것입니다. 이들 과거 시제 표현 시에는 '어제'나 '작년' 같은 부사를 함께 사용하여 나타낼 수도 있습니다. '나는 어제 그 곳에 갔다.'처럼 말입니다.

현재 시제

사건시와 발화시가 같은 시점입니다. 즉 사건이 일어난 시점과 말을 하는 시점이 같을 때입니다. 동작이 지금 행해지고 있거나, 어떤 상태가 지속됨을 나타낼 때 사용하는 시제입니다. 또한 현재 시제는 널리 알려진 진리나 습관을 나타낼 때도 사용합니다.

현재 시제 표현 방법은 첫째, 동사의 기본형에 현재 시제 어미인 '-ㄴ-/-는-'을 넣어서 나타냅니다. '먹는다'는 '먹다'의 기본형에 '는'을 넣은 경우입니다. 그리고 형용사나 서술격 조사는 기본형으로 나타냅니다. '푸르다'라는 형용사는 그냥 '푸르다'로 써야지 '푸른다'로 쓰면 안 됩니다. '코끼리이다'에서 서술격 조사 '-이다'도 그대로 사용해야 합니다.

둘째, 관형사형으로 현재 시제를 나타내는 경우에는 동사에 관형사형 어미 '-는'을 붙이거나, 형용사나 서술격 조사에 '-은/-ㄴ'을 붙이면 됩니다. '먹는 밥'은 동사에 관형사형 어미 '-는'을 붙인 것입니다. '푸른 물'은 형용사에 관형사형 어미 '-ㄴ'을 붙인 것이고, '교사인 그녀'는 서술격 조사 '이다'에 관형사형 어미 '-ㄴ'을 붙인 것입니다.

셋째, 부사를 사용하여 현재 시제를 나타낼 수도 있습니다. '지금 그가 온다.'에서는 '지금'이라는 부사를 사용하여 현재 시제임을 표현하고 있습니다. 현재 시제를 나타내는 부사에는 '지금, 요즈음, 현재' 등이 있습니다.

미래 시제

사건시가 발화시보다 뒤인 시점입니다. 말하는 시점보다 사건이 나중에 일어날 때 사용합니다.

미래 시제 표현 방법은 첫째, 서술어에 선어말 어미 '-겠-'을 넣어서 표현합니다. 이 '-겠-'은 말하는 사람의 추측이나 의지를 드러내기도 합니다. '나는 1등을 하겠다.'에서는 의지가 드러나고, '눈이 오겠다'에서는 추측이 나타납니다.

둘째, 관형사형일 때는 관형사형 어미 '-(으)ㄹ'을 사용합니다. '내가 먹을 사과'를 보면, '먹다'라는 동사에 관형사형 어미 '-(으)ㄹ'을 사용했습니다.

셋째, '-리-', '-ㄹ 것이-'를 활용하여 미래 시제를 표현할 수도 있습니다. '내일은 시험공부를 할 것이다.'처럼 말입니다. 이 미래 시제도 '내일', '내년' 등의 부사도 함께 사용될 수 있습니다.

※ 다음 보기의 단어들을 활용하여 세 가지 시제에 해당하는 표현을 쓰시오.

보기
대충이, 노래, 듣다

1. 과거 시제 :

2. 현재 시제 :

3. 미래 시제 :

개념풀이 정답 및 해설

1일 화자, 운율 시상전개, 심상 제대로 알기

P. 24 [화자의 태도]

[정답] 1. 의지적 태도 2. 자연 친화적 태도 3. 반성적 태도

[해설]

1번 : 이 시에서 눈이 내린다는 것은 부정적 상황을 의미합니다. 그런 상황에서 화자는 가난한 노래의 씨를 뿌린다고 합니다. 씨를 뿌리는 행위는 미래를 대비한 것이지요. 따라서 화자는 부정적 상황에서 어떤 의지를 표현하고 있음을 알 수 있습니다.
2번 : 화자는 자연에서 노동을 하며 전원생활을 즐기고 있습니다. 따라서 자연과 친하게 지내는 자연 친화적 태도임을 알 수 있습니다.
3번 : 연탄은 눈이 내릴 때 사람들로 하여금 미끄럽지 않게 다닐 수 있도록 만들어주는데 화자는 그런 역할을 하지 못 한다며 자신을 반성하고 있습니다.

P. 30 [운율 형성 요소]

[정답] 1. ② 2. ③ 3. ④ 4. ⑤ 5. ①

[해설]

1번 : 두 개 행이 각각 '아' 음절로 시작하고 있으니, 음절의 반복이 맞습니다.
2번 : '소리'라는 단어가 총 네 번 반복되면서 운율을 형성하고 있습니다. 따라서 단어의 반복에 해당합니다.
3번 : '~렇게 많은 ~ 중에서/~ 별 하나~본다'라는 문장 구조가 반복되고 있습니다.
4번 : 꽃잎이 떨어지는 모습을 '송이송이'라는 음성 상징어(의태어)를 사용하여 운율을 형성하고 있습니다.
5번 : '서러운 서른 살'에서 'ㅅ' 음운을 반복하면서 운율을 형성하고 있습니다.

P. 35 [외형률과 내재율]

[정답] 음보율

[해설]

'짚방석/내지 마라/낙엽엔들/못 앉으랴' 이렇게 4음보로 끊어 읽을 수 있으므로 음보율이 사용되었습니다. 물론 포괄적으로 음수율로도 볼 수 있습니다.

P. 49 [시상전개방식]

[정답] 대비

[해설]

부정적인 의미를 갖는 '잿더미'와 희망의 의미를 갖는 '개나리'가 서로 대비되고 있습니다.

P. 60 [심상의 종류]

[정답] 1. ① 2. ② 3. ⑦ 4. ② 5. ③ 6. ⑦ 7. ⑥ 8. ① 9. ⑤ 10. ⑥

[해설]

1번 : 흰 돛단배가 오는 모습이므로 시각입니다.
2번 : 풍금소리에 대한 내용이므로 청각입니다.
3번 : 푸른 보리밭과 맑은 하늘은 시각이고, 종달새 소리는 청각이므로 시각과 청각이 복합된 심상입니다.
4번 : 개 짖는 소리에 대한 내용이므로 청각입니다.
5번 : 산 냄새에 대한 것이니 후각입니다.
6번 : 둥기둥은 악기 소리이니 청각이고, 초가삼간 위로 달이 뜨는 모습이니 시각입니다. 청각과 시각이 복합된 심상입니다.
7번 : '울음이 타는'만 보면 청각이 시각으로 전이된 공감각적 심상입니다. 울음은 귀로 듣는 것인데 탄다고 했으니까요.
8번 : 고목나무와 까치집은 눈으로 느끼는 것이니 시각입니다.
9번 : 서늘한 바람을 피부로 느끼니까 촉각입니다.
10번 : '종소리의 동그라미'를 보면 청각으로 느껴야 할 종소리를 동그라미라는 시각으로 표현했으니 청각의 시각화가 됩니다. 공감각적 심상입니다.

P. 72 [왜 대상을 다른 대상에 빗대어 표현할까?]

[정답] 1. 직유법 2. 직유법, 활유법 3. 은유법 4. 의성법

[해설]

1번 : '고양이의 털'이라는 대상(원관념)을 '꽃가루'(보조관념)에 비유하고 있고, 또 '같이'라는 연결어를 사용하고 있으므로 직유법입니다.
2번 : '애수(哀愁 : 슬픈 마음)'를 '백로'에 비유하면서 '처럼'이라는 연결어를 사용하고 있으므로 직유법이고, 무생물인 '애수'를 생물처럼 날개를 편다고 하니까 활유법입니다.
3번 : 'A는 B'의 구조를 갖고 있어요. '이것(A)은 소리 없는 아우성(B)'이니 은유법입니다.
4번 : 바다의 역동적인 모습을 파도치는 소리를 흉내 내어 표현하였으므로 의성법입니다.

P. 82 [내 뜻을 더 강하게 드러내는 방법은?]

[정답] 1. 영탄법 2. 대조법 3. 연쇄법, 반복법 4. 반복법

[해설]

1번 : '아'라는 감탄사와 '-ㄴ가'라는 감탄형 종결어미를 사용하고 있으므로 영탄법입니다.
2번 : '너무 잘나고 큰 나무'와 '한 군데쯤 부러졌거나 가지를 친 나무 또는 못나고 볼품없이 자란 나무'를 대조하고 있으므로 대조법입니다.
3번 : 우선 '회장저고리'라는 단어를 반복하고 있으니 반복법이고, 앞 행의 '회장저고리'를 뒤 행에서도 이어서 '회장저고리'로 시작하고 있으므로 연쇄법에 해당합니다.
4번 : '꽃이 피네'를 반복하였으므로 반복법입니다.

P. 91 [독자의 관심을 끌기 위해 어떻게 변화를 줄까?]

[정답] 1. 역설법 2. 반어법 3. 대구법 4. 설의법

[해설]

1번 : 짓고 싶으면 다 지어야 정상인데, '짓고 싶어서 다 짓지 않는' 이라고 표현한 것은 모순된 표현이므로 역설법에 해당합니다.
2번 : 이별의 상황에서 임을 말없이 고이 보내 드린다고 했으니 반어법에 해당합니다.

3번 : 문장 구조가 서로 대칭이 되고 있으니 대구법에 해당합니다.
4번 : '세상은 아름답다'는 의미를 의문형 문장을 통해서 표현했으므로 설의법에 해당합니다. 답변이 필요하지 않습니다.

P. 99 [또 다른 표현법은 없을까?]

[정답] 1. 시적 허용 2. 주객전도 3. 감정이입

[해설]

1번 : '하얗다'라는 표현을 강조하기 위해 '하이얗다'로 표현하였는데, 이것은 시적 효과를 높이기 위해 문법을 파괴한 것이므로 시적 허용에 해당합니다.
2번 : 원래 '나'가 '수학'을 싫어하는 것인데, 객체인 '수학'이 주체인 '나'를 싫어한다고 했으므로 주객전도에 해당합니다.
3번 : '작은 새'는 화자의 분신으로서 화자의 감정을 '우는'이라고 표현하고 있으므로 감정이입입니다.

3일 소설의 '주·구·문', '인·사·배' 제대로 알기

P. 107 [소설의 3요소, 소설 구성의 3요소]

[정답] 1. 주제, 구성, 문체 2. 인물, 사건, 배경

P. 125 [인물의 성격 제시 방법]

[정답] ②

[해설]

나의 거짓말에 대한 엄마의 반응을 살펴보세요. 목소리는 몹시 떨리고, 얼굴은 빨개지고, 손가락은 파르르 떨립니다. 그리고 '나'에게 그런 걸 받아오면 안 된다고 말합니다. 이처럼 인물의 대화와 행동을 통해 인물의 성격을 상상해 볼 수 있기 때문에 간접적 제시에 해당합니다.

P. 136 [갈등에는 무엇 무엇이 있을까? - 갈등의 종류]

[정답] 1. 내적 갈등 2. 인물과 자연의 갈등 3. 인물과 인물과의 갈등

[해설]

1번 : 덜렁이가 속으로 고민하는 모습을 보이고 있으므로 내적 갈등입니다.
2번 : 자연 재해로 인한 인물들의 어려움에 대한 내용이므로 인물과 자연의 갈등에 해당합니다.
3번 : 아름다운 갈등이지요. 인물들이 서로 밥값을 내겠다고 싸우고 있으니, 인물과 인물과의 갈등입니다.

P.145 [소설의 배경에는 어떤 것들이 있을까 - 배경의 종류]

[정답] 1. ④ 2. ②

[해설]

1번 : 익준이 본 신문을 통해 당시 사회의 부정적인 모습에 대해 서술하고 있습니다. 이것을 통해 당시 사회적 배경에 대해 알 수 있습니다.
2번 : '나'가 생활하고 있는 '방'에 대해 서술하고 있습니다. 이를 통해 공간적 배경이 무엇인지에 대해 알 수 있습니다.

P. 151 [소설의 소재는 어떤 역할을 할까?]

[정답] 1. 나귀 2. 비누 냄새

[해설]

1번 : '같은 주막에서 잠자고, 같은 달빛에 젖으면서 장에서 장으로 걸어 다니는 동안에 이십 년의 세월이 사람과 짐승을 함께 늙게 하였다. 가스러진(털 같은 것이 거칠게 일어남) 목 뒤 털은 주인의 머리털과도 같이 바스러지고, 개진개진 젖은 눈은 주인의 눈과 같이 눈곱을 흘렸다.'의 나귀의 모습은 주인의 모습을 대신하고 있습니다. 이 '나귀'는 인물의 삶을 대신 표현하는 역할을 하고 있습니다.
2번 : '비누 냄새'는 '나'가 느끼는 그의 상징적인 냄새입니다. 이 '비누 냄새'는 '나'에게 있어서 그냥 지나칠 수 없는 특별한 느낌을 갖게 하고 생각을 하게 만드는 역할을 합니다.

P. 183 [시점을 파악하는 일은 정말 중요할까?]

[정답] 1. ② 2. (3인칭일 경우)① 3. ③

[해설]

1번 : 작품 속에 '나'가 없으므로 3인칭입니다.
2번 : 수남이의 내면 심리를 서술하고 있습니다.
3번 : 3인칭 시점에 인물의 내면 심리를 서술하고 있기 때문에 3인칭 전지적 작가 시점에 해당합니다.

P. 185

[정답] 1. ① 2. (1인칭일 경우)① 3. ①

[해설]

1번 : 작품 속에 '나'가 있으므로 1인칭 시점입니다.
2번 : 주로 '나'에 대해 서술하고 있으므로 '나'는 주인공입니다.
3번 : 이 작품은 '나'가 등장하고 주로 '나'에 대해 서술하고 있으므로 1인칭 주인공 시점에 해당합니다.

P. 192 [한 편의 소설에 시점이 혼합될 수 있나요?]

[정답] 3인칭 전지적 작가 시점, 3인칭 관찰자 시점

[해설]

이 글은 3인칭 전지적 작가 시점과 3인칭 관찰자 시점이 혼용되었습니다. 이 글의 앞부분은 기차역에서 아들 진수를 기다리는 만도의 내면 심리가 서술되었으므로 3인칭 전지적 작가 시점에 해당합니다. 그리고 뒷부분은 만도와 진수의 대화와 행동이 주로 서술되었으므로 3인칭 관찰자 시점이 사용되었다는 것을 알 수 있어요. 따라서, 이 글은 두 가지 시점이 혼용되었음을 확인할 수 있습니다.

P. 205 [소설을 감상하는 방법이 따로 있나요?]

[정답] 1. ④ 2. ② 3. ③ 4. ①

[해설]

1번 : 작품을 읽고 어려움을 이겨낼 수 있겠다는 생각을 하고 있으므로 효용론적 관점에 해당합니다.
2번 : 작가의 체험이 작품에 표현되었는지를 감상하고 있으므로 표현론적 관점에 해당합니다.
3번 : 당시 시대 상황과 연관 지어 감상하고 있으므로 반영론적 관점에 해당합니다.
4번 : 작품의 배경이나 주제 등 작품의 내적 요소를 감상하고 있으므로 내재적 관점에 해당합니다.

5일 수필, 희곡, 시나리오 차이점 제대로 알기

P. 224 [수필은 정말 누구나 쓸 수 있을까?]

[정답] 1. ② 2. O 3. O

[해설]

1번 : 글쓴이의 생각과 느낌을 솔직하게 드러내는 것은 자기 고백적인 특징에 해당합니다.
2번 : 경수필이 개인의 체험과 느낌에 대한 글이라면, 중수필은 사회 문제나 시사 내용에 대한 글입니다.
3번 : 일상생활의 모든 것은 수필의 소재가 될 수 있습니다.

P. 236 [희곡과 대본은 같은 말인가요?]

[정답] 1. 막, 장 2. 절정 3. 독백 4. 방백 5. 발단-전개-절정-하강-대단원

[해설]

1번 : 희곡의 구성단위는 막과 장입니다.
2번 : 희곡의 구성 단계 중, 갈등이 최고조인 단계는 절정입니다.
3번 : 혼잣말로 말했으니 독백에 해당합니다.
4번 : 무대 위의 다른 인물에게는 들리지 않고 관객에게는 들리는 것으로 약속하는 대사는 방백입니다.
5번 : 희곡의 구성 단계는 '발단–전개–절정–하강–대단원'입니다.

P. 244 [시나리오는 희곡과 어떻게 다른가요?]

[정답] 1. 시퀀스 2. fade out 3. ×

[해설]

1번 : '신'이 모여 '시퀀스'가 됩니다.
2번 : 화면을 점점 어둡게 하는 것은 'fade out'입니다.
3번 : 연극은 무대 위에서 입체적으로 공연되고, 영화는 평면인 스크린에서 볼 수 있습니다. 따라서 희곡이 더 입체적입니다.

6일 음운, 단어, 음운 변동

P. 255 [음운과 형태소는 기본!]

[정답] 9개, 자립 : (나, 아침, 밥)

의존 : (는, 에, 을, 먹, 었, 다)

실질 : (나, 아침, 밥, 먹)

형식 : (는, 에, 을, 었, 다)

[해설]

형태소는 총 9개입니다. 나, 는, 아침, 에, 밥, 을, 먹, 었, 다. 이렇게요. 이 중에 홀로 설 수 있는 자립 형태소는 나, 아침, 밥, 이렇게 3개입니다. 나머지는 모두 의존 형태소가 됩니다. 그리고 실질적인 뜻을 가지고 있는 실질 형태소는 나, 아침, 밥, 먹, 이렇게 4개입니다. 나머지 5개는 문법적인 뜻을 가지고 있는 형식 형태소입니다.

P. 263 [단어를 꽉 잡자고!]

[정답] 1. ⑤ 2. ④

[해설]

1번 : '부채질'은 '부채'와 '질'이 결합된 말입니다. 그런데 '질'은 '부채'와 같이 자립성을 지닌 어근이 아니고, 부채에 붙어서 말의 뜻을 더해주고 있는 접사입니다. 따라서 '부채질'은 파생어에 해당합니다.(다른 예 : 걸레질)
2번 : '걸어가다'는 '걷다'와 '가다'가 합해진 말입니다. '걷다'가 '걸어'로 활용이 된 후에 '가다'와 연결된 것이지요. 결국 '걸어가다'가 하나의 단어로 된 것입니다. 이 단어는 우리말의 어순을 따르고 있으므로 통사적 합성어에 해당합니다.

P. 266 [품사, 품사!]

[정답] 나, 는, 국어, 가, 매우

[해설]

이 문장에서 변하지 않는 말은 나, 는, 국어, 가, 매우입니다. '좋다'는 문장에 따라 '좋고, 좋으니, 좋아' 등으로 변할 수 있습니다.

P. 269

[정답] 하늘(체언), 이(관계언), 매우(수식언), 푸르다(용언)

[해설]

'하늘'은 문장의 주체 역할을 하므로 체언이고, '이'는 체언에 붙어 다른 말과의 관계를 나타내므로 관계언에 해당합니다. '매우'는 뒤에 오는 '푸르다'를 꾸며주므로 수식언에 해당하고, '푸르다'는 문장의 주체인 '하늘'의 상태에 대해 말하고 있으므로 서술어에 해당합니다.

P. 277 [의미에 따른 종류]

[정답] 아(감탄사), 방학(명사), 이(조사), 되니(동사), 매우(부사), 기쁘구나(형용사)

[해설]

'아'는 말하는 사람의 느낌을 나타내는 말이므로 감탄사입니다. '방학'은 대상의 이름을 나타내므로 명사입니다. 그리고 '이'는 방학에 붙어 도와주는 말이므로 조사이고, '되니'는 '어떤 때나 시기, 상태에 이르다'는 뜻을 가지고 있어서 동사에 해당합니다. '매우'는 뒤에 형용사를 꾸며주고 있으므로 부사에 해당하고, '기쁘구나'는 대상이 감정 상태를 나타내고 있으므로 형용사에 해당합니다.

P. 289 [음운이 변동한다고?]

[정답] 1. 두음법칙 2. 구개음화 3. 음절의 끝소리 규칙 4. 된소리되기 5. 음운의 축약 6. 모음 조화 7. 음운의 탈락 8. 사잇소리 현상 9. 자음동화 10. 'ㅣ' 모음 역행 동화

[해설]

1번 : 단어의 첫머리인 '락'을 발음하기 편하게 '낙'으로 바꾼 것이니까 두음법칙에 해당합니다.
2번 : '닫'의 받침 'ㄷ'이 모음 'ㅣ'를 만나 구개음인 'ㅈ'으로 바뀌었으니까 구개음화에 해당합니다.
3번 : 'ㅅ'이 대표 끝소리인 'ㄷ'으로 바뀌었으니 음절의 끝소리 규칙에 해당합니다.
4번 : 두 개의 안울림소리(ㄱ, ㄷ)가 만났을 때 뒤의 소리가 된소리(ㄲ)로 발음되었으므로 된소리되기에 해당합니다.
5번 : 두 개의 음운이 하나로 줄어들었습니다. 'ㅎ+ㄱ→ㅋ' 이렇게요. 따라서 음운축약에 해당합니다.
6번 : 음성 모음끼리 어울리므로 모음 조화에 해당합니다. '먹었'에서 둘 다 'ㅓ' 모음이니까요.
7번 : 두 개의 'ㅏ'모음 중에 한 개가 탈락했으므로 음운탈락에 해당합니다.
8번 : 뒷말이 'ㅣ' 모음으로 시작될 때 'ㄴ'이 첨가되었으므로 사잇소리현상에 해당합니다.
9번 : 자음동화 중 상호동화에 해당합니다. 'ㄱ'이 'ㄹ'을 만나서 각각 'ㅇ'과 'ㄴ'으로 변한 것입니다.

10번 : 모음 'ㅗ'가 뒤에 오는 'ㅣ'의 영향을 받아 'ㅚ'로 변했기 때문에 'ㅣ' 모음 역행 동화에 해당합니다.

7일 문장 성분, 문장의 짜임, 문장 표현 제대로 알기

P. 303 [문장 성분]

[정답] 1. 부사어 2. 서술어 3. 보어 4. 목적어 5. 독립어

[해설]

1번 : '깐깐이에게'는 '주었다'를 꾸며주므로 부사어입니다. 단순한 부사어가 아니라 이 문장에서 빠져서는 안 되는 부사어이므로 필수 부사어입니다.
2번 : '미남이다'는 주어를 설명하고 있으므로 서술어입니다. 서술어의 형태 중에 '무엇이다'에 해당합니다.
3번 : '시장이'는 '되다'라는 서술어 앞에서 주어인 '대충이는'을 보충해주고 있으므로 보어입니다.
4번 : 먹는 행위의 대상이 불고기이므로 '불고기를'은 '무엇을'에 해당하는 목적어입니다.
5번 : 부름이나 대답 등을 나타내고 다른 성분들과 관계를 맺지 않고 따로 떨어져 있기 때문에 '야'는 독립어입니다.

P. 304

[정답] 1. 목적어 2. 보어 3. 주어 4. 부사어 5. 서술어

[해설]

1번 : '먹었다'인 서술어의 대상이 빠졌습니다. 무엇을 먹었는지 몰라요. '무엇을'에 해당하는 목적어가 빠졌습니다.
2번 : '아니다' 앞에는 보어가 와야 되는데 빠졌네요. 주어인 '나는'을 보충해 주는 '무엇이'에 해당하는 보어가 있어야 해요.
3번 : 가방을 산 주체가 누구인지 빠졌어요. 바로 주어입니다. '가방을'이라는 목적어와 '샀다'라는 서술어에 해당하는 문장의 주체, 즉 주어가 빠졌습니다.
4번 : 누구에게 선물을 드렸는지 명확하지 않네요. 부사어가 빠졌습니다. '누구에게'에 해

당하는 부사어가 들어가야 문장이 완성됩니다. 이 부사어는 빠지면 안 되기 때문에 '필수 부사어'라고 하지요.
5번 : 주어인 '콜라'를 설명하는 말인 서술어가 빠졌습니다. 예를 들어 '콜라는 몸에 나쁘다', '콜라는 몸에 해롭다' 등 밑줄 친 서술어가 필요합니다.

P. 314 [문장의 짜임]

[정답] 1. 홑 2. 겹

[해설]

1번 : 주어(그는)와 서술어(떠났다)의 관계가 한 번이므로 홑문장입니다.
2번 : 그는(주어)과 보았다(서술어)가 한 번, '강아지가(주어) 길을 잃다(서술어)'가 한 번, 이렇게 주어 서술어 관계가 두 번이므로 겹문장입니다.

P. 314

[정답] 1. 안 2. 이

[해설]

1번 : '대충이가 전국 1등을 했다'는 문장이 '(어떠한) 소식이 뉴스에 나왔다'라는 문장에 안겨 있으므로 안은 문장입니다.
2번 : '그는 열심히 공부하였다'와 '그는 1등을 하지는 못 했다'가 이어진 문장입니다. '-지만'이라는 연결 어미를 통해서 이어진 문장입니다.

P. 315

[정답] 1. 대 2. 종

[해설]

1번 : '형은 축구를 좋아한다'와 '동생은 야구를 좋아한다'가 서로 대등하게 연결되었습니다. '-고'라는 나열에 해당하는 연결 어미에 의해 결합된 대등하게 이어진 문장입니다.
2번 : '그녀는 운동을 꾸준히 했다'가 원인, '그녀는 몸짱이 되었다'가 결과이므로 종속적으로 이어진 문장이 됩니다. '-(아)서'라는 원인에 해당하는 연결 어미에 의해 결합된 종속적으로 이어진 문장입니다. 이 문장에서는 '그녀는 운동을 꾸준히 했다.'보다는 '그녀는 몸짱이 되었다.'가 핵심 문장입니다. 종속적으로 이어진 문장에서는 뒤 문장이 핵심이라는 것을 잊지 마세요.

P. 315

[정답] 1. 부사절 2. 관형절 3. 서술절

[해설]

1번 : '목이 쉬도록'이 불렀다를 꾸며줍니다. 부사어의 역할을 하는 절이므로 부사절입니다. '–도록'이라는 부사형 어미를 사용하여 노래를 어떻게 불렀는지 꾸며주는 부사어의 역할을 하고 있습니다.
2번 : '목이 긴'이 '그녀'를 꾸며줍니다. 체언을 꾸며주는 역할을 하는 절이므로 관형절입니다. 관형사형 어미 '–(으)ㄴ, –는'을 사용하여 그녀가 어떤지를 꾸며주는 관형어의 역할을 하고 있습니다.
3번 : '호흡이 짧다'가 주어를 서술하는 역할을 하고 있으므로 서술절입니다. 서술어 한 개에 주어가 두 개 있는 문장처럼 보이지만, '호흡이 짧다'라는 절 전체가 문장에서 서술어의 기능을 하고 있습니다.

P. 321 [문장 표현]

[정답] 1. 대충이가 빨리 달리니? 2. 대충아, 빨리 달리자. 3. 대충아, 빨리 달려라. 4. 대충이가 빨리 달리는구나!

P. 328 [높임 표현]

[정답] 1. 주체 높임법(구체적으로는 간접 높임법) 2. 상대 높임법 3. 객체 높임법

[해설]

1번 : 주어인 할머니를 높이고 있으므로 주체 높임법이고, 좀 더 구체적으로는 주체(할머니)와 관련된 대상(눈)을 높이고 있으므로 간접 높임법에 해당합니다.
2번 : 말을 듣는 상대방을 높이거나 낮추는 방법이므로 상대 높임법입니다.(이 경우는 낮추고 있습니다.) 말을 듣는 상대가 깐깐이이고 상대적으로 격식을 갖출 필요가 없는 상황이나 친근한 사이에서 사용하는 해체(두루 낮춤)입니다.

3번 : 이 문장의 목적어를 높이고 있으므로 객체 높임법입니다. 또한 '모시다'라는 특수 어휘를 사용하여 행위가 미치는 대상을 높이는 표현을 사용했습니다.

P. 333 [사동 표현과 피동 표현]

[정답] 1. 깐깐이는 눈을 녹이다. 2. 범인이 경찰에게 쫓기다.

[해설]

1번 : 사동 표현은 '녹게 하다'는 의미가 있어야 합니다. '녹다'에 사동접미사 '이'를 넣으면 '녹이다'가 됩니다. 주어를 추가하여 서술하면 '깐깐이는 눈을 녹이다.'가 됩니다.
2번 : '쫓다'에 피동 접미사 '기'를 집어넣으면 '쫓기다'가 됩니다. 주체와 객체를 서로 바꿔서 서술하면 '범인이 경찰에게 쫓기다'가 됩니다.

P. 337 [부정 표현]

[정답] 1. 그는 사진을 못 찍는다. 2. 깐깐이는 거짓말을 하지 않는다.

[해설]

1번 : 주체의 능력 부족이니까 '못' 부정문을 사용해야 합니다. 그리고 짧은 부정문을 사용해야 하니까 '찍지 못 한다'보다는 '못 찍는다'로 해야 합니다.
2번 : 주체의 의지를 반영하는 부정문을 표현할 때에는 '못'보다는 '안'을 사용해야 하고, 긴 부정문을 만들어야 하니까 '하지 않는다'로 서술해야 합니다.

P. 341 [시간 표현]

[정답] 1. 대충이는 노래를 들었다. 2. 대충이는 노래를 듣는다. 3. 대충이는 노래를 듣겠다.(또는 들을 것이다.)

7일 만에 끝내는
중학 국어

초판 1쇄 발행 2017년 1월 10일

지은이 최성원
펴낸이 한승수
펴낸곳 문예춘추사

편 집 조예원
마케팅 안치환
디자인 이혜정

등록번호 제300-1994-16
등록일자 1994년 1월 24일

주 소 서울특별시 마포구 동교로 27길 53, 309호
전 화 02 338 0084
팩 스 02 338 0087
E-mail moonchusa@naver.com

ISBN 978-89-7604-329-0 44400
978-89-7604-285-9 (세트)